力　　学

増補版

植松恒夫 著

学術図書出版社

まえがき

宇宙のはじまりの最初の数分間には何が起きたか？　物質は究極的には何からできているか？　高温での超伝導のメカニズムは何か？　こういった数々の疑問を解明するのが，現代の物理学に課せられた使命である．一方，物理学はわれわれの日常生活から，宇宙開発や，エレクトロニクスに至るまで，現代の科学・技術文明を背後において支える重要な基盤のひとつになっている．

昔から物理学を学ぶ最初の分野としては「力学」が取り上げられてきた．大学で学ぶ物理も，高校までに習う物理と本質的には同じである．しかし，一歩踏み込んで，より基本的なレベルから問題を理解しようとするところに違いがある．そのためにはまず基本的な概念を明確にすることが要求される．この中には，力学で登場する質点，力，エネルギーといった概念があり，これらはいずれ，物理のさまざまな分野に普遍的に現れるものとして重要である．次に，法則を的確に表現し，問題を処理するのに欠くことのできない数学的方法がある．力学における微積分法，あるいはベクトル解析といったものがその例である．さらに，これらの上に立って，現象を理解するための物理的な物の見方・考え方を修得することが肝要となる．

前半の第 2 章から第 6 章までは主として質点の力学について，運動学からはじめて運動法則とその応用，その積分形としての保存則，振動および中心力のもとでの運動などを中心に扱っている．後半の第 7 章から第 9 章では，質点系の運動の一般論と簡単な剛体の力学を最初に概観し，その後，非慣性系での運動とより一般的な剛体の運動を取り上げた．

この本を半期の力学のコースのテキストとする場合はたとえば取り上げる項目を，第 2 章-§1–4，第 3 章-§1–5，第 4 章-§1–6，第 6 章-§1–3 (§4 は散乱断面積を省略)，第 7 章-§1-3 (§4 は 4.2 と 4.3 のみ) のように限って，第 5 章の振動，第 8 章の非慣性系，第 9 章の剛体の一般運動を省くのがひとつのやり方である．いずれにしても，それらの取捨選択は読者の方々のご判断に委ねることとしよう．

本文中では，できるだけ基本的な例題を取り上げ，計算のやり方をやや詳しくわかりやすく説明するように心がけたが，このねらいが達成されているかどうかは読者諸氏のご判断を待つ以外にない．

この本を書くにあたって，学術図書出版社の発田孝夫氏には大変お世話になった．ここで厚くお礼を述べたい．

2002 年 11 月

著　　者

増補版へのまえがき

本書が 2002 年に刊行されてから，すでに 20 年近くの歳月が過ぎた．この間，いくつかの大学で教科書として使用して頂けたのは著者にとってたいへん光栄に感じる次第である．増刷の折ごとに，誤字や記述の訂正やまた暦に関連した箇所の修正を行ってきたが，今回，振動，中心力，質点系の運動などの章で記述内容を付け加え，最後に第 10 章を設けて，解析力学の初歩的な解説を行った．本書がこれまで以上に広く，力学の教科書として受け入れて頂けたら著者にとって望外の喜びである．増補版を刊行するにあたって，学術図書出版社の発田孝夫氏にはひとかたならずお世話になった．ここで深く感謝申し上げる次第である．

2021 年 10 月

著　　者

本書の利用方法について

本書では各章の終わりに演習問題が設けられている．これは本文中には盛り込まなかったものの，重要な項目については演習問題で取り上げた場合が少なくないので，ぜひ演習問題を解いてみられることを薦めたい．巻末付録にその解答がやや詳しく述べられており，すぐには解けない問題でも，解答をじっくり読むことで理解が深まるものと思う．

また，運動方程式の解法などに関連して巻末付録に数学的補足として微積分法や微分方程式の解き方，またそのときに登場する関数など，必要最小限の紙数にまとめたので併せて参照されたい．

さらに，本書で扱った初等的な力学から一歩進めて解析力学など，より高度な力学を学ばれる際の参考書を著者の判断で最後に挙げたので，そちらもご覧いただきたい*．

* 本増補版では解析力学への導入を第 10 章として付け加えた．

目　次

1 序　　論

本書で述べるのは**力学** (mechanics) の基礎である.「力学」とは何かを仮に一言でいうとするなら「物体に力が作用したときにその物体の運動がどのように変化するかを論じる学問」ということになろうか. これは, 現代の物理学の中では**古典力学** (classical mechanics) と呼ばれている分野である. またしばしば **Newton (ニュートン) 力学**ともいわれる. というのは, 力学はすでに, 1687 年に Newton によって書かれた「プリンキピア」(自然哲学の数学的原理) という書物に集大成をみた体系であって, **古典電磁気学** (Maxwell の電磁気学) とともに古典物理学の基礎をなしているからである.

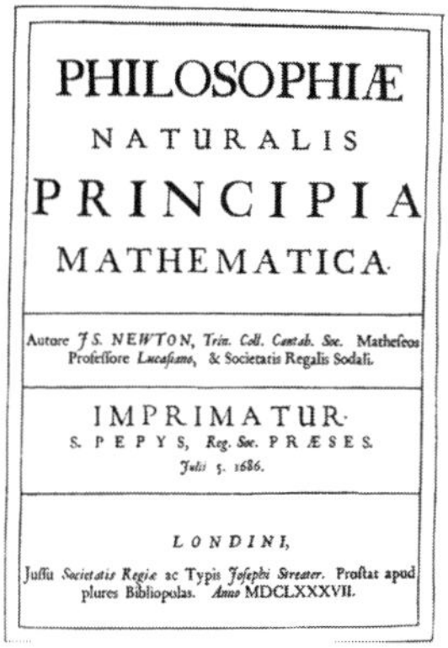
PHILOSOPHIÆ
NATURALIS
PRINCIPIA
MATHEMATICA.
Autore J S. NEWTON, Trin. Coll. Cantab. Soc. Matheseos Professore Lucasiano, & Societatis Regalis Sodali.
IMPRIMATUR.
S. PEPYS, Reg. Soc. PRÆSES.
Julii 5. 1686.
LONDINI,
Jussu Societatis Regiæ ac Typis Josephi Streater. Prostat apud plures Bibliopolas. Anno MDCLXXXVII.

ニュートンの「プリンキピア」
(1687 年出版)

ニュートン力学は, それまでの地上の運動についての法則, すなわちガリレオ・ガリレイによって 17 世紀のはじめに見出された落体の法則に代表される運動の法則と, ヨハネス・ケプラーによってまとめられた天体すなわち惑星の運動についての法則を統一することに成功した. すなわちニュートンによって万有引力の法則と合わせて, 自然界全般にわたる運動を支配する基本的な法則として運動の 3 法則がまとめ上げられた. そして, その後現在にいたるまで巨視的世界の力学現象に適用されて大きな成功を収めた.

ここで巨視的 (マクロ) な力学現象とは, たとえば高い所から物体を落下させたり, 地上から物体を放り投げるあるいは斜面上で物体を滑り転がせるといった通常の日常的スケールでの運動がその例である. また, ロケットを地球から打ち上げてスペース・シャトルや惑星探査機を飛ばすといった宇宙工学での運動や, 地球のまわりの月や, 太陽のまわりの惑星などの天体の運動などがニュートン力学で扱える対象である. ニュートン力学は現在でも以下で述べるような適用限界はあるものの, その範囲内では正しい理論体系である. ニュートン以後, さまざまな人々, たとえばラグランジュやハミルトンなどによって, より一般的な解析力学の形式へと発展した.

しかしながら, 20世紀になって相対論と量子論が登場して, 1) 光の速度に近い運動や, 2) 分子, 原子などのミクロの世界を記述する場合にはそれらに包含される形で取って代わられた.

まえがきでも述べたが, ニュートン力学は, 昔も今も物理を勉強する手始めとして学ばれている学問分野である. 物理のさまざまな分野で力学を最初に学ぶ意義として次のようなことが挙げられる.

(1) 自然現象の中の法則として最初に確立した分野であり, 質点, 力, エネルギーなど物理に登場する基本的諸概念を明確な形でとらえる.
(2) 自然現象の法則を的確に表現し, 問題を実際に扱う上で必要不可欠の数学的方法を修得する. ニュートン力学の場合, 微分・積分法に基づき, 運動法則が微分方程式として与えられるので, これを解くことがその目標となる.
(3) 物理学の方法・考え方を学ぶ. たとえば, 時間が経っても変化しない物理量があるという形で法則をとらえるやり方で, エネルギー, 運動量, 角運動量などの保存則がその例である.

本書の構成は以下の通りである. 最初に質点の運動を記述する運動学について述べ (第2章), 次に運動法則を第3章で, ニュートンの運動の3法則という形で与える. ここで質量や力といった概念が法則を通じて与えられることに注意する. またこの章では運動方程式の具体的な応用例について学ぶ. 第4章では運動を求める方法として第3章の運動方程式を直接解くのではなく, いったん積分した形で保存則に置き換えて, 運動を論じる. 力がある性質を満たす場合にはエネルギー保存則や角運動量保存則が導かれる. 第5章では振動について少し詳しく述べる. 第6章では中心力の運動について述べ, 太陽のまわりの運動や, クーロン力のもとでの荷電粒子の散乱を考察する. 第7章は質点が集まったときの質点系の運動の一般法則と剛体の概念とその簡単な運動について述べる. 第8章は非慣性系での運動を並進加速系と回転座標系で論じる. 第9章は第7章の中の剛体の運動をさらに掘り下げて, 固定点のまわりの剛体の運動を「こま」の運動を中心に述べる.

この増補版では, 最後に第10章を設け, 力学を学ぶ次の一歩として解析力学の初歩的な解説を行った.

2 運　　動

Galileo Galilei (ガリレオ・ガリレイ)
(1564–1642)
実験・観察を通じて,「落体の法則」,「振り子の等時性」また「等加速度運動」などの法則を見出した.

この章では, 古典力学における物体の運動の記述のしかたを述べる. 運動とは物体が時々刻々とその位置を変えることである. 物体の運動がどのように行われるかまたそれをどのように表すかを論じるのが**運動学** (kinematics) と呼ばれるもので, これと対照的に物体の運動が力の作用でどのように変化するのかを扱うのが**動力学** (dynamics) である. ここでは**質点** (point particle) の運動を考える. 質点とは物体の有する性質のうちで質量のみに着目してその大きさや形を無視し, 点状とみなしたものである.

次に, ニュートン力学で物体が運動する空間および時間はどのように考えられるかを述べよう. まず, 空間はユークリッド (Euclid) 幾何学 (たとえば三角形の内角の和が 180° であるとか, 互いに平行な 2 直線は決して交わらないという公理を満たす幾何学) が成り立ついわゆる**ユークリッド空間**である. 物質の存在が空間を変えることはない. 一方, 時間は空間とは独立に流れる時間いわゆる**絶対時間**である. これらは, 光速に近い物体の運動を扱うアインシュタインの**相対性理論**では, 変更を受けることになる. また, 空間・時間の幾何学は, 平坦な空間のものとは異なり時空のゆがみを表す曲率を考えるリーマン幾何学の知識が必要となる.

§1　質点の位置

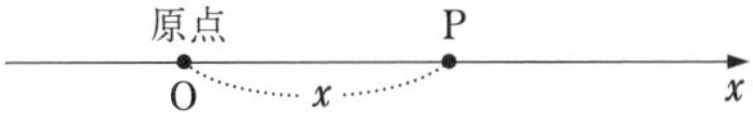

図 2-1　直線上の座標

一直線上 (1 次元)　物体が水平な床面や斜面に沿って運動したり, 鉛直方向に落下する場合に対応する. 適当な場所に原点 (origin) をとり, 一定の向きに距離を測り, その変数を x とすると, 時刻 t での質点の位置は

$$x = x(t) \tag{2.1}$$

で表される (図 2-1).

平面上 (2 次元)　　これには 2 通りの方法がある．まずひとつは，図 2-2 (a) のように**直角座標** (直交座標，デカルト座標ともいう) を用いて表す．質点の位置は

$$x = x(t), \quad y = y(t) \tag{2.2}$$

で与えられる．

もうひとつは，**平面極座標**を用いるやりかたで図 2-2 (b) のように，動径座標 $r\,(r > 0)$ と方位角 $\theta\,(0 \leqq \theta < 2\pi)$ を用いて，

$$r = r(t), \quad \theta = \theta(t) \tag{2.3}$$

と表される．平面内の運動としては，たとえば地面に対して斜めに物体を投げるときの放物体の運動や，太陽のまわりの惑星の運動などがある．前者の場合は直角座標，後者の場合は極座標が適している．いずれにしても，平面内の質点の位置を表すには 2 つの座標の組が必要である．

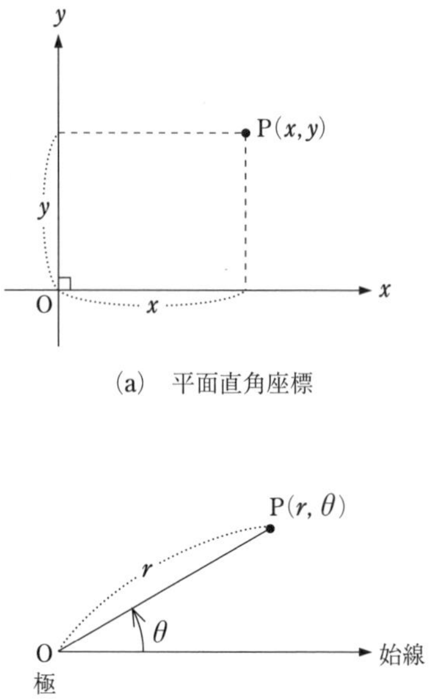

(a)　平面直角座標

(b)　平面極座標

図 2-2　2 次元の座標

空間内 (3 次元)　　直角座標 (x, y, z)，極座標 (r, θ, φ)，円柱座標 (r, z, φ) など 3 つの変数の組の座標が用いられる (図 2-3)．以下では，**直角座標系** (図

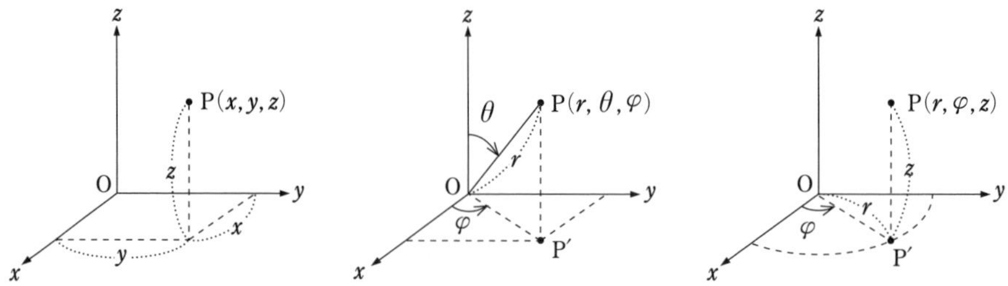

(a)　直角座標　　(b)　極座標　　(c)　円柱座標

図 2-3　3 次元の座標

2-3 (a)) は右手の親指，人差し指，中指の順に x 軸，y 軸，z 軸を対応させる**右手系**を用いることとする．**極座標**は**球座標**とも呼ばれ球対称な問題に適している (図 2-3 (b))．OP 間の距離が r で，線分 $\overline{\mathrm{OP}}$ と z 軸がなす角が $\theta\,(0 \leqq \theta < \pi)$．$xy$ 面に下ろした垂線の足 P' と O を結ぶ線分 $\overline{\mathrm{OP}'}$ が x 軸となす角を $\varphi\,(0 \leqq \varphi < 2\pi)$ とする．直角座標との間には次の関係がある．$x = r\sin\theta\cos\varphi,\quad y = r\sin\theta\sin\varphi,\quad z = r\cos\theta$．**円柱座標**は軸対称な問題を扱うのに適し，平面極座標 (r, φ) に z 座標を加えたもの (図 2-3 (c))．直角座標との関係は，$x = r\cos\varphi,\quad y = r\sin\varphi,\quad z = z$ である．

§2　1次元の運動と速度・加速度

まず1次元 (一直線上) の運動について，変位，速度および加速度を定義しよう．図 2-4 のように時刻 t で質点が x の位置にあったとし，時間 Δt 後には $x + \Delta x$ の位置まで変位したとする．

この間の**平均の速度**は

$$\frac{\Delta x}{\Delta t} \tag{2.4}$$

で与えられる．これは図 2-5 で点 P と点 P' を結ぶ直線の傾きを意味する．

さて，それでは時刻 t での**瞬間の速度**はどう表されるだろうか．それには Δt を限りなく 0 に近づける極限を考えればよい．すなわち，

$$v = \lim_{\Delta t \to 0} \frac{\Delta x}{\Delta t} \equiv \frac{\mathrm{d}x}{\mathrm{d}t} \tag{2.5}$$

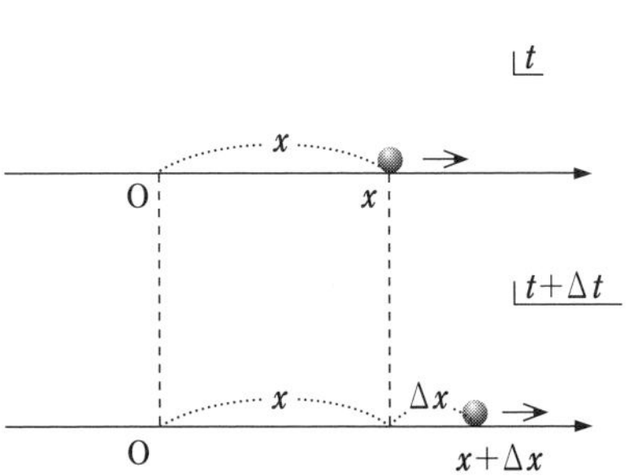

図 2-4　一直線上の運動

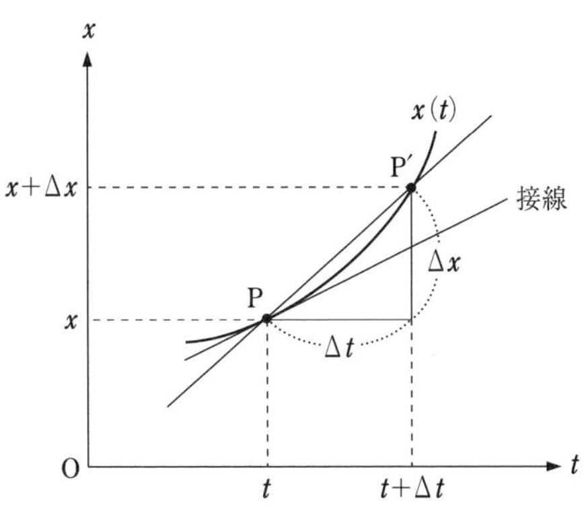

図 2-5　平均速度と(瞬間の)速度

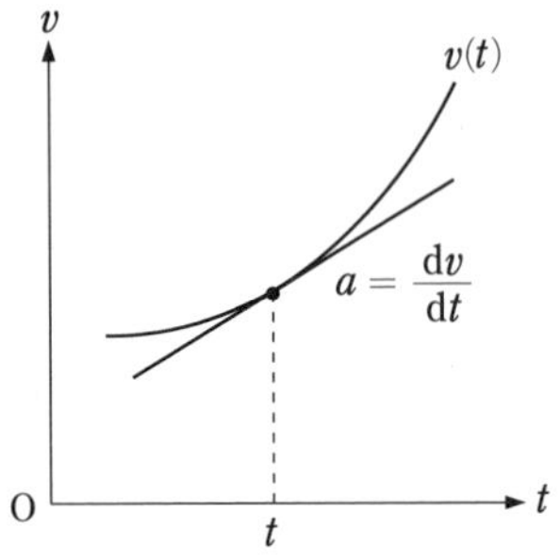

(a)　加速度

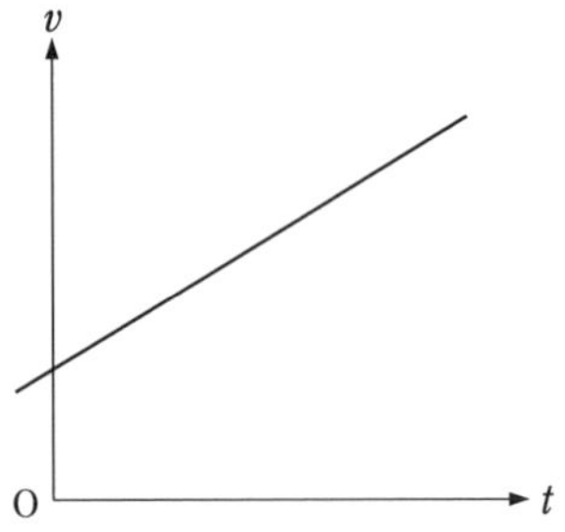

(b)　等加速度運動

図 2-6　加速度運動

でもって，時刻 t における瞬間的な速度 v を定義する．$\frac{\mathrm{d}x}{\mathrm{d}t}$ を $\dot{x}$ と書き x ドットと読む．これはニュートンによって用いられた記法で，前者はライプニッツの記号である．$\frac{\mathrm{d}x}{\mathrm{d}t}$ の幾何学的な意味は図のように，点 P で曲線に引いた接線の傾きである．$\frac{\mathrm{d}x}{\mathrm{d}t}$ を点 P での微分係数といい，$\frac{\mathrm{d}x}{\mathrm{d}t}$ を t の関数と考えるとき，$x(t)$ の t に関する導関数という．また，$\frac{\mathrm{d}x}{\mathrm{d}t}$ を求めることを $x(t)$ を t で微分するという．同様に加速度は速度 $v(t)$ を t で微分することによって得られる (図 2-6 (a))．

$$a=\frac{\mathrm{d}v}{\mathrm{d}t}=\frac{\mathrm{d}}{\mathrm{d}t}\left(\frac{\mathrm{d}x}{\mathrm{d}t}\right)\equiv\frac{\mathrm{d}^2x}{\mathrm{d}t^2} \tag{2.6}$$

ニュートンの記法で書くと，$a=\dot{v}=\ddot{x}$ である．$a=\frac{\mathrm{d}v}{\mathrm{d}t}=$ 一定 (図 2-6 (b)) の運動を**等加速度運動**という．

等加速度運動の例：ガリレイの斜面上の運動の実験　　図 2-7 のように小球が摩擦の無視できる斜面を転がり落ちるとき，距離は時間の 2 乗に比例することをガリレイは実験で見出した．斜面下向きに x 軸をとると

$$x(t)=\frac{\alpha}{2}t^2 \tag{2.7}$$

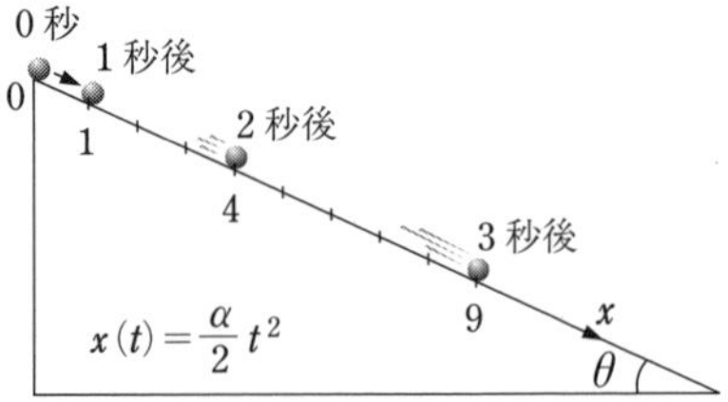

図 2-7　ガリレイの斜面上の運動実験

ただし，ここで α は定数．これより 1 次元の速度を求めると

$$v = \frac{\mathrm{d}x}{\mathrm{d}t} = \lim_{\Delta t \to 0} \frac{\Delta x}{\Delta t} = \frac{\alpha}{2} \lim_{\Delta t \to 0} \frac{(t + \Delta t)^2 - t^2}{\Delta t}$$
$$= \frac{\alpha}{2} \lim_{\Delta t \to 0} (2t + \Delta t) = \alpha t \tag{2.8}$$

すなわち，速度は時間に比例して増大し，加速度は

$$a = \frac{\mathrm{d}v}{\mathrm{d}t} = \frac{\mathrm{d}}{\mathrm{d}t}(\alpha t) = \alpha \lim_{\Delta t \to 0} \frac{t + \Delta t - t}{\Delta t} = \alpha = 一定 \tag{2.9}$$

となり，等加速度運動の例になっている．以下でわかるようにこの定数 α は斜面の水平面となす角を θ，重力加速度を g として $g \sin\theta$ で与えられる．

これまでは，質点の位置が時間の関数として与えられたときその速度を，あるいは速度が時間の関数としてわかっているとき加速度を求めることを行った．今度は逆に，速度が与えられたとき位置を，または加速度がわかっているとき速度を求めることを考えよう．

まず，速度から変位を導こう．最初に速度が一定で v_0 の場合，図 2-8 (a) のように時刻 t_0 から t までに移動する距離は

$$\Delta x \equiv x(t) - x(t_0) = v_0(t - t_0) \tag{2.10}$$

である．これは図の斜線の面積を求めることに相当する．次に，一般の場合すなわち速度が時刻とともに変化するときはどうだろうか．この場合は，時刻 t_0 から t までの時間を n 個の区間に等しく分割して

$$t_0,\ t_1,\ t_2, \cdots, t_i, t_{i+1},\ \cdots, t_{n-1}, t_n \equiv t, \qquad t_{i+1} - t_i = \Delta t \tag{2.11}$$

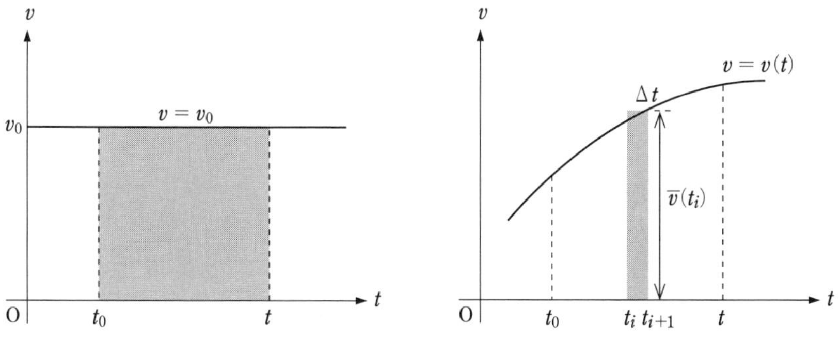

(a)　速度が一定の場合　(b)　速度が時刻とともに変化する場合

図 2-8　速度と変位

とすると，t_i から t_{i+1} までの平均の速度 $\bar{v}(t_i)$ を用いて

$$x(t_{i+1}) - x(t_i) = \bar{v}(t_i)\Delta t \tag{2.12}$$

と表される (図 2-8 (b))．したがって

$$x(t) - x(t_0) = \sum_{i=0}^{n-1} \left\{ x(t_{i+1}) - x(t_i) \right\} = \sum_{i=0}^{n-1} \bar{v}(t_i)\Delta t \tag{2.13}$$

となる．ここで，$\Delta t \to 0$ の極限をとると，$\bar{v}(t) \to v(t)$ で，その時刻 t での瞬間の速度となる．よって，

$$x(t) - x(t_0) = \lim_{\Delta t \to 0} \sum_{i=0}^{n-1} \bar{v}(t_i)\Delta t = \int_{t_0}^{t} v(t')\,\mathrm{d}t' \tag{2.14}$$

である．ここで，積分の上限 t と区別するために，積分変数を t' と書いた．特に混同が起きない場合は，そのまま t と書くこともある．すなわち $v(t)$ を t について t_0 から t まで積分すると，この間に質点が移動した距離に等しい．

$$s(t) = x(t) - x(t_0) = \int_{t_0}^{t} v(t')\,\mathrm{d}t' \tag{2.15}$$

これは，図 2-9 の区間 $[t_0, t]$ で，曲線 $v = v(t)$ と t 軸に囲まれた面積に等しい．

また逆に，t と $t + \Delta t$ の間に Δs だけ変位したとすると $\Delta s/\Delta t$ の極限は

$$\frac{\mathrm{d}s}{\mathrm{d}t} = \frac{\mathrm{d}x}{\mathrm{d}t} = v(t) \tag{2.16}$$

だから

$$\frac{\mathrm{d}}{\mathrm{d}t} \int_{t_0}^{t} v(t')\,\mathrm{d}t' = v(t) \tag{2.17}$$

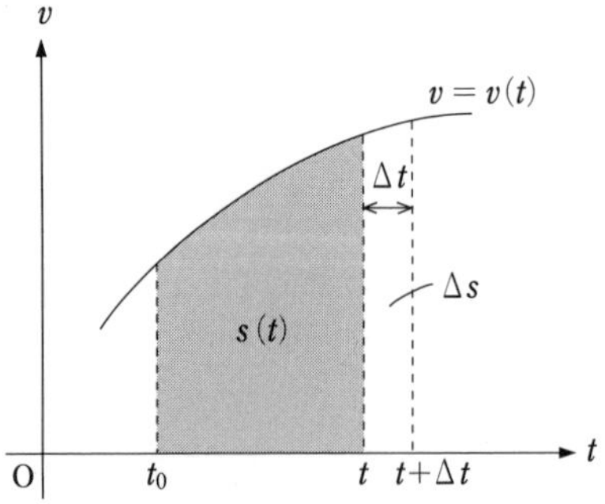

図 2-9　速度の時間についての積分と変位

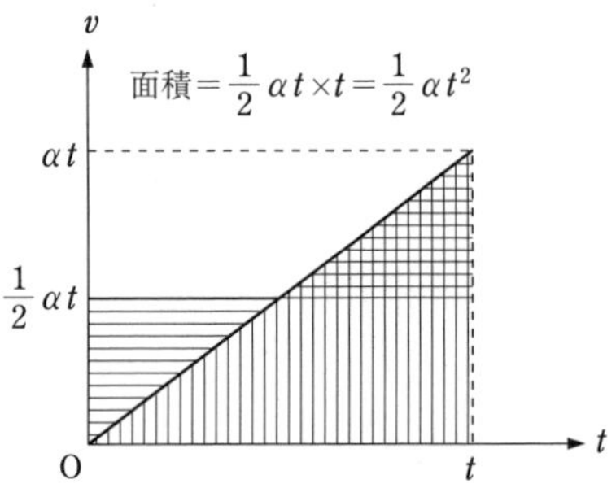

図 2-10　等加速度運動と変位

が成り立ち，積分したものを微分すればもとに戻ることになる．

ここで $\dfrac{\mathrm{d}x}{\mathrm{d}t} = v(t)$ を $\mathrm{d}x = v\,\mathrm{d}t$ と書き，この $\mathrm{d}x$ を変数 x の**微分** (differential) という．両辺を積分すると

$$\int_{t_0}^{t} \mathrm{d}x = x(t) - x(t_0) = \int_{t_0}^{t} v(t')\,\mathrm{d}t' \tag{2.18}$$

同様に，加速度を積分すると速度が得られる．すなわち，$\mathrm{d}v = a\,\mathrm{d}t$ だから

$$\int_{t_0}^{t} \mathrm{d}v = v(t) - v(t_0) = \int_{t_0}^{t} a(t')\,\mathrm{d}t' \tag{2.19}$$

例：等加速度運動 $a = \alpha =$ 一定 において $t = 0$ で $v = 0$ とすると

$$v(t) = \int_{0}^{t} a(t')\,\mathrm{d}t' = \int_{0}^{t} \alpha\,\mathrm{d}t' = \alpha t \tag{2.20}$$

となり図 2-10 のように表される．

さらに $t = 0$ で $x = 0$ として t で積分すると

$$x(t) = \int_{0}^{t} v(t')\,\mathrm{d}t' = \int_{0}^{t} \alpha t'\,\mathrm{d}t' = \frac{1}{2}\alpha t^2 \tag{2.21}$$

ガリレイは等加速度運動での上記の距離を，時刻 $t = 0$ から t までの平均の速度 $\dfrac{1}{2}\alpha t$ に時間 t を掛けて求めている．

§3　2 および 3 次元空間の質点の運動

次に，2 次元（平面）および 3 次元（空間）での質点の運動を考えよう．平面や空間での運動を記述するのにベクトルと呼ばれる量を導入する．

3.1　ベクトルとその演算

物理法則を座標軸の選び方によらない形で記述するには**ベクトル** (vector) が用いられる．ベクトルとは大きさの他に向きをもった量で，例としては変位，速度，加速度，力などがある．台風が毎時 40 km で北北東に向かって進んでいるというときには，速度の大きさと向きが指定されている．これに対して，大きさだけの量すなわち 1 つの実数で表される量をス

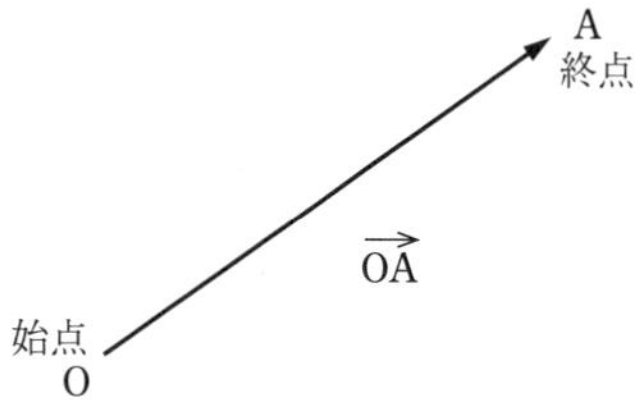

図 2-11　ベクトル

カラーといい，この例としては質量，電荷などがある．

質点が運動するとき，途中の道すじに関係なく始めと終わりの位置だけを考えその変化を**変位** (displacement) という．たとえば，図 2-11 のように質点が点 O から点 A まで移動するときの変位は，向きをもった線分 $\overrightarrow{\mathrm{OA}}$ で表され，O を始点，A を終点という．

本によってはこれらを $\vec{A}, \vec{B}, \vec{C}$ などと表すことがあるが，この本ではベクトルを表すのに $\boldsymbol{A}, \boldsymbol{B}, \boldsymbol{C}$ などの太文字を用いることにする．

2 つのベクトル $\boldsymbol{A}, \boldsymbol{B}$ の大きさ，向きが等しいとき，両者は等しいといい $\boldsymbol{A} = \boldsymbol{B}$ と書く．この場合，一方を平行移動すれば他方に重なる (図 2-12(a))．また，$\boldsymbol{A}$ の長さを $\boldsymbol{A}$ の絶対値 $|\boldsymbol{A}|$，A と表す．

ベクトルの足し算 (加法) は図 2-12(b) のように，一方のベクトルの終点に他方の始点を合わせて

$$\overrightarrow{\mathrm{OP}} + \overrightarrow{\mathrm{PQ}} = \overrightarrow{\mathrm{OQ}} \tag{2.22}$$

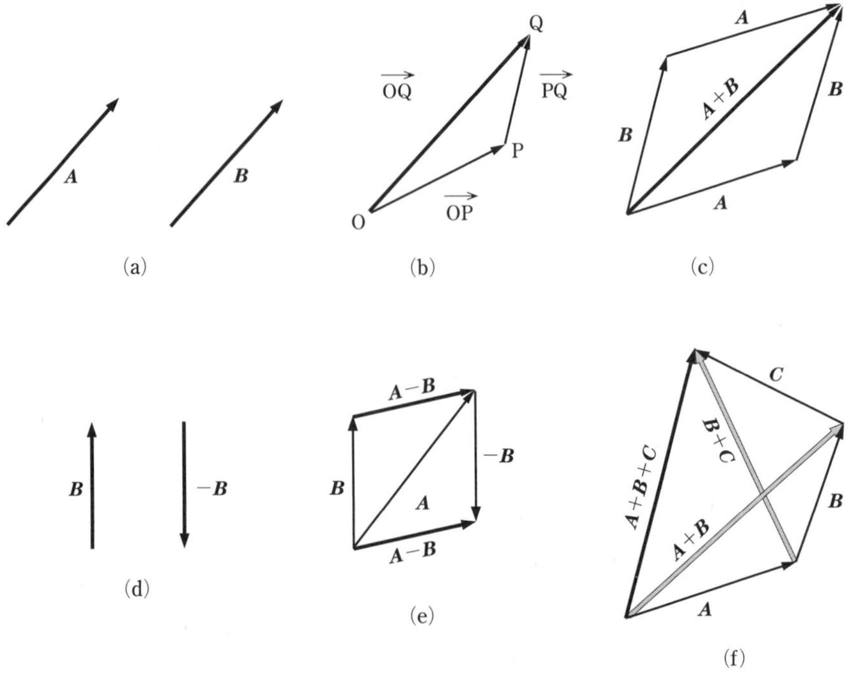

図 2-12　ベクトルの加法・減法

で与えられる．この演算は交換法則：$\boldsymbol{A}+\boldsymbol{B}=\boldsymbol{B}+\boldsymbol{A}$ を満たす (図 2-12(c))．大きさが 0 (ゼロ) であるベクトルを**ゼロ・ベクトル**といい，$\boldsymbol{0}$ で表す．このとき，$\boldsymbol{A}+\boldsymbol{0}=\boldsymbol{A}$ である．以後，特に混乱を生じないかぎり，ゼロ・ベクトルを単に 0 と書く．

一方，引き算 (減法) は $-\boldsymbol{B}$ を $\boldsymbol{B}+(-\boldsymbol{B})=0$ で定義して (図 2-12(d))

$$\boldsymbol{A}-\boldsymbol{B}=\boldsymbol{A}+(-\boldsymbol{B}) \tag{2.23}$$

で与えられる (図 2-12(e))．加法は結合則

$$\boldsymbol{A}+(\boldsymbol{B}+\boldsymbol{C})=(\boldsymbol{A}+\boldsymbol{B})+\boldsymbol{C} \tag{2.24}$$

を満足する (図 2-12(f))．

3.2　スカラー積

ベクトルの積にはスカラー積 (内積) と呼ばれるものとベクトル積 (外積) と呼ばれるものとがある．**スカラー積 (内積)** は

$$\boldsymbol{A}\cdot\boldsymbol{B}=|\boldsymbol{A}||\boldsymbol{B}|\cos\theta \tag{2.25}$$

で定義される．

ここで $\theta\,(0 \leqq \theta < \pi)$ は図 2-13 のように $\boldsymbol{A}$ と $\boldsymbol{B}$ の間の角度で，交換法則 $\boldsymbol{A}\cdot\boldsymbol{B}=\boldsymbol{B}\cdot\boldsymbol{A}$ を満たす．特に，$\boldsymbol{A}=\boldsymbol{B}$ のとき $\theta=0$ なので $\boldsymbol{A}\cdot\boldsymbol{A}=|\boldsymbol{A}|^2=\boldsymbol{A}^2$ が成り立ち，$|\boldsymbol{A}|\neq 0$, $|\boldsymbol{B}|\neq 0$ で，かつ $\boldsymbol{A}\cdot\boldsymbol{B}=0$ であるならば，$\boldsymbol{A}\perp\boldsymbol{B}$，すなわち互いに垂直である．ベクトル積 (外積) については第 4 章で述べる．

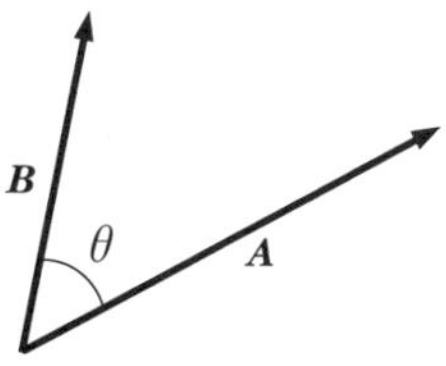

図 2-13　スカラー積

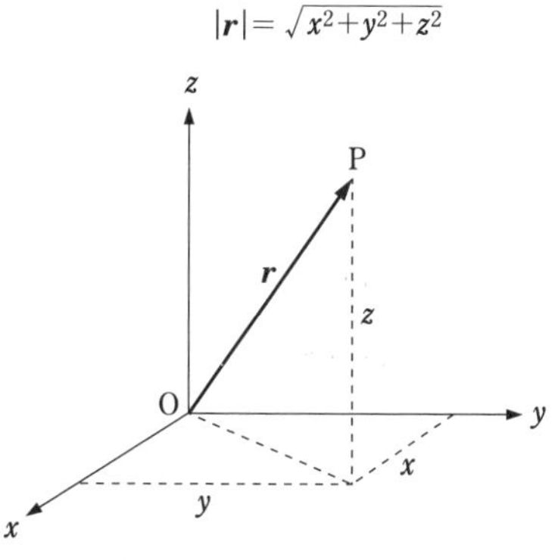

図 2-14　位置ベクトル

質点の位置を表すのに用いられるベクトルが**位置ベクトル**である．始点を空間の定点Oに一致させ質点Pに引いたベクトル $\overrightarrow{\mathrm{OP}}$ でPの位置を表す (図2-14).

直角座標軸を持ち込み，始点を原点にとると $\boldsymbol{r} = (x, y, z)$ で位置ベクトルが表せる．このように始点を固定したベクトルを**束縛ベクトル**という．これに対して，始点を自由に動かせるベクトルを**自由ベクトル**という．変位，速度，加速度などは後者である．

次に，直角座標系におけるベクトルの成分について述べる．x 軸，y 軸，z 軸それぞれの方向の**単位ベクトル** (大きさが1のベクトル) を $\boldsymbol{i} = (1, 0, 0)$, $\boldsymbol{j} = (0, 1, 0)$，$\boldsymbol{k} = (0, 0, 1)$ と表し，これらを**基本ベクトル**と呼ぶ (図2-15).

これらは，3次元空間のベクトルの直交基底をなす．すなわち $\boldsymbol{i}^2 = \boldsymbol{j}^2 = \boldsymbol{k}^2 = 1$, $\boldsymbol{i} \cdot \boldsymbol{j} = \boldsymbol{j} \cdot \boldsymbol{i} = \boldsymbol{j} \cdot \boldsymbol{k} = \boldsymbol{k} \cdot \boldsymbol{j} = \boldsymbol{k} \cdot \boldsymbol{i} = \boldsymbol{i} \cdot \boldsymbol{k} = 0$ を満たす．これらを用いると，位置ベクトル $\boldsymbol{r}$ は

$$\boldsymbol{r} = x\boldsymbol{i} + y\boldsymbol{j} + z\boldsymbol{k} \tag{2.26}$$

と書ける．

また，図2-16のように，一般のベクトル $\boldsymbol{A}$ を $\boldsymbol{A} = (A_x, A_y, A_z) = A_x\boldsymbol{i} + A_y\boldsymbol{j} + A_z\boldsymbol{k}$ と表すとき，A_x, A_y, A_z をそれぞれ $\boldsymbol{A}$ の x, y, z 成分という．

ここで，スカラー積は分配則を満たすので，次式が成り立つ．

$$\begin{aligned} \boldsymbol{A} \cdot \boldsymbol{B} &= (A_x\boldsymbol{i} + A_y\boldsymbol{j} + A_z\boldsymbol{k}) \cdot (B_x\boldsymbol{i} + B_y\boldsymbol{j} + B_z\boldsymbol{k}) \\ &= A_xB_x + A_yB_y + A_zB_z \end{aligned} \tag{2.27}$$

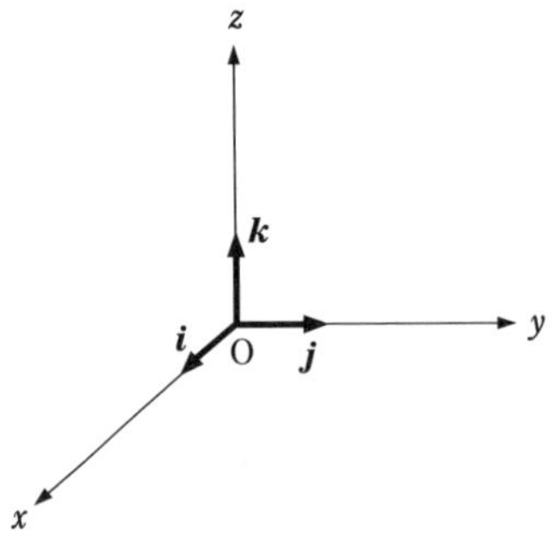

図2-15　基本ベクトル

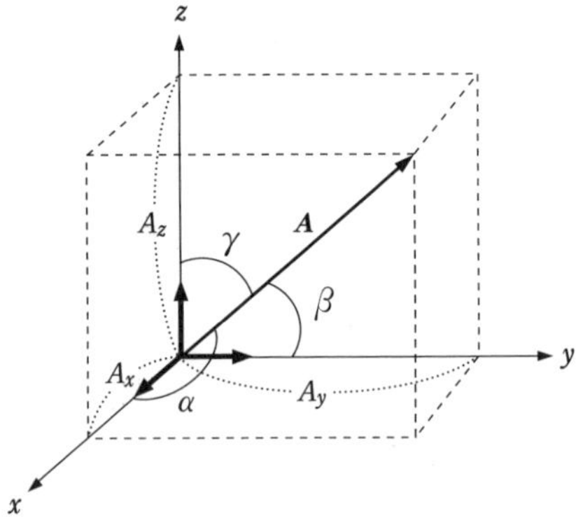

図2-16　ベクトルの直角座標成分

なぜなら $\boldsymbol{i}^2 = 1$, $\boldsymbol{i}\cdot\boldsymbol{j} = 0$ などが成り立つからである．$\boldsymbol{A} = \boldsymbol{B}$ とおくと，

$$|\boldsymbol{A}| = \sqrt{{A_x}^2 + {A_y}^2 + {A_z}^2} = A \tag{2.28}$$

これを $\boldsymbol{A}$ の絶対値という．また図 2-16 のように，

$$A_x = A\cos\alpha, \quad A_y = A\cos\beta, \quad A_z = A\cos\gamma \tag{2.29}$$

と表される．(l, m, n); $l = \cos\alpha$, $m = \cos\beta$, $n = \cos\gamma$ を**方向余弦**という．このとき，$l^2 + m^2 + n^2 = \cos^2\alpha + \cos^2\beta + \cos^2\gamma = 1$ が成り立つ．

ベクトル $\boldsymbol{A} = (A_x, A_y, A_z)$ とスカラー k の積は $k\boldsymbol{A} = (kA_x, kA_y, kA_z)$, $k(\boldsymbol{A}+\boldsymbol{B}) = k\boldsymbol{A} + k\boldsymbol{B}$ を満足する．

一般のベクトル $\boldsymbol{A}$ は $\boldsymbol{A} = A\boldsymbol{e}_A$, $\boldsymbol{e}_A = \boldsymbol{A}/A$ と表され，$\boldsymbol{e}_A$ は $\boldsymbol{A}$ 方向の単位ベクトルとなる (図 2-17).

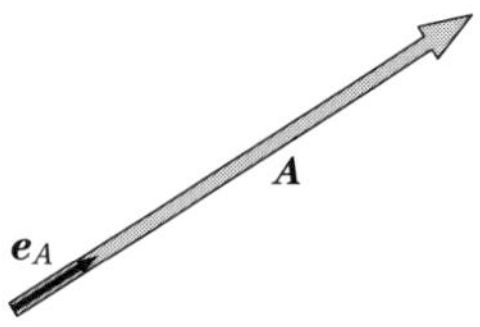

図 2-17　単位ベクトル

§4　速度・加速度とその極座標成分

4.1　速度・加速度

3 次元空間内の質点の運動は，位置ベクトルが時間とともにどのように変化するかによって記述することができる．時刻 t での位置ベクトルが

$$\boldsymbol{r} = \boldsymbol{r}(t) = x(t)\boldsymbol{i} + y(t)\boldsymbol{j} + z(t)\boldsymbol{k} \tag{2.30}$$

と表されるものとする．図 2-18 に示すように時刻 t から微小な時間 Δt の間に質点の位置が $\Delta\boldsymbol{r} = \boldsymbol{r}(t + \Delta t) - \boldsymbol{r}(t)$ だけ変位したとすると，この間の平均の速

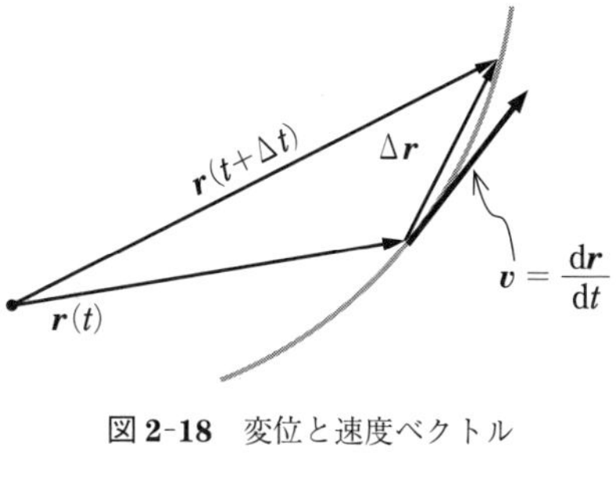

図 2-18　変位と速度ベクトル

度は $\dfrac{\Delta \boldsymbol{r}}{\Delta t}$ で与えられる．ここで，$\Delta t \to 0$ の極限をとると

$$\lim_{\Delta t \to 0} \frac{\Delta \boldsymbol{r}}{\Delta t} = \frac{\mathrm{d}\boldsymbol{r}}{\mathrm{d}t} \equiv \boldsymbol{v} \tag{2.31}$$

となり3次元空間内の**速度** (velocity) が定義される．すなわち，$\boldsymbol{r}(t)$ を t で微分すると速度 $\boldsymbol{v} = \dfrac{\mathrm{d}\boldsymbol{r}}{\mathrm{d}t}$ となる．速度 $\boldsymbol{v}$ の大きさ (絶対値) すなわち $|\boldsymbol{v}| = v$ を**速さ** (speed) といい，これはスカラー量である．(2.30) を用いると，

$$\boldsymbol{v} = \frac{\mathrm{d}\boldsymbol{r}}{\mathrm{d}t} = \frac{\mathrm{d}x}{\mathrm{d}t}\boldsymbol{i} + \frac{\mathrm{d}y}{\mathrm{d}t}\boldsymbol{j} + \frac{\mathrm{d}z}{\mathrm{d}t}\boldsymbol{k} = v_x\boldsymbol{i} + v_y\boldsymbol{j} + v_z\boldsymbol{k} \tag{2.32}$$

と表され，速さは次式で与えられる．

$$v = |\boldsymbol{v}| = \sqrt{{v_x}^2 + {v_y}^2 + {v_z}^2} = \sqrt{\left(\frac{\mathrm{d}x}{\mathrm{d}t}\right)^2 + \left(\frac{\mathrm{d}y}{\mathrm{d}t}\right)^2 + \left(\frac{\mathrm{d}z}{\mathrm{d}t}\right)^2} \tag{2.33}$$

4.2　加速度

次に，**加速度** (acceleration) を定義しよう．これは (2.32) で与えた速度 $\boldsymbol{v}$ を t で微分したものである．

$$\boldsymbol{a} = \lim_{\Delta t \to 0} \frac{\Delta \boldsymbol{v}}{\Delta t} = \frac{\mathrm{d}\boldsymbol{v}}{\mathrm{d}t} = \frac{\mathrm{d}}{\mathrm{d}t}\left(\frac{\mathrm{d}\boldsymbol{r}}{\mathrm{d}t}\right) = \frac{\mathrm{d}^2\boldsymbol{r}}{\mathrm{d}t^2} \tag{2.34}$$

$$= \frac{\mathrm{d}v_x}{\mathrm{d}t}\boldsymbol{i} + \frac{\mathrm{d}v_y}{\mathrm{d}t}\boldsymbol{j} + \frac{\mathrm{d}v_z}{\mathrm{d}t}\boldsymbol{k} = \frac{\mathrm{d}^2x}{\mathrm{d}t^2}\boldsymbol{i} + \frac{\mathrm{d}^2y}{\mathrm{d}t^2}\boldsymbol{j} + \frac{\mathrm{d}^2z}{\mathrm{d}t^2}\boldsymbol{k} \tag{2.35}$$

$$= a_x\boldsymbol{i} + a_y\boldsymbol{j} + a_z\boldsymbol{k} \tag{2.36}$$

4.3　ベクトル関数の微分

ベクトル $\boldsymbol{A}$ が位置ベクトル $\boldsymbol{r}$ のように時間 t によって変わるとき，$\boldsymbol{A}$ を時間 t のベクトル関数という．$k(t)$ をスカラー関数，$\boldsymbol{A}(t), \boldsymbol{B}(t)$ をベクトル関数とすると次の関係式が成り立つ．これらは，ベクトルを成分で表すと2つの関数の積に対する微分演算の規則 (ライプニッツ・ルール，巻末数学的補足参照) から容易に示せる．

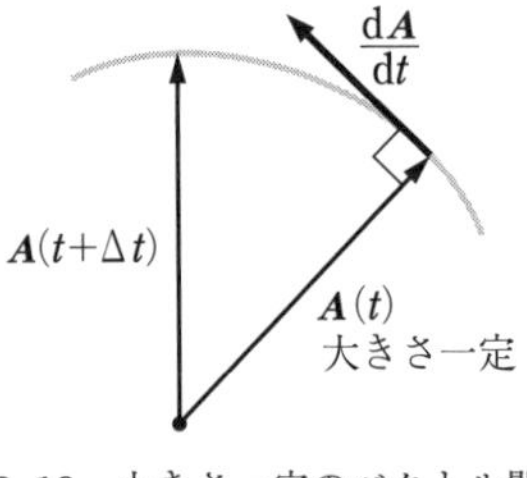

図 2-19　大きさ一定のベクトル関数

$$\frac{\mathrm{d}}{\mathrm{d}t}(k\boldsymbol{A}) = \frac{\mathrm{d}k}{\mathrm{d}t}\boldsymbol{A} + k\frac{\mathrm{d}\boldsymbol{A}}{\mathrm{d}t} \tag{2.37}$$

$$\frac{\mathrm{d}}{\mathrm{d}t}(\boldsymbol{A}\cdot\boldsymbol{B}) = \frac{\mathrm{d}\boldsymbol{A}}{\mathrm{d}t}\cdot\boldsymbol{B} + \boldsymbol{A}\cdot\frac{\mathrm{d}\boldsymbol{B}}{\mathrm{d}t} \tag{2.38}$$

例 題　$\boldsymbol{A}^2 =$ 一定 のとき，$\boldsymbol{A} \perp \dfrac{\mathrm{d}\boldsymbol{A}}{\mathrm{d}t}$ であることを示せ (図 2-19).

解　$\boldsymbol{A}^2 =$ 一定 の両辺を t で微分して $2\boldsymbol{A}\cdot\dfrac{\mathrm{d}\boldsymbol{A}}{\mathrm{d}t} = 0$.

4.4　速度・加速度の極座標成分 (平面運動)

さて，後に述べる中心力のもとでの平面運動などで用いられる極座標での速度・加速度の成分を考えよう．

図 2-20 (a) のように，質点 P の位置が (r, θ) で与えられるとする．動径座標 r の方向の単位ベクトルを $\boldsymbol{e}_r$, これと垂直な方位角 θ 方向の単位ベクトルを $\boldsymbol{e}_\theta$ とする．これらは直角座標の基本ベクトルとは異なり，質点の運動とともに変化する．位置ベクトルは

$$\boldsymbol{r} = r\boldsymbol{e}_r \tag{2.39}$$

で与えられるので，$\boldsymbol{e}_r$ が時間の関数であることに注意して速度を求めると

$$\boldsymbol{v} = \frac{\mathrm{d}\boldsymbol{r}}{\mathrm{d}t} = \frac{\mathrm{d}}{\mathrm{d}t}(r\boldsymbol{e}_r) = \frac{\mathrm{d}r}{\mathrm{d}t}\boldsymbol{e}_r + r\frac{\mathrm{d}\boldsymbol{e}_r}{\mathrm{d}t} \tag{2.40}$$

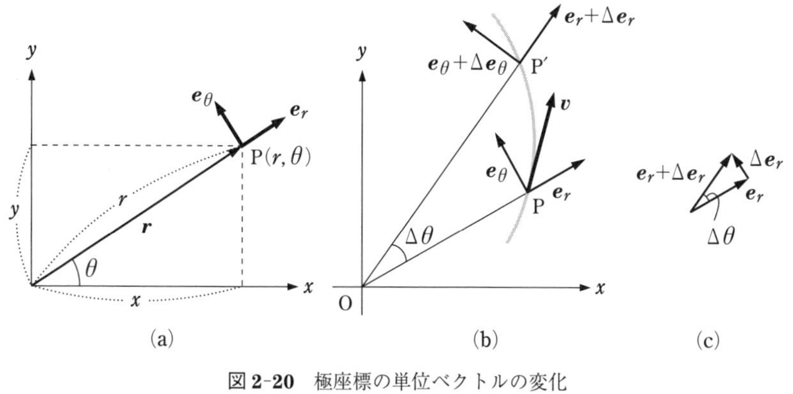

図 2-20　極座標の単位ベクトルの変化

となる．ここで ${\boldsymbol{e}_r}^2 = 1$ であるから，上の例題より $\dfrac{\mathrm{d}\boldsymbol{e}_r}{\mathrm{d}t} \perp \boldsymbol{e}_r$ すなわち $\dfrac{\mathrm{d}\boldsymbol{e}_r}{\mathrm{d}t} \propto \boldsymbol{e}_\theta$ となる．図 2-20 (b) のように軌跡を描いて質点が運動するとき，時刻 t における位置，点 P での極座標のそれぞれの方向の単位ベクトルを $\boldsymbol{e}_r$，$\boldsymbol{e}_\theta$ とすると，微小時間 Δt 後には質点の位置は P$'$ で，$\boldsymbol{e}_r$ と $\boldsymbol{e}_\theta$ はそれぞれ $\Delta\boldsymbol{e}_r$，$\Delta\boldsymbol{e}_\theta$ だけ変化する．このとき図 2-20 (c) のように，$|\boldsymbol{e}_r| = 1$ に注意して

$$|\Delta\boldsymbol{e}_r| = \Delta\theta + \text{高次の無限小} \tag{2.41}$$

が成り立つ．よって両辺を Δt で割って，$\Delta t \to 0$ の極限をとれば

$$\left|\frac{\Delta\boldsymbol{e}_r}{\Delta t}\right| \to \left|\frac{\mathrm{d}\boldsymbol{e}_r}{\mathrm{d}t}\right| = \frac{\mathrm{d}\theta}{\mathrm{d}t} \tag{2.42}$$

ここで α を比例定数として，$\dfrac{\mathrm{d}\boldsymbol{e}_r}{\mathrm{d}t} = \alpha\boldsymbol{e}_\theta$ と書くと，上式より $|\alpha| = \dfrac{\mathrm{d}\theta}{\mathrm{d}t}$．図 2-20 (c) から θ が増加する方向が $\boldsymbol{e}_\theta$ の正の方向なので絶対値記号をはずせて

$$\frac{\mathrm{d}\boldsymbol{e}_r}{\mathrm{d}t} = \frac{\mathrm{d}\theta}{\mathrm{d}t}\boldsymbol{e}_\theta \tag{2.43}$$

であることがわかる．すなわち

$$\boldsymbol{v} = \frac{\mathrm{d}r}{\mathrm{d}t}\boldsymbol{e}_r + r\frac{\mathrm{d}\theta}{\mathrm{d}t}\boldsymbol{e}_\theta = v_r\boldsymbol{e}_r + v_\theta\boldsymbol{e}_\theta \tag{2.44}$$

である．すなわち

$$\begin{aligned} v_r &= \frac{\mathrm{d}r}{\mathrm{d}t} = \dot{r}：\text{動径成分} \\ v_\theta &= r\frac{\mathrm{d}\theta}{\mathrm{d}t} = r\dot{\theta}：\text{横成分または方位成分} \end{aligned} \tag{2.45}$$

次に，極座標での加速度の成分を求める．

$$\boldsymbol{a} = \frac{\mathrm{d}\boldsymbol{v}}{\mathrm{d}t} = \frac{\mathrm{d}}{\mathrm{d}t}\left(\frac{\mathrm{d}r}{\mathrm{d}t}\boldsymbol{e}_r + r\frac{\mathrm{d}\theta}{\mathrm{d}t}\boldsymbol{e}_\theta\right) \tag{2.46}$$

$$= \frac{\mathrm{d}^2r}{\mathrm{d}t^2}\boldsymbol{e}_r + \frac{\mathrm{d}r}{\mathrm{d}t}\frac{\mathrm{d}\boldsymbol{e}_r}{\mathrm{d}t} + \frac{\mathrm{d}}{\mathrm{d}t}\left(r\frac{\mathrm{d}\theta}{\mathrm{d}t}\right)\boldsymbol{e}_\theta + r\frac{\mathrm{d}\theta}{\mathrm{d}t}\frac{\mathrm{d}\boldsymbol{e}_\theta}{\mathrm{d}t} \tag{2.47}$$

ここで

$$\frac{\mathrm{d}\boldsymbol{e}_r}{\mathrm{d}t} = \frac{\mathrm{d}\theta}{\mathrm{d}t}\boldsymbol{e}_\theta, \quad \frac{\mathrm{d}\boldsymbol{e}_\theta}{\mathrm{d}t} = -\frac{\mathrm{d}\theta}{\mathrm{d}t}\boldsymbol{e}_r \tag{2.48}$$

が成り立つ．なぜなら，$\boldsymbol{e}_r \cdot \boldsymbol{e}_\theta = 0$ だから

$$\frac{\mathrm{d}\boldsymbol{e}_r}{\mathrm{d}t} \cdot \boldsymbol{e}_\theta + \boldsymbol{e}_r \cdot \frac{\mathrm{d}\boldsymbol{e}_\theta}{\mathrm{d}t} = 0 \tag{2.49}$$

よって，(2.43) から

$$\boldsymbol{e}_r \cdot \frac{\mathrm{d}\boldsymbol{e}_\theta}{\mathrm{d}t} = -\frac{\mathrm{d}\theta}{\mathrm{d}t} \tag{2.50}$$

となり，また $\dfrac{\mathrm{d}\boldsymbol{e}_\theta}{\mathrm{d}t} \propto \boldsymbol{e}_r$ から (2.48) の第 2 式が示せる．まとめると，

$$\boldsymbol{a} = \left\{ \frac{\mathrm{d}^2 r}{\mathrm{d}t^2} - r\left(\frac{\mathrm{d}\theta}{\mathrm{d}t}\right)^2 \right\}\boldsymbol{e}_r + \left\{ \frac{\mathrm{d}}{\mathrm{d}t}\left(r\frac{\mathrm{d}\theta}{\mathrm{d}t}\right) + \frac{\mathrm{d}r}{\mathrm{d}t}\frac{\mathrm{d}\theta}{\mathrm{d}t} \right\}\boldsymbol{e}_\theta \tag{2.51}$$

$$= \left\{ \frac{\mathrm{d}^2 r}{\mathrm{d}t^2} - r\left(\frac{\mathrm{d}\theta}{\mathrm{d}t}\right)^2 \right\}\boldsymbol{e}_r + \left\{ r\frac{\mathrm{d}^2\theta}{\mathrm{d}t^2} + 2\frac{\mathrm{d}r}{\mathrm{d}t}\frac{\mathrm{d}\theta}{\mathrm{d}t} \right\}\boldsymbol{e}_\theta \tag{2.52}$$

すなわち

$$\boldsymbol{a} = a_r\boldsymbol{e}_r + a_\theta\boldsymbol{e}_\theta$$

と書くと，動径成分 a_r と横成分 a_θ は

$$a_r = \ddot{r} - r\dot{\theta}^2, \quad a_\theta = r\ddot{\theta} + 2\dot{r}\dot{\theta} \tag{2.53}$$

別の導出法：直角座標と極座標における基本ベクトルの関係を用いる方法

図 2-21 より

$$\boldsymbol{e}_r = \cos\theta\,\boldsymbol{i} + \sin\theta\,\boldsymbol{j} \tag{2.54}$$

$$\boldsymbol{e}_\theta = -\sin\theta\,\boldsymbol{i} + \cos\theta\,\boldsymbol{j} \tag{2.55}$$

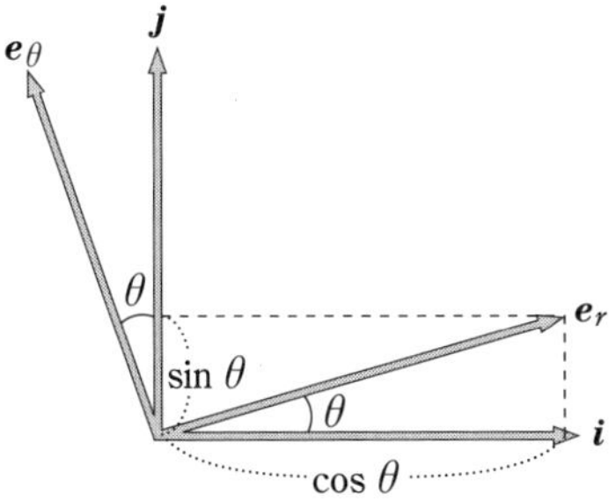

図 2-21　直角座標と極座標の基本ベクトル

これらを時間微分して

$$\dot{\boldsymbol{e}_r} = -\dot{\theta}\sin\theta\,\boldsymbol{i} + \dot{\theta}\cos\theta\,\boldsymbol{j}$$
$$= \dot{\theta}\boldsymbol{e}_\theta \tag{2.56}$$

$$\dot{\boldsymbol{e}_\theta} = -\dot{\theta}\cos\theta\,\boldsymbol{i} - \dot{\theta}\sin\theta\,\boldsymbol{j}$$
$$= -\dot{\theta}\boldsymbol{e}_r \tag{2.57}$$

ここで $\boldsymbol{i}, \boldsymbol{j}$ は時間によらないことに注意した．

さて $\boldsymbol{r} = r\boldsymbol{e}_r$ だから，速度は

$$\boldsymbol{v} = \dot{\boldsymbol{r}} = \dot{r}\boldsymbol{e}_r + r\dot{\boldsymbol{e}_r} = \dot{r}\boldsymbol{e}_r + r\dot{\theta}\boldsymbol{e}_\theta \tag{2.58}$$

$$\text{よって}\quad v_r = \dot{r}, \quad v_\theta = r\dot{\theta} \tag{2.59}$$

加速度は

$$\boldsymbol{a} = \dot{\boldsymbol{v}} = \ddot{\boldsymbol{r}} = \ddot{r}\boldsymbol{e}_r + \dot{r}\dot{\boldsymbol{e}_r} + \dot{r}\dot{\theta}\boldsymbol{e}_\theta + r\ddot{\theta}\boldsymbol{e}_\theta + r\dot{\theta}\dot{\boldsymbol{e}_\theta} \tag{2.60}$$

$$= \ddot{r}\boldsymbol{e}_r + 2\dot{r}\dot{\theta}\boldsymbol{e}_\theta + r\ddot{\theta}\boldsymbol{e}_\theta - r\dot{\theta}^2\boldsymbol{e}_r \tag{2.61}$$

$$= (\ddot{r} - r\dot{\theta}^2)\boldsymbol{e}_r + (r\ddot{\theta} + 2\dot{r}\dot{\theta})\boldsymbol{e}_\theta \tag{2.62}$$

すなわち

$$a_r = \ddot{r} - r\dot{\theta}^2, \quad a_\theta = r\ddot{\theta} + 2\dot{r}\dot{\theta} \tag{2.63}$$

と，前に得られたのと同じ結果が導かれる．

例 題　θ の時間変化の割合 $\dot{\theta}$ を角速度といい ω で表す．半径 a の円周上を質点が角速度 $\omega=$ 一定 で等速円運動するときの，速度・加速度の平面極座標成分を求めよ．

解　$v_r = 0,\ v_\theta = a\omega,\ a_r = -a\omega^2,\ a_\theta = 0$

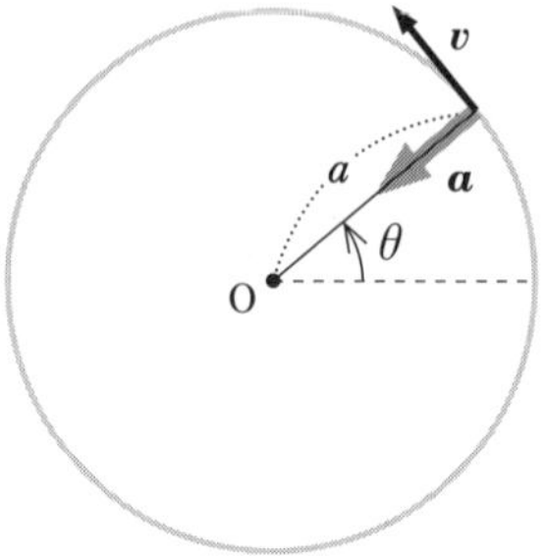

図 2-22　等速円運動

§5　速度・加速度の接線成分と法線成分

質点が図 2-23 のような軌跡を描いて運動するとき，質点の位置ベクトルは曲線上の定点 O から曲線に沿って測った距離を s として

$$\boldsymbol{r} = \boldsymbol{r}(s) \tag{2.64}$$

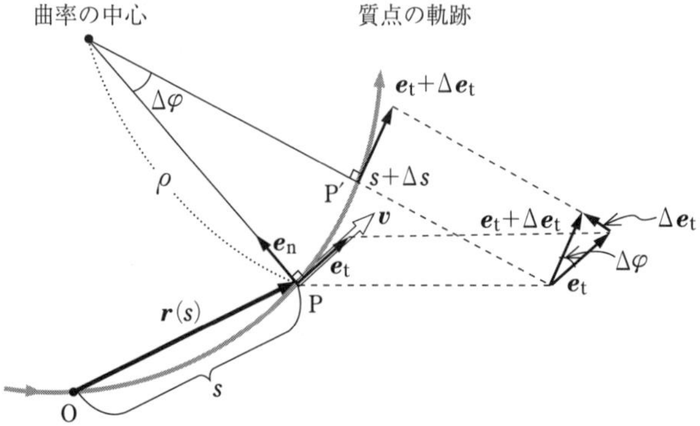

図 2-23　接線ベクトルと法線ベクトル

と表される．ここで，$s = s(t)$ である．時刻 t での速度は質点の位置で曲線に引いた接線の方向を向くベクトルで，合成関数の微分 (数学的補足 §1) に注意すると

$$\boldsymbol{v} = \frac{\mathrm{d}\boldsymbol{r}}{\mathrm{d}t} = \frac{\mathrm{d}s}{\mathrm{d}t}\frac{\mathrm{d}\boldsymbol{r}}{\mathrm{d}s} = v\boldsymbol{e}_{\mathrm{t}}, \quad \boldsymbol{e}_{\mathrm{t}} \equiv \frac{\mathrm{d}\boldsymbol{r}}{\mathrm{d}s} \tag{2.65}$$

となる．ここで，$\boldsymbol{e}_{\mathrm{t}}$ は接線方向の単位ベクトルで，**接線ベクトル** (tangent vector) と呼ばれる．すなわち速度は接線ベクトルに速さ v を掛けたものである．

次に，加速度は

$$\boldsymbol{a} = \frac{\mathrm{d}\boldsymbol{v}}{\mathrm{d}t} = \frac{\mathrm{d}}{\mathrm{d}t}(v\boldsymbol{e}_{\mathrm{t}}) = \frac{\mathrm{d}v}{\mathrm{d}t}\boldsymbol{e}_{\mathrm{t}} + v\frac{\mathrm{d}\boldsymbol{e}_{\mathrm{t}}}{\mathrm{d}t} \tag{2.66}$$

接線ベクトルの微小時間内の変化を調べると，図 2-23 より

$$|\Delta\boldsymbol{e}_{\mathrm{t}}| = |\boldsymbol{e}_{\mathrm{t}}|\Delta\varphi + \text{高次の無限小}, \quad \Delta s = \rho\,\Delta\varphi + \text{高次の無限小} \tag{2.67}$$

$|\Delta\boldsymbol{e}_{\mathrm{t}}|$ を Δs で割って $\Delta t \to 0$ をとると
$$\left|\frac{\mathrm{d}\boldsymbol{e}_{\mathrm{t}}}{\mathrm{d}s}\right| = \frac{\mathrm{d}\varphi}{\mathrm{d}s} = \frac{1}{\rho} \tag{2.68}$$

ここで，$|\boldsymbol{e}_{\mathrm{t}}| = 1$ に注意．$\boldsymbol{e}_{\mathrm{t}}$ に垂直な法線方向の単位ベクトルを**法線ベクトル** (normal vector) といい，これを $\boldsymbol{e}_{\mathrm{n}}$ と書くと

$$\frac{\mathrm{d}\boldsymbol{e}_{\mathrm{t}}}{\mathrm{d}s} = \frac{1}{\rho}\boldsymbol{e}_{\mathrm{n}} \tag{2.69}$$

を得る．ここで，ρ を**曲率半径**，$\kappa = 1/\rho$ を**曲率**という．また

$$\frac{\mathrm{d}\boldsymbol{e}_{\mathrm{t}}}{\mathrm{d}t} = \frac{\mathrm{d}s}{\mathrm{d}t}\frac{\mathrm{d}\boldsymbol{e}_{\mathrm{t}}}{\mathrm{d}s} = v\frac{1}{\rho}\boldsymbol{e}_{\mathrm{n}} \tag{2.70}$$

である．よって加速度は接線方向と法線方向の成分からなり

$$\boldsymbol{a} = \frac{\mathrm{d}v}{\mathrm{d}t}\boldsymbol{e}_{\mathrm{t}} + v\left(\frac{v}{\rho}\boldsymbol{e}_{\mathrm{n}}\right) = \dot{v}\boldsymbol{e}_{\mathrm{t}} + \frac{v^2}{\rho}\boldsymbol{e}_{\mathrm{n}} = a_{\mathrm{t}}\boldsymbol{e}_{\mathrm{t}} + a_{\mathrm{n}}\boldsymbol{e}_{\mathrm{n}}$$

$$a_{\mathrm{t}} = \dot{v} = \ddot{s}\text{：接線成分}, \quad a_{\mathrm{n}} = \frac{v^2}{\rho} = \frac{\dot{s}^2}{\rho}\text{：法線成分} \tag{2.71}$$

と表される．高速道路の急カーブの度合いを表すのに曲率半径が用いられる．たとえば「R=50m」という標識は，カーブの曲率半径を表している．ここでは，簡単のために 2 次元の場合を考えたが，3 次元空間では，図 2-24 のように $\boldsymbol{e}_{\mathrm{t}}$ と $\boldsymbol{e}_{\mathrm{n}}$ に垂直なもうひとつの法線ベクトル $\boldsymbol{e}_{\mathrm{b}}$($\boldsymbol{e}_{\mathrm{t}}$，$\boldsymbol{e}_{\mathrm{n}}$，$\boldsymbol{e}_{\mathrm{b}}$ の順に右手系をなす) が描ける．このとき $\boldsymbol{e}_{\mathrm{n}}$ を**主法線ベクトル** (principal normal vector)，$\boldsymbol{e}_{\mathrm{b}}$ を**陪法線 (従法線) ベクトル** (binormal vector) という．

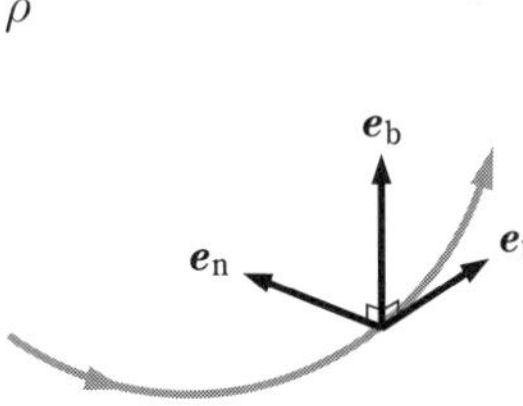

図 2-24　陪法線ベクトル

例 題　z 軸のまわりに，半径 a，角速度 ω で円運動しながら z 軸方向に一様な速度 v で動く質点はらせん運動する(図2-25)．この曲線の接線・法線ベクトルおよび曲率を求めよ．ただし，$t=0$ での質点の位置を $x=a,\ y=z=0$ とする．

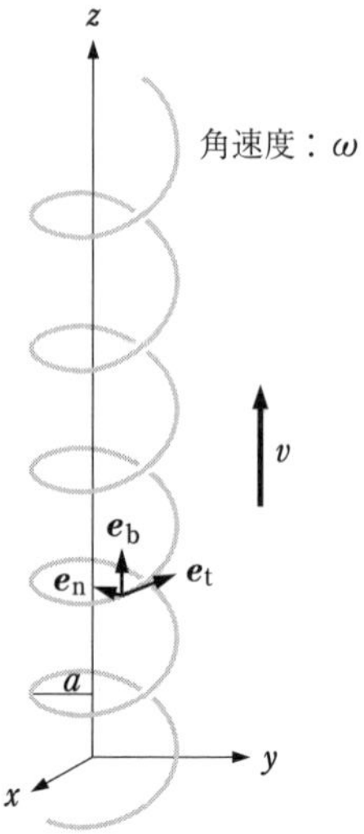

図2-25　らせん運動

解　位置ベクトルは $\boldsymbol{r}(t)=a\cos\omega t\,\boldsymbol{i}+a\sin\omega t\,\boldsymbol{j}+vt\boldsymbol{k}$ で，これを t で微分して

$$\frac{\mathrm{d}\boldsymbol{r}}{\mathrm{d}t}=-\omega a\sin\omega t\,\boldsymbol{i}+\omega a\cos\omega t\,\boldsymbol{j}+v\boldsymbol{k},$$

$$\frac{\mathrm{d}s}{\mathrm{d}t}=\left|\frac{\mathrm{d}\boldsymbol{r}}{\mathrm{d}t}\right|=\sqrt{\omega^2a^2+v^2}$$

接線ベクトルとその微分は

$$\boldsymbol{e}_\mathrm{t}=\frac{\mathrm{d}\boldsymbol{r}}{\mathrm{d}s}=\frac{\mathrm{d}\boldsymbol{r}}{\mathrm{d}t}\Bigg/\frac{\mathrm{d}s}{\mathrm{d}t}$$
$$=\frac{-\omega a\sin\omega t\,\boldsymbol{i}+\omega a\cos\omega t\,\boldsymbol{j}+v\boldsymbol{k}}{\sqrt{\omega^2a^2+v^2}}$$

$$\frac{\mathrm{d}\boldsymbol{e}_\mathrm{t}}{\mathrm{d}s}=\frac{\mathrm{d}\boldsymbol{e}_\mathrm{t}}{\mathrm{d}t}\Bigg/\frac{\mathrm{d}s}{\mathrm{d}t}$$
$$=\frac{-\omega^2a\cos\omega t\,\boldsymbol{i}-\omega^2a\sin\omega t\,\boldsymbol{j}}{\omega^2a^2+v^2}=\frac{1}{\rho}\boldsymbol{e}_\mathrm{n}$$

曲率は

$$\kappa=\frac{1}{\rho}=\left|\frac{\mathrm{d}\boldsymbol{e}_\mathrm{t}}{\mathrm{d}s}\right|=\frac{\omega^2a}{\omega^2a^2+v^2}$$

したがって，主法線ベクトルは

$$\boldsymbol{e}_\mathrm{n}=-\cos\omega t\,\boldsymbol{i}-\sin\omega t\,\boldsymbol{j}$$

ついでに，陪法線ベクトルは

$$\boldsymbol{e}_\mathrm{b}=\frac{v\sin\omega t\,\boldsymbol{i}-v\cos\omega t\,\boldsymbol{j}+\omega a\boldsymbol{k}}{\sqrt{\omega^2a^2+v^2}}$$

3つのベクトル $\boldsymbol{e}_\mathrm{t}$，$\boldsymbol{e}_\mathrm{n}$，$\boldsymbol{e}_\mathrm{b}$ は互いに直交する．$\boldsymbol{e}_\mathrm{t}\cdot\boldsymbol{e}_\mathrm{b}=\boldsymbol{e}_\mathrm{n}\cdot\boldsymbol{e}_\mathrm{b}=\boldsymbol{e}_\mathrm{t}\cdot\boldsymbol{e}_\mathrm{n}=0$．後述のベクトル積を用いれば $\boldsymbol{e}_\mathrm{b}=\boldsymbol{e}_\mathrm{t}\times\boldsymbol{e}_\mathrm{n}$ と表される．$\boldsymbol{e}_\mathrm{b}$ を s で微分すると，

$$\frac{\mathrm{d}\boldsymbol{e}_\mathrm{b}}{\mathrm{d}s}=-\tau\boldsymbol{e}_\mathrm{n}$$

と表される．この τ を**捩率（ねじれ率）**といい，曲線の平面からのずれ具合を表す．上の例では，$\tau=\omega v/(\omega^2a^2+v^2)$ である．

演 習 問 題

1. x 軸上を以下の式に従って運動する質点の速度と加速度を求めよ．また，x，$\dot{x}$，$\ddot{x}$ の関係を求めよ．

a) $x(t) = A\sin\omega t \quad (A,\ \omega$: 定数$)$

b) $x(t) = Ae^{-\alpha t}\cos(\omega t + \delta) \quad (A,\ \alpha,\ \omega,\ \delta$: 定数$)$

c) $x(t) = h - \dfrac{v_\infty^2}{g}\log\cosh\dfrac{gt}{v_\infty} \quad (h,\ v_\infty,\ g$：定数$)$

$\quad (\cosh x \equiv \dfrac{\mathrm{e}^x + \mathrm{e}^{-x}}{2})$

2. x 軸上の直線運動 $x = x(t)$ を時間変数 t について逆に解くと $t = t(x)$ と書ける．これより，速度を v としたとき加速度 a が

$$a = -v^3\frac{\mathrm{d}^2t}{\mathrm{d}x^2}$$

と表されることを示せ．また，等加速度運動 $x(t) = \dfrac{1}{2}gt^2$ (g：重力加速度) の場合に，これを確かめよ．

3. 平面運動につき，直角座標 $(x,\ y)$ と極座標 (r, θ) の関係式

$$x = r\cos\theta,\ y = r\sin\theta$$

を用いて，速度，加速度の極座標成分 (v_r, v_θ)，(a_r, a_θ) を求めよ．ただし，

$$v_r = v_x\cos\theta + v_y\sin\theta, \quad v_\theta = -v_x\sin\theta + v_y\cos\theta$$

$$a_r = a_x\cos\theta + a_y\sin\theta, \quad a_\theta = -a_x\sin\theta + a_y\cos\theta$$

に注意せよ．

4. 質点が半円周上を運動するとき，この点の直径への正射影が速さ v_0 で一定の運動を考える．円の中心を極としたとき，極座標での速度 v_r，v_θ，加速度 a_r，a_θ を求めよ．

5. 質点の極のまわりの角速度が一定のとき，その加速度の横成分 a_θ は速度の動径成分 v_r に比例することを示せ．

6. 平面内の曲線が媒介変数 t を用いて

$$x = f(t), \qquad y = g(t)$$

と表せるときの，接線ベクトル，法線ベクトルおよび曲率半径を求めよ．

7. 前問を用いて，次式で表せる曲線の曲率半径を求めよ．

1) 懸垂曲線 (図 2-26)：

糸や鎖を一様な重力中で垂らしたときの曲線．t を媒介変数として

$x = a\lambda t,\ y = a\cosh\lambda t\ (a, \lambda$: 定数)

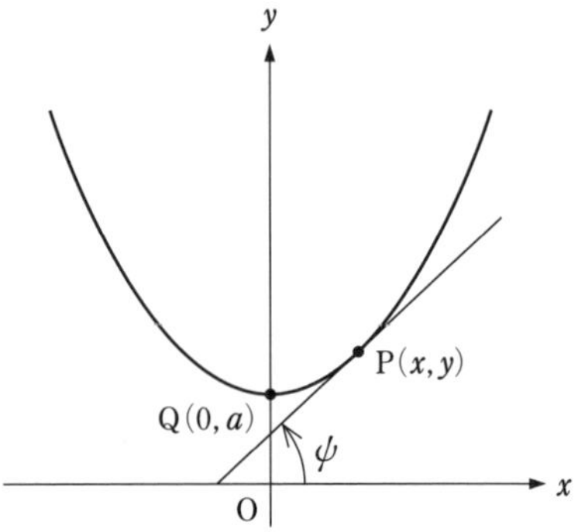

図 2-26　懸垂曲線

2) サイクロイド曲線 (図 2-27):

直線に沿って，円が滑らずに転がるとき，円周上の点が描く軌跡をサイクロイド曲線という．円の半径を a とし，図のように座標軸を選ぶと円の回転した角度を θ として

$$x = a\ (\theta - \sin\theta), \quad y = a\ (1 - \cos\theta) \quad (a：定数)$$

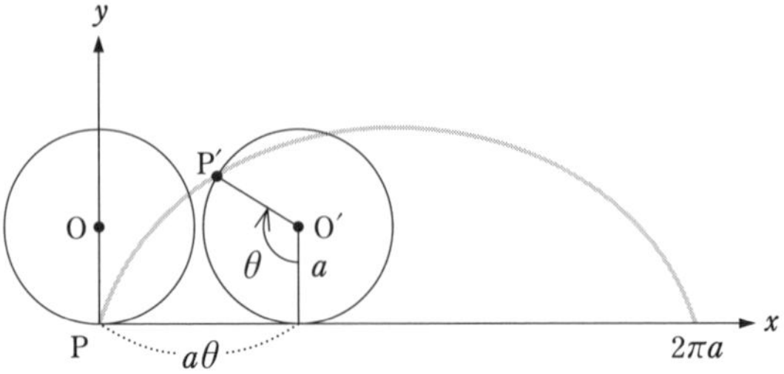

図 2-27　サイクロイド曲線

8. 懸垂曲線 (前問 1) の上の点 P での接線が x 軸となす角度を ψ とするとき (図 2-26)，点 Q$(0, a)$ から曲線に沿って測った点 P までの道のり s は

$$s = a\tan\psi$$

と表せることを示せ．

9. 質点が懸垂曲線 $s = a\tan\psi$ の上を一定の速さ v で動くとき法線加速度 a_n を v_n, s, a で表せ．

10. 空間極座標での速度成分，加速度成分を求めよ．

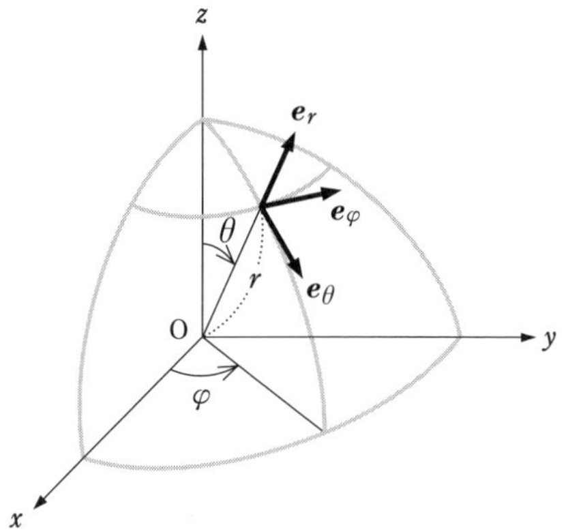

図 2-28　空間極座標

11. 一直線上を質点が加速度 α で等加速度運動している．

1) 時刻 $t = t_0$ での質点の位置と速度がそれぞれ $x = x_0$，$v = \dot{x} = v_0$ で与えられるとき，時刻 t での速度 $v(t)$ と位置 $x(t)$ を求めよ．

2) 時刻 $t = t_1,t_2$ での質点の位置がそれぞれ $x = x_1,x_2$ であるとき，時刻 t での位置 $x(t)$ を求めよ．

12. 平面内を運動する質点の時刻 t での位置が，平面極座標で $r = \alpha t$，$\theta = \beta t$ で与えられるとき，速度および加速度の動径成分と横成分，(v_r, v_θ)，(a_r, a_θ) を求めよ．またその質点の運動の軌跡を図示せよ．ただし，$\alpha > 0, \beta > 0$ とする．

13. 曲率半径 $\rho = 200\,\mathrm{m}$ のカーブを車が時速 $108\,\mathrm{km}$ で走行するときの加速度の大きさを求めよ．また，同じ速度で，より急なカーブを通過したときの加速度の大きさが $6\,\mathrm{m/s^2}$ であるとき，曲率半径を求めよ．

3 運動の法則

前章の運動学では，物体の運動の記述のしかたについて学んだ．この章では，物体に力が作用したとき，運動がどのように変化するかについての法則，すなわち運動の法則について述べる．以下で見るようにニュートン力学においては，質量や力の概念は運動法則を通じて規定される．

Issac Newton (アイザック・ニュートン) (1643–1727)
「プリンキピア」を著し，「運動の 3 法則」および「万有引力の法則」で古典力学の大系を打ち立てた．

§1 ニュートンの運動の 3 法則

運動の法則が正しく認識されるまでには長い年数，時代を経なければならなかった．

ギリシア時代においては，物体が動き続けるためには，絶えず力が加わっている必要があるとか，重い物体のほうが軽い物体より速く落下すると間違って考えられていた (アリストテレス学派)．一方，力のつりあいを論じる静力学は比較的早く完成し，アルキメデスの「てこの原理」，「重心の法則」，「浮力の原理」などが知られていた．また 16 世紀に，ステヴィン (S. Stevin) によって，力の合成が平行四辺形の法則に従うこと，すなわち力がベクトル量であることが斜面に置かれた鎖のつりあいの議論から示された (話題参照)．

静力学に対して，物体に働く力と運動の関係を明らかにする動力学はガリレオ・ガリレイ (Galileo Galilei) によって，実験・観測を用いた考察で始められ，「落体の運動」，「斜面上の等加速度運動」，「振り子の等時性」などの法則が発見された．また天体の運行についてはケプラーの 3 法則が見出された．これらの個別の法則を微積分学という数学的方法を導入して一般的に整理・法則化したのがアイザック・ニュートン (Isaac Newton) である．

ニュートンによる運動の基本法則は次の 3 つの法則にまとめられる．

第 1 法則 (慣性の法則)

いかなる物体も外から力が働かなければ，静止または一直線上の一様な運動を続ける．

第 2 法則 (運動の法則)

物体の運動量の時間変化はその物体に働く力に比例し，その方向は力の働く向きに起こる．

第 3 法則 (作用・反作用の法則)

物体 1 から物体 2 に力が働くとき (作用)，物体 2 は必ず物体 1 に対し大きさが等しく反対向きの力を及ぼす (反作用)．

この 3 つを**ニュートンの運動の 3 法則**と呼ぶ．

i) 第 1 法則で物体が静止または等速度運動のような運動の状態をそのまま続けようとする性質を**慣性** (inertia) と呼ぶ．第 1 法則は慣性の法則と呼ばれる．この法則を別の形に表現すると次のようになる．すなわち，他の物体から十分離れたとき，質点は等速度運動をなす．また，ガリレイは斜面を転がり落ちた物体がそれに続く登りの斜面を上昇して行く運動において，登りの傾斜をゼロに近づける極限で無限に一定速度で運動が続くことをニュートン以前に見出していた．

ii) 第 2 法則で物体の**運動量** (momentum) とはその物体の質量 m と速度 $\boldsymbol{v}$ の積

$$\boldsymbol{p} = m\boldsymbol{v} \tag{3.1}$$

で定義されるベクトル量である (相対論的力学ではこの運動量の表式は光の速度を c として $\boldsymbol{p} = m\boldsymbol{v}/\sqrt{1 - v^2/c^2}$ と修正される)．

ここで**質量** (mass) は物体に固有のスカラー量で，慣性の大きさを表す．

第 2 法則を式で表すと

$$\frac{\mathrm{d}\boldsymbol{p}}{\mathrm{d}t} = \boldsymbol{F} \tag{3.2}$$

右辺の $\boldsymbol{F}$ は**力** (force) でベクトル量である．力がベクトルであることは，力のつりあいを論じる静力学以来知られていた．また左辺がベクトル量であることに合致している．(3.2) を**運動方程式** (equation of motion) という．

$\boldsymbol{p} = m\boldsymbol{v}$ を (3.2) に代入し，質点の m が時間的に変化しないことを用いると

$$m\frac{\mathrm{d}\boldsymbol{v}}{\mathrm{d}t} = \boldsymbol{F} \tag{3.3}$$

$\boldsymbol{v}$ の時間的変化 $\mathrm{d}\boldsymbol{v}/\mathrm{d}t$ は定義より加速度 $\boldsymbol{a}$ (acceleration) に等しい．よって

$$m\boldsymbol{a} = \boldsymbol{F} \tag{3.4}$$

とも表せる．また，$\boldsymbol{v} = \mathrm{d}\boldsymbol{r}/\mathrm{d}t$ だから $\boldsymbol{a} = \mathrm{d}\boldsymbol{v}/\mathrm{d}t = \mathrm{d}^2\boldsymbol{r}/\mathrm{d}t^2$，よって運動方程式は

$$m\frac{\mathrm{d}^2\boldsymbol{r}}{\mathrm{d}t^2} = \boldsymbol{F} \tag{3.5}$$

という形にも書ける．この両辺はベクトル量であるが，直角座標成分で書くと，

$$m\frac{\mathrm{d}^2x}{\mathrm{d}t^2} = F_x, \quad m\frac{\mathrm{d}^2y}{\mathrm{d}t^2} = F_y, \quad m\frac{\mathrm{d}^2z}{\mathrm{d}t^2} = F_z \tag{3.6}$$

$\boldsymbol{F} = 0$ のとき，

$$m\frac{\mathrm{d}\boldsymbol{v}}{\mathrm{d}t} = \boldsymbol{F} = 0 \tag{3.7}$$

となり，$\boldsymbol{v}$ は時間的に一定

$$\boldsymbol{v} = \frac{\mathrm{d}\boldsymbol{r}}{\mathrm{d}t} = \boldsymbol{v}_0 \tag{3.8}$$

である．ここで，$\boldsymbol{v}_0$ は定数ベクトル．この方程式を積分すると

$$\boldsymbol{r} = \boldsymbol{v}_0 t + \boldsymbol{r}_0 \qquad (\boldsymbol{r}_0\text{: 定数ベクトル}) \tag{3.9}$$

すなわち，物体は等速度運動を続けることがわかる．

それならば，第1法則は第2法則に含まれるかというとそうではない．第1法則は慣性の法則が成り立つ座標系すなわち**慣性系** (inertial system) を設定する原理を述べており，この慣性系において第2法則が成立するのである．

第2法則は，質量 m が与えられている場合は力を定義する関係式であり，逆に力 $\boldsymbol{F}$ が与えられれば加速度を測定することにより m が決められる式を表す．このように，ニュートン力学では質量や力の概念は運動法則を通じて定められていることがわかる．また質量，力の両者が与えられていれば，運動 $\boldsymbol{r} = \boldsymbol{r}(t)$ が求められるところの運動方程式となる．このように運動が決定されるためには，右辺の力が何らかの法則で決まるものである必要がある．この運動方程式が通常の運動 (光の速度に比べて十分遅い運動，また原子などのミクロの世界を

除いた運動) に対して正確に成り立つことは，これまでの無数の経験・実験・観察によって確かめられている．

質点の運動方程式

$$m\frac{\mathrm{d}^2\boldsymbol{r}}{\mathrm{d}t^2} = \boldsymbol{F} \tag{3.10}$$

において，力が位置 $\boldsymbol{r}$，速度 $\dot{\boldsymbol{r}}$，時刻 t の関数すなわち $\boldsymbol{F} = \boldsymbol{F}(\boldsymbol{r}, \dot{\boldsymbol{r}} = \boldsymbol{v}, t)$ で与えられるとすると，この式は時刻 t での質点の位置を表す関数 $\boldsymbol{r}(t)$ の満足すべき微分方程式となり，初期条件

$$t = t_0 \text{ で} \quad \boldsymbol{r} = \boldsymbol{r}_0, \quad \boldsymbol{v} = \boldsymbol{v}_0 \tag{3.11}$$

を指定すれば，任意の時刻 t における解 $\boldsymbol{r}(t)$ が微分方程式を積分して求まることになる．逆に，$\boldsymbol{F}$ が未知の場合，質点の運動を時々刻々追って $\boldsymbol{a}(t)$ を求め，質点に働く力を知ることができる．

力 $\boldsymbol{F}$ が各位置 $\boldsymbol{r}$，各時刻 t で与えられているものとする．いま，$t = 0$ で質点の位置が $\boldsymbol{r}_0$ で速度が $\boldsymbol{v}_0$ とすると，図 3-1 に描かれているように，微小な時間 Δt 後には

$$\Delta\boldsymbol{r} = \boldsymbol{v}_0\,\Delta t, \quad \Delta\boldsymbol{v} = \frac{\boldsymbol{F}_0}{m}\Delta t \tag{3.12}$$

であるから

$$\boldsymbol{r}_1 = \boldsymbol{r}_0 + \boldsymbol{v}_0\,\Delta t, \quad \boldsymbol{v}_1 = \boldsymbol{v}_0 + \frac{\boldsymbol{F}_0}{m}\Delta t \tag{3.13}$$

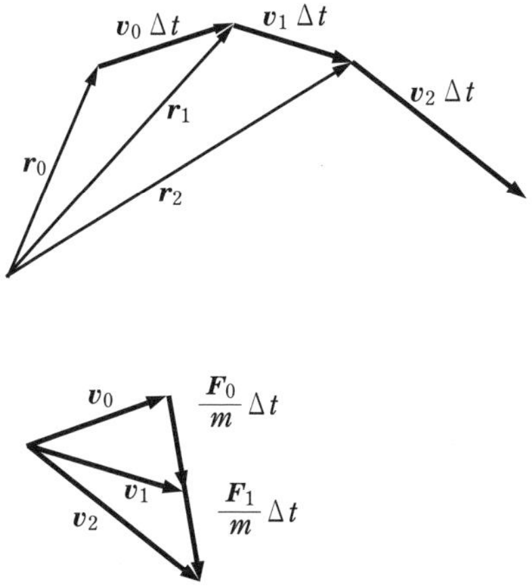

図 3-1　位置と速度の時間変化

となる．$2\Delta t$ 後には

$$\boldsymbol{r}_2 = \boldsymbol{r}_1 + \boldsymbol{v}_1 \Delta t, \quad \boldsymbol{v}_2 = \boldsymbol{v}_1 + \frac{\boldsymbol{F}_1}{m}\Delta t \tag{3.14}$$

こうして次々と位置と速度が決まる．Δt は，必要な精度に応じて十分小さくとればよい．このように，ある時刻における物体の位置と速度を与えることによってそれ以降の運動が決定されることをニュートン力学における**因果律**という．

運動の状態を変化させる要因としての力が第2法則で登場したが，この運動の変化は等速度運動からの変化であって，加速度 $\boldsymbol{a} = \dot{\boldsymbol{v}}$ で与えられるという点が重要である．それより高階の微分，たとえば $\dot{\boldsymbol{a}} = \ddot{\boldsymbol{v}}$ のような量が運動法則に現れないのはこの因果律の教えるところである．仮に，$\dot{\boldsymbol{a}}$ に運動法則がよるとすると，運動を決定するにはある時刻における位置と速度に加えて加速度まで指定する必要が生じるが，これは実験・観測事実に反する．

またここでは，質量が変化しない1つの質点に対する運動方程式 (3.3) を主として考えたが，(3.2) はロケットの推進力などのように質量が変化する場合にも適用できるので，より一般的な式である．これについては第7章の質点系の運動のところで述べる．

iii) 第3法則すなわち作用・反作用の法則は次のように式を用いて表せる．

物体1が物体2に及ぼす力を $\boldsymbol{F}_{21}$，逆に物体2が物体1に及ぼす力を $\boldsymbol{F}_{12}$ と書くなら (図3-2参照，本によっては $\boldsymbol{F}_{21}$ と $\boldsymbol{F}_{12}$ を逆に定義することもある)，

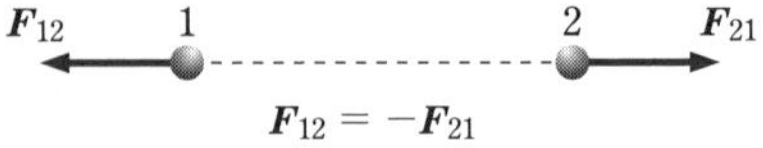

図3-2　作用・反作用

$$\boldsymbol{F}_{12} = -\boldsymbol{F}_{21} \tag{3.15}$$

これらの物体がお互いに力を作用させるだけで，外から何ら力を受けていないとすると両者に対する運動方程式は

$$m_1 \frac{\mathrm{d}\boldsymbol{v}_1}{\mathrm{d}t} = \boldsymbol{F}_{12}, \quad m_2 \frac{\mathrm{d}\boldsymbol{v}_2}{\mathrm{d}t} = \boldsymbol{F}_{21} \tag{3.16}$$

と書ける．両者を加え合わせると

$$\frac{\mathrm{d}}{\mathrm{d}t}(m_1\boldsymbol{v}_1 + m_2\boldsymbol{v}_2) = \boldsymbol{F}_{12} + \boldsymbol{F}_{21} = 0 \tag{3.17}$$

すなわち

$$m_1\boldsymbol{v}_1 + m_2\boldsymbol{v}_2 = \boldsymbol{p}_1 + \boldsymbol{p}_2 = \text{一定} \tag{3.18}$$

となり，両物体の運動量の和が時間的に一定であることを示している．

ホイヘンス (C. Huygens) は弾性衝突を研究して，衝突の前後で２つの物体の運動量の和が一定であることをニュートンよりも先に見い出していた．

力の単位　ここで，本書での物理量の**単位**について述べる．国際単位系 (SI) に含まれる，いわゆる **MKS 単位系**をとり，長さはメートル (m)，質量はキログラム (kg) また時間は秒 (s) を用い，これらを基本単位とする．したがって，速度の単位は m/s，加速度は $\mathrm{m/s^2}$，運動量は kg·m/s となる．力の単位として，MKS 単位系では**ニュートン (N)** を使用する．すなわち，質量が 1 kg の物体に働いて，$1\,\mathrm{m/s^2}$ の加速度を生じさせる力を 1 ニュートン (1 N) という．つまり，$1\,\mathrm{N} = 1\,\mathrm{kg{\cdot}m/s^2}$ である．たとえば，地表付近の重力加速度は $g = 9.8\,\mathrm{m/s^2}$ なので，1 kg の物体に働く重力の大きさは $1\,\mathrm{kg} \times 9.8\,\mathrm{m/s^2} = 9.8\,\mathrm{N}$ となる．

話 題：ステヴィンの力の合成則

力のつりあいを論じる静力学において，ステヴィン (S. Stevin, 1548〜1620) は力の合成が平行四辺形の法則すなわちベクトルの合成則を満たすのを以下のような議論を用いて示した．図 3-a のような水平な辺をもった三角柱を考え，そのまわりに一様な鎖をかける．鎖は全体が繋がった閉じた鎖で，これを三角柱にかけると，斜辺 AB と BC，垂れ下がった ADC の部分に分かれる．さてここで問題は，鎖がつりあうか否かということである．仮につりあわないとすると，鎖は動き出すが，同じ形が保たれるので永久運動を続けることになる．しかし，これは永久機関が存在しないことからあり得ない．したがって鎖はつりあうことになる．そこで，鎖の対称部分 ADC はつりあいに影響しないので取り除いてもよい．そうすると鎖の部分 AB は BC とつりあっていることになる．今度は図 3-b のような傾きが 30° の直角三角形を考える．鎖の重さは辺の長さに比例するので，$\overline{\mathrm{AB}} = 2\overline{\mathrm{BC}}$ とすると，AB の鎖の重さが Q で，BC の鎖の重さを P とすると，$Q/P = \overline{\mathrm{AB}}/\overline{\mathrm{BC}} = 2$ となる．そこで図 3-c のごとく鎖の部分 AB，BC をそれぞれおもり Q, P で置き換え，斜面の頂点に固定された滑車にかけたひもの両端に取り付ける．さて，図 3-c においておもり Q はひもの張力 P の他に斜面から垂直抗力を受ける．そこでおもり Q に，その位置から斜面に立てた法線上に滑車 D を取り付け，これを介して適当なおもり R でひもを引っ張れば，このひもの張力は斜面からの抗力に取って替わることが可能である．したがって，その後は斜面 AB を取り外しても，おもり Q の位置とそれに働く力は同じである．よって，図 3-d のようにおもり Q の中心 a を通る鉛直線上に Q に相当する線分 $\overline{\mathrm{ab}} = Q$ をとり，点 b から直線 aA の垂線の足を c とすると三角形 abc は三角形 ABC と相似なので

$$P/Q = \overline{\mathrm{AC}}/\overline{\mathrm{AB}} = \overline{\mathrm{ac}}/\overline{\mathrm{ab}} = \overline{\mathrm{ac}}/Q \tag{3.19}$$

となり，$\overline{\mathrm{ac}}$ はひも aA の張力 P を与える．同様の考察で $\overline{\mathrm{ad}}$ はひもの張力 R を表す．このようにして，Q につりあう3力，Q, P および R に図3-e の関係が成り立ち，P, R を2辺とする平行四辺形(いまの場合は長方形)の対角線 ab に相当する力が P と R の合力であることがわかる．これは2力が直交している場合であるが，これをもとにして一般の場合の力の平行四辺形の法則を示すことができる．

力が平行四辺形の合成則を満たすことは，ニュートンにより運動法則に付け加えられ，第4法則ともいう．

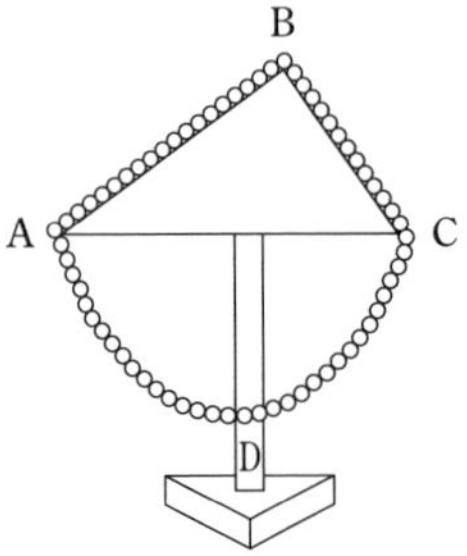

図3-a

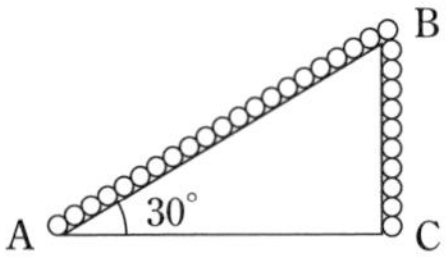

図3-b

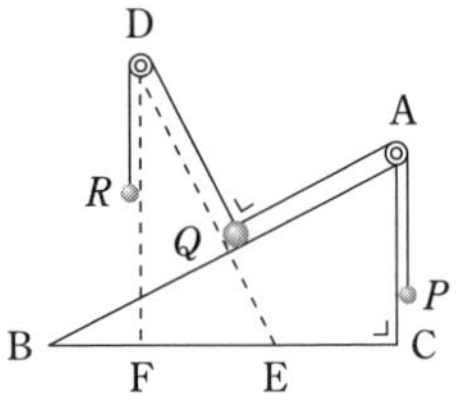

図3-c

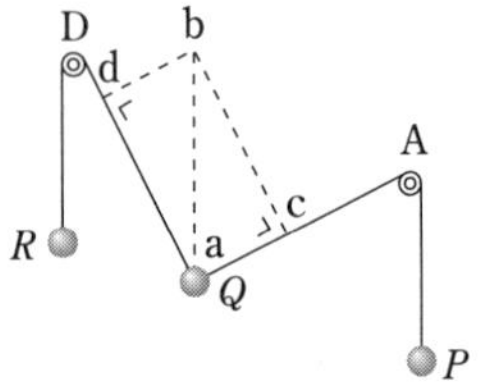

図3-d

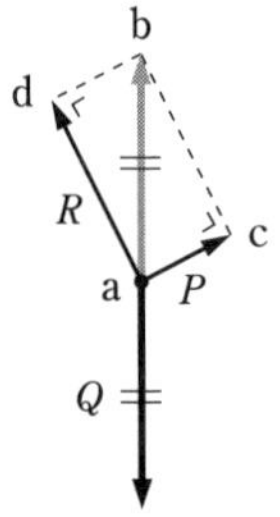

図3-e

§2　運動方程式の応用

以下では上で述べた運動方程式をいくつかの具体的な問題について適用する．

2.1　一様な重力中の質点の運動

地表から水平線に対して一定の角度 θ で物体を放り投げるときの運動を考えよう．質点に働く重力はいたるところ鉛直下向きで一定の加速度 $g = 9.8\ \mathrm{m/s^2}$ で与えられるものとする．図 3-3 のように，水平線に沿った方向に x 軸，鉛直上方に y 軸をとる．

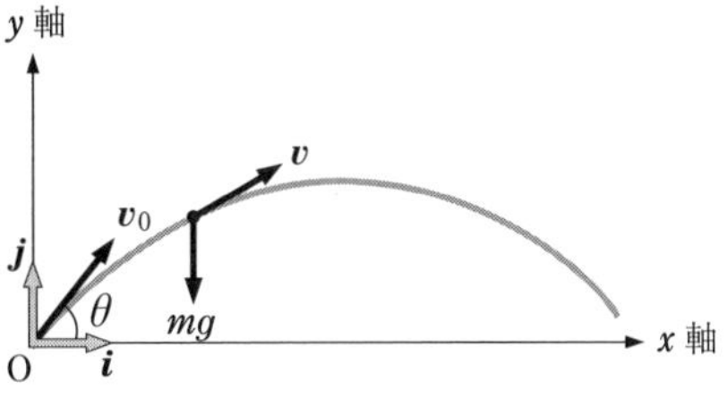

図 3-3　放物運動

まず，運動方程式はベクトルを用いて

$$m\frac{\mathrm{d}^2\boldsymbol{r}}{\mathrm{d}t^2} = \boldsymbol{F}, \qquad \boldsymbol{F} = -mg\boldsymbol{j} \tag{3.20}$$

ここで $\boldsymbol{r} = x\boldsymbol{i} + y\boldsymbol{j}$ を用いると

$$m\frac{\mathrm{d}^2x}{\mathrm{d}t^2}\boldsymbol{i} + m\frac{\mathrm{d}^2y}{\mathrm{d}t^2}\boldsymbol{j} = -mg\boldsymbol{j} \tag{3.21}$$

となり，座標成分を用いると，結局

$$m\frac{\mathrm{d}^2x}{\mathrm{d}t^2} = 0, \qquad m\frac{\mathrm{d}^2y}{\mathrm{d}t^2} = -mg \tag{3.22}$$

と表せる．これはそれぞれ，時間変数 t に関する線形 2 階常微分方程式である．これを解いてみよう (巻末数学的補足の微分方程式の項を参照)．まず，速度 $\mathrm{d}x/\mathrm{d}t = v_x$, $\mathrm{d}y/\mathrm{d}t = v_y$ を用いて式 (3.22) を書き直すと，

$$\frac{\mathrm{d}v_x}{\mathrm{d}t} = 0, \qquad \frac{\mathrm{d}v_y}{\mathrm{d}t} = -g \tag{3.23}$$

すなわち，(3.23) の前の式より

$$v_x = \frac{\mathrm{d}x}{\mathrm{d}t} = 一定 = v_{0x} \tag{3.24}$$

ただし v_{0x} は $t = 0$ での v_x の値．2 つの変数 x, t を両辺に振り分ければ (変数分離)

$$\mathrm{d}x = v_{0x}\,\mathrm{d}t \tag{3.25}$$

となるので，$t = 0$ での x の値を x_0 として，この両辺を積分して，

$$\int_{x_0}^{x} \mathrm{d}x = \int_0^t v_{0x}\,\mathrm{d}t \tag{3.26}$$

で結局

$$x = x_0 + v_{0x}t \tag{3.27}$$

が得られる．また y 方向については，$t = 0$ の v_y の値を v_{0y} として，

$$\int_{v_{0y}}^{v_y} \mathrm{d}v_y = -g\int_0^t \mathrm{d}t \tag{3.28}$$

$$\frac{\mathrm{d}y}{\mathrm{d}t} = v_y = v_{0y} - gt \tag{3.29}$$

ゆえに，$t = 0$ での y の値を y_0 とすると

$$\int_{y_0}^{y} \mathrm{d}y = \int_0^t v_{0y}\,\mathrm{d}t - g\int_0^t t\,\mathrm{d}t \tag{3.30}$$

で，積分を実行して

$$y = y_0 + v_{0y}t - \frac{1}{2}gt^2 \tag{3.31}$$

を得る．初期条件を時刻 $t = 0$ で $\boldsymbol{r} = 0$, $\boldsymbol{v} = v_0\cos\theta\,\boldsymbol{i} + v_0\sin\theta\,\boldsymbol{j}$ とすると，$x_0 = y_0 = 0$，また $v_{0x} = v_0\cos\theta$，$v_{0y} = v_0\sin\theta$ より，

$$x = (v_0\cos\theta)t, \quad y = (v_0\sin\theta)t - \frac{1}{2}gt^2 \tag{3.32}$$

(3.32) のはじめの式より t を x の関数として

$$t = \frac{x}{v_0\cos\theta} \tag{3.33}$$

と表し，これを (3.32) の第2式に代入して

$$y = (\tan\theta)x - \frac{1}{2}\frac{g}{{v_0}^2\cos^2\theta}x^2 \tag{3.34}$$

を得る．すなわち，この式は放物体の軌跡が**放物線**であることを示している．

このときの最大の高さは

$$h = \frac{{v_0}^2\sin^2\theta}{2g} \tag{3.35}$$

水平の到達距離は

$$D = \frac{{v_0}^2\sin 2\theta}{g} \tag{3.36}$$

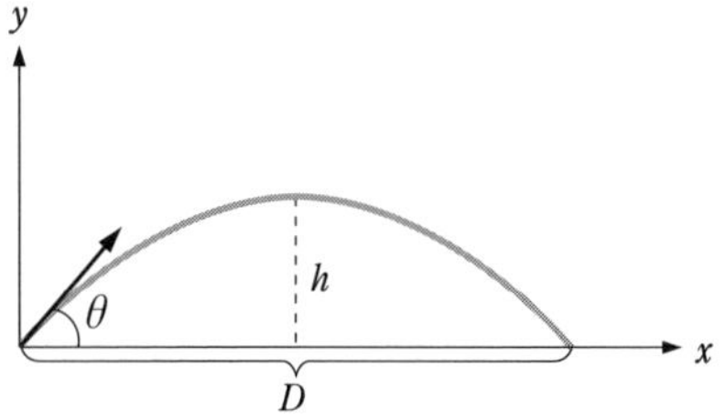

図 3-4 最大の高さと到達距離

で D を最大にする角度は $\theta = \dfrac{\pi}{4}$ (45°) である (図 3-4).

2.2 万有引力

質量 M の質点が質量 m の質点に及ぼす万有引力は

$$\boldsymbol{F} = -\frac{GmM}{r^2}\frac{\boldsymbol{r}}{r} \tag{3.37}$$

で与えられる．ここで $\boldsymbol{r}/r = \boldsymbol{e}_r$ は単位ベクトルを表す (図 3-5 参照).

(3.37) 式で G は万有引力定数で

$$G = 6.673 \times 10^{-11}\,\mathrm{N{\cdot}m^2/kg^2} \tag{3.38}$$

と与えられる．キャベンディッシュ (H. Cavendish) は鉛の球が及ぼしあう引力をねじれ秤を用いて測定し，G を求めた (1798 年)．上はその最近の値である．地球の半径を R とするとき地表での重力加速度 g は

$$mg = \frac{GmM}{R^2} \text{すなわち}\ g = \frac{GM}{R^2} \tag{3.39}$$

ここで，以下に述べる慣性質量が重力質量に等しいという事実を用いた．

$R = 6.37 \times 10^6\,\mathrm{m}$, $G = 6.67 \times 10^{-11}\,\mathrm{N{\cdot}m^2/kg^2}$, $g = 9.8\,\mathrm{m/s^2}$ を (3.39) に代入すれば逆に地球の質量が $M = 6.0 \times 10^{24}\,\mathrm{kg}$ と求まる．

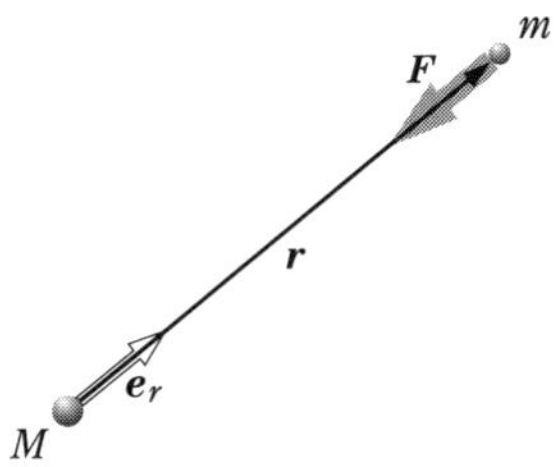

図 3-5 万有引力

2.3　等速円運動

図のように，伸びない糸の先におもりをつけ，等角速度で円を描く．円の半径 r は一定で角速度 $\dot{\theta}=$ 一定 $=\omega$ とする．この場合，運動は等速度ではなく加速度運動となる．極座標で速度および加速度を求める．

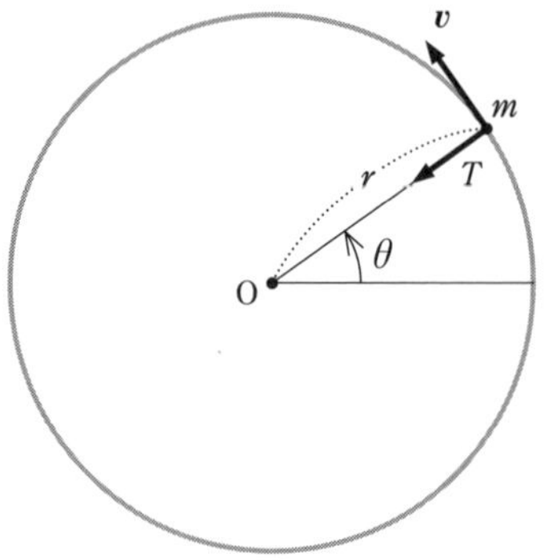

図 3-6　等速円運動と力

まず速度は

$$\boldsymbol{v}=v_r\boldsymbol{e}_r+v_\theta\boldsymbol{e}_\theta \tag{3.40}$$

で，(2.45) 式より

$$v_r=\dot{r}=0,\quad v_\theta=r\omega\equiv v \tag{3.41}$$

加速度は

$$\boldsymbol{a}=a_r\boldsymbol{e}_r+a_\theta\boldsymbol{e}_\theta \tag{3.42}$$

で，(2.53) 式より

$$a_r=\ddot{r}-r\dot{\theta}^2=-r\omega^2,\quad a_\theta=r\ddot{\theta}+2\dot{r}\dot{\theta}=0 \tag{3.43}$$

すなわち加速度は $\boldsymbol{a}=-r\omega^2\boldsymbol{e}_r$ と表せ，大きさが一定で方向は円の中心に向かう．これを**向心加速度**という．運動の第2法則

$$\boldsymbol{F}=m\boldsymbol{a} \tag{3.44}$$

に代入すると，糸の張力を T として

$$F_r=ma_r=-mr\omega^2=-T \tag{3.45}$$

$$F_\theta=ma_\theta=0 \tag{3.46}$$

糸の張力は円運動の**向心力**を供給し，その大きさは

$$T=mr\omega^2=m\frac{v^2}{r}$$

となる．この問題は $\boldsymbol{a}$ がわかって $\boldsymbol{F}$ が求まる例となっている．

2.4 赤道上空の静止衛星

最近，BS や CS 放送が普及してすっかりおなじみになった静止衛星の問題を考えよう．地球の赤道と同一平面内で地球の中心からある一定の半径の円軌道を回る人工衛星を得るにはその軌道半径 r はいくらかというのがここでの問題である．

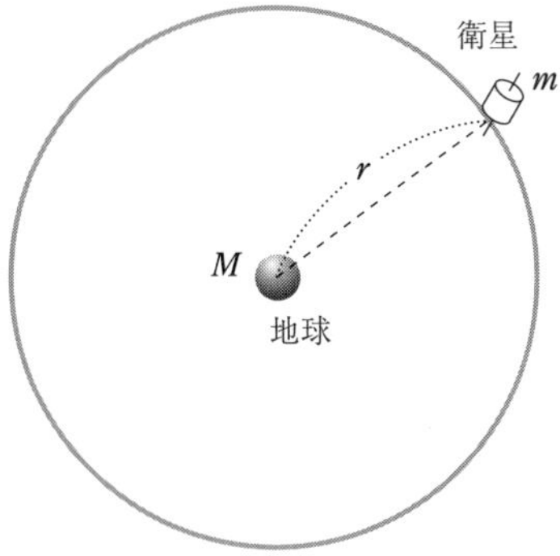

図 **3-7**　静止衛星

いま，地球上の観測者から見てこの衛星が静止して見えるための条件は，衛星が円軌道を 1 周する時間 T と地球の自転の周期が一致することである．すなわち，$T = 1$ 日 となる r を求めればよい．地球，衛星の質量をそれぞれ M, m また角速度を ω として 万有引力 $=$ (質量) $\times$ (向心加速度) であるから

$$\frac{GMm}{r^2} = mr\omega^2 = mr\frac{4\pi^2}{T^2} \tag{3.47}$$

よって，

$$r^3 = \frac{T^2 GM}{4\pi^2} \tag{3.48}$$

ここで周期 $T = 8.64 \times 10^4$ s，万有引力定数 $G = 6.67 \times 10^{-11}\,\mathrm{N{\cdot}m^2/kg^2}$，地球の質量 $M = 6.0 \times 10^{24}$ kg を代入すると，

$$r^3 = \frac{(8.64 \times 10^4)^2 \times (6.67 \times 10^{-11}) \times (6.0 \times 10^{24})}{4 \times 3.14^2}\,\mathrm{m^3} \tag{3.49}$$

$$\approx 7.5 \times 10^{22}\,\mathrm{m^3} \tag{3.50}$$

よって $r \approx 4.2 \times 10^7\,\mathrm{m} = 4.2 \times 10^4\,\mathrm{km}$．これは通常，地上 3 万 6 千 km の高さと表現される．

2.5 斜面上の運動—摩擦力—

斜面上の物体の運動を考えよう．物体は，端に達しない限り斜面から離れることはない．このような，面あるいは曲線の上に拘束された物体の運動を一般に**拘束運動**という．そして，物体を拘束しておくのに必要な力を**拘束力**または**抗力**といい，面や線に対して法線方向および接線方向の成分をそれぞれ**法線抗力**，**接線抗力** (摩擦力) という．

なめらかな斜面　まずはじめに摩擦のないなめらかな斜面(傾きの角度θ)の場合を考えよう．物体に働く力は，図3-8のように

$$\boldsymbol{F} = mg\sin\theta\,\boldsymbol{i} - mg\cos\theta\,\boldsymbol{j} + N\boldsymbol{j} \tag{3.51}$$

で与えられる．第1, 2項は重力mgの接線成分，法線成分を，また第3項は斜面からの垂直抗力Nを表す．運動方程式は

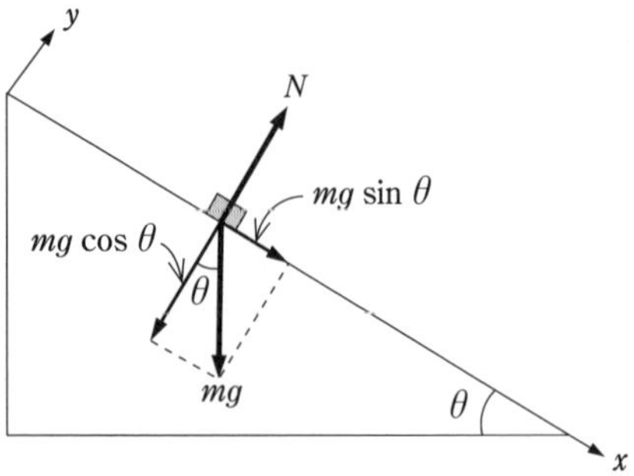

図3-8　滑らかな斜面上の運動

$$m\boldsymbol{a} = \boldsymbol{F} \tag{3.52}$$

で，斜面の最大傾斜方向で下方に向かってx軸，斜面に垂直上方にy軸をとれば

$$\boldsymbol{a} = \ddot{x}\boldsymbol{i} + \ddot{y}\boldsymbol{j} \tag{3.53}$$

となり，(3.52)に代入してx成分，y成分が

$$m\ddot{x} = mg\sin\theta \tag{3.54}$$

$$m\ddot{y} = N - mg\cos\theta \tag{3.55}$$

となり，(3.54)から

$$\ddot{x} = g\sin\theta \equiv \alpha \tag{3.56}$$

で斜面に沿っての等加速度運動であり，また(3.55)から物体が斜面に拘束されていることを考慮して$y = \dot{y} = \ddot{y} = 0$に注意すると

$$N = mg\cos\theta \tag{3.57}$$

と抗力が求まる．初期条件を$t = 0$で$x = x_0$，$\dot{x} = v_0$としてx方向の微分方程式(3.56)を解くと，

$$x = x_0 + v_0 t + \frac{1}{2}\alpha t^2 \tag{3.58}$$

$x_0 = v_0 = 0$なら$x = (\alpha/2)t^2$となりガリレオ・ガリレイの調べた斜面上の等加速度運動の式が求まったことになる．

粗い斜面上の運動　次に，斜面が粗い場合，すなわち**摩擦** (friction) のある斜面上の運動を考えよう．粗い斜面では物体をその上に置いた場合，傾斜が大きくないとき物体は，そのまま斜面に静止している．これは斜面に沿う摩擦力 F が重力の斜面の接線方向の成分とつりあっているからで，これを**静止摩擦力**という．

すなわち図 3-9 からわかるように

$$F = mg\sin\theta \tag{3.59}$$

傾き θ がある値 $\theta_{\max}$ を越えると，物体は滑り出す．このときの限界の摩擦力を**最大静止摩擦力**という．

$$F_{\max} = mg\sin\theta_{\max} \tag{3.60}$$

この限界の角度 $\theta_{\max}$ を**摩擦角**という．経験的に最大静止摩擦は垂直抗力 N に比例することが知られている．

$$F_{\max} = \mu N \tag{3.61}$$

μ を**静止摩擦係数**という．一方，このとき $N = mg\cos\theta_{\max}$ なので上の 2 つの式から

$$\mu = \tan\theta_{\max} \tag{3.62}$$

なる関係式が導かれる．θ が $\theta_{\max}$ を越え，物体が滑り出すと今度は，物体は斜面から**滑り摩擦力 (動摩擦力)** を受ける．この力も経験的に抗力 N に比例することが知られており，

$$F' = \mu' N \tag{3.63}$$

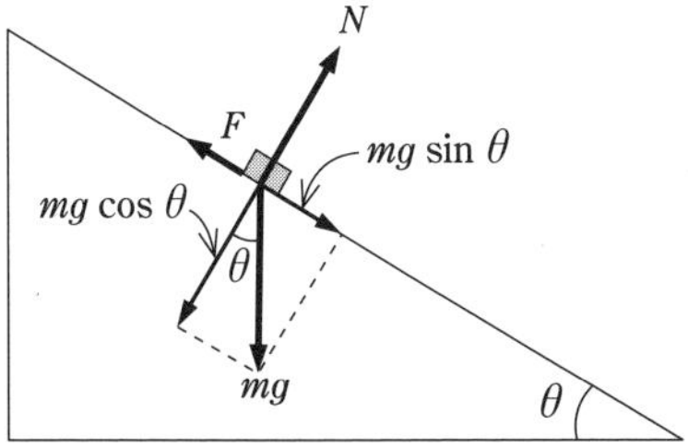

図 3-9　静止摩擦力

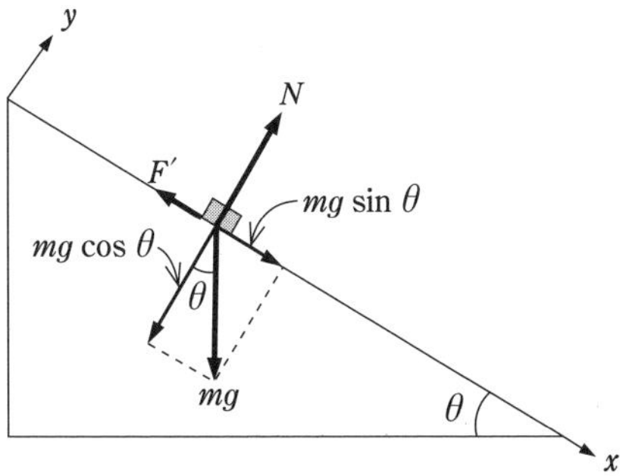

図 3-10　粗い斜面上の運動

が成り立つ．この比例係数 μ' $(\mu' < \mu)$ を**滑り摩擦 (動摩擦) 係数**という．

いま，斜面に沿って下方に物体を投げ下ろす運動を考える．運動方程式は

$$m\frac{\mathrm{d}^2x}{\mathrm{d}t^2} = mg\sin\theta - \mu' N \tag{3.64}$$

$$m\frac{\mathrm{d}^2y}{\mathrm{d}t^2} = N - mg\cos\theta \tag{3.65}$$

(3.65) より $N = mg\cos\theta$，これを (3.64) へ代入して

$$\frac{\mathrm{d}^2x}{\mathrm{d}t^2} = g(\sin\theta - \mu'\cos\theta) \tag{3.66}$$

右辺の正負で場合分けすると，

i) $\tan\theta > \mu'$ のとき

この条件は $\theta > \theta_{\mathrm{max}}$ のときは満たされる．この場合，右辺は正で加速する．初期条件 $t = 0$ で $x = 0$，$\dot{x} = v_0$ として，方程式を積分すると

$$x(t) = v_0 t + \frac{1}{2}gt^2(\sin\theta - \mu'\cos\theta) \tag{3.67}$$

ii) $\tan\theta < \mu'$ のとき

この場合，負の加速度で運動は減速する．

$$\frac{\mathrm{d}x}{\mathrm{d}t} = v_0 + gt(\sin\theta - \mu'\cos\theta) = 0 \tag{3.68}$$

すなわち，

$$t = \frac{v_0}{g(\mu'\cos\theta - \sin\theta)} \tag{3.69}$$

で速度が 0 になり静止．いったん静止すると静止摩擦力が支配し

$$\tan\theta < \mu' < \mu = \tan\theta_{\mathrm{max}} \tag{3.70}$$

$\theta < \theta_{\mathrm{max}}$ だから物体はいつまでも静止を続ける．

問題　上の場合と逆に，物体を斜面の最大傾斜線に沿って初速 v_0 で上方に投げ上げるとき，物体が上昇を始めてから時間が

$$\frac{v_0}{g(\sin\theta + \mu'\cos\theta)} \tag{3.71}$$

経ったとき，上昇が止まり，$\theta \leqq \theta_{\mathrm{max}}$ ならばそのまま静止するが，$\theta > \theta_{\mathrm{max}}$ ならば下降運動に移ることを示せ．

解　$\ddot{x} = g(\sin\theta + \mu'\cos\theta)$, $\dot{x} = -v_0 + gt(\sin\theta + \mu'\cos\theta)$．静止すなわち $\dot{x} = 0$ となるのは $t = \dfrac{v_0}{g(\sin\theta + \mu'\cos\theta)}$．いったん静止すると静止摩擦力が支配する．$\theta \leqq \theta_{\mathrm{max}}$ ならそのまま静止．$\theta > \theta_{\mathrm{max}}$ なら下降運動に移る．

2.6 単振動および単振り子

図 3-11 のように，壁に一端を固定されたつるまきバネの先に質量 m の質点が取り付けられ，摩擦のないなめらかな水平な床の上を運動する問題を考えよう．

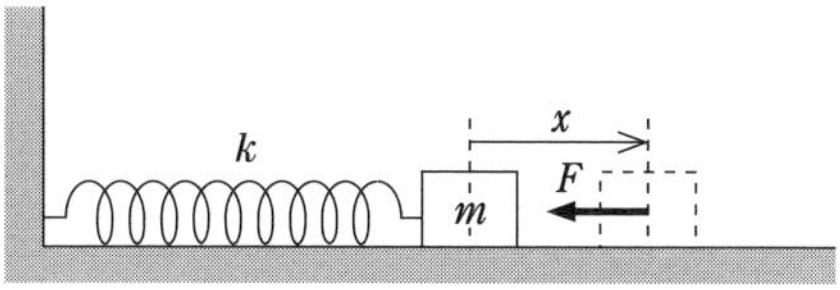

図 3-11 フックの法則の力と単振動

バネの自然な長さに対応する質点の静止の位置からの変位を x としよう．質点に働く力は変位 x に比例するバネの復元力でフック (Hooke) の法則

$$F = -kx \quad (k > 0 : \text{バネ定数}) \tag{3.72}$$

に従う力と呼ばれる．負符号がつくのは，原点に引き戻そうとする復元力であるため．運動方程式は

$$m\frac{\mathrm{d}^2 x}{\mathrm{d}t^2} = -kx \tag{3.73}$$

で，$\omega = \sqrt{k/m}$ を用いて

$$\ddot{x} + \omega^2 x = 0 \tag{3.74}$$

と書き直される．この方程式で記述される運動を**単振動**または**調和振動**という．またこのような運動を行う系 (力学系) を**調和振動子** (harmonic oscillator) と呼ぶ．(3.74) の 2 つの独立な解は，$\cos\omega t$，$\sin\omega t$ で与えられ，一般解は

$$x = A\cos\omega t + B\sin\omega t \tag{3.75}$$

で与えられる．ここで A, B は任意定数．(3.74) のような微分方程式は 2 階線形常微分方程式に属し，x_1, x_2 が独立な解とすると，

$$x = C_1 x_1 + C_2 x_2 \quad (C_1, C_2 : \text{任意定数}) \tag{3.76}$$

も解となり，上の式を一般解という．ここで 2 つの解 x_1, x_2 が独立であるための必要十分条件は**ロンスキーの行列式** (ロンスキアン，Wronskian) W がゼロでない：

$$W(x_1, x_2) = \begin{vmatrix} x_1 & x_2 \\ \dot{x_1} & \dot{x_2} \end{vmatrix} = x_1\dot{x_2} - x_2\dot{x_1} \neq 0 \tag{3.77}$$

ことである (巻末の数学的補足 §3 と §4 参照)．$\cos\omega t$，$\sin\omega t$ に対する W は

$$W = \begin{vmatrix} \cos\omega t & \sin\omega t \\ -\omega\sin\omega t & \omega\cos\omega t \end{vmatrix} = \omega \neq 0 \tag{3.78}$$

なので，両者は独立であることがわかる．一般解

$$x(t) = A\cos\omega t + B\sin\omega t \tag{3.79}$$

で，初期条件を与えると，A, B が決定する．すなわち $t=0$ での x と $\dot{x}$ の値を

$$x(t=0) = A = x_0 \tag{3.80}$$

$$\dot{x}(t=0) = \omega B = v_0 \tag{3.81}$$

とすると，これから A, B が決定し，

$$x = x_0\cos\omega t + \frac{v_0}{\omega}\sin\omega t \tag{3.82}$$

と解が求まる．

一般解の別の表し方　　上記の一般解で

$$A = a\cos\delta, \quad B = -a\sin\delta \quad (a>0,\ 0 \leqq \delta < 2\pi) \tag{3.83}$$

という関係で新たな2つの定数 a, δ を導入すると

$$x(t) = a\cos(\omega t + \delta) \tag{3.84}$$

と書き直される．a を**振幅** (amplitude)，δ を**初期位相**，ω を**角振動数** (angular frequency) といい，$\omega t + \delta$ を**位相** (phase) という．

図3-12のように半径 a の円周上を一定の角速度 ω で回転運動する質点を水平な直径を通る x 軸上に射影して得られる点は往復運動すなわち振動を表す．

図3-13のように，$x(t)$ を縦軸，t を横軸にとると

$$T = \frac{2\pi}{\omega} \tag{3.85}$$

を**周期** (period) という．

単振り子　　伸び縮みしないひもの先におもり (質量 m) をつけ，他端を固定して鉛直平面内で振らせる．この振り子を**単振り子** (simple pendulum) という．

運動方程式は図3-14のように極座標 $(r=l,\ \theta)$ をとって

$$ma_r = mg\cos\theta - T \tag{3.86}$$

$$ma_\theta = -mg\sin\theta \tag{3.87}$$

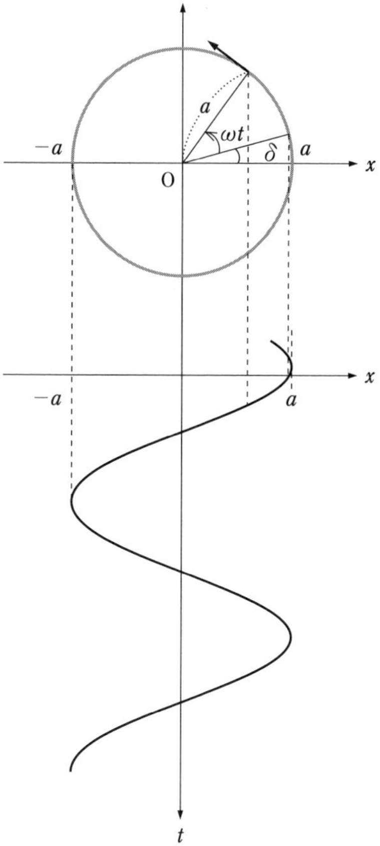

図 3-12　円運動と単振動

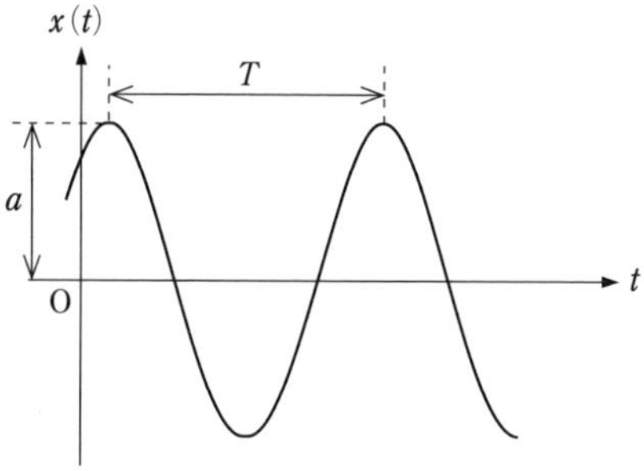

図 3-13　周期と振幅

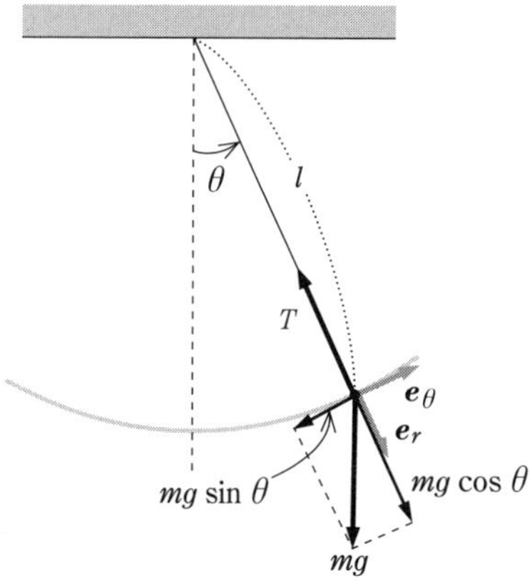

図 3-14　単振り子

ここで T はひもの張力．加速度の各成分は，(2.53) 式より

$$a_r = \ddot{r} - r\dot{\theta}^2 = -l\dot{\theta}^2, \quad a_\theta = r\ddot{\theta} + 2\dot{r}\dot{\theta} = l\ddot{\theta} \tag{3.88}$$

なので，最初の運動方程式 (3.86) に代入してまず張力は

$$T = mg\cos\theta + ml\dot{\theta}^2 \tag{3.89}$$

と求まり，また (3.87) と (3.88) の第 2 式から

$$\ddot{\theta} = -\frac{g}{l}\sin\theta \tag{3.90}$$

が得られる．これが単振り子の振動を記述する方程式である．巻末数学的補足に述べるテイラー展開を行うと $\sin\theta = \theta - \dfrac{\theta^3}{3!} + \dfrac{\theta^5}{5!} - \cdots$ なので，微小振動

に限ると $\sin\theta \approx \theta$ で (3.90) は

$$\ddot{\theta} = -\frac{g}{l}\theta \tag{3.91}$$

となって単振動を表す．このときの角振動数 ω および周期 T はそれぞれ

$$\omega = \sqrt{\frac{g}{l}}, \quad T = \frac{2\pi}{\omega} = 2\pi\sqrt{\frac{l}{g}} \tag{3.92}$$

で与えられる．一般解は，

$$\theta(t) = \theta_0 \cos(\omega t + \delta) \qquad (\theta_0, \delta : \text{任意定数}) \tag{3.93}$$

と表される．これは振幅が小さいときは周期は振幅によらないという，いわゆる**振り子の等時性**を表す．振幅が小さくなく，$\sin\theta$ を θ と近似できないときは，方程式 (3.90) を解く必要がある．この解は楕円関数を用いて表すことができる．これについては第5章で述べる．

2.7　大気の抵抗を考慮したときの放物体の運動

放物体に働く抵抗は速度が小さいときは速度に比例するとしてよい．速度ベクトルを $\boldsymbol{v}$ として，抵抗力 $\boldsymbol{F}$ は $-km\boldsymbol{v}$ ($k>0$：定数) と書ける (図3-15).

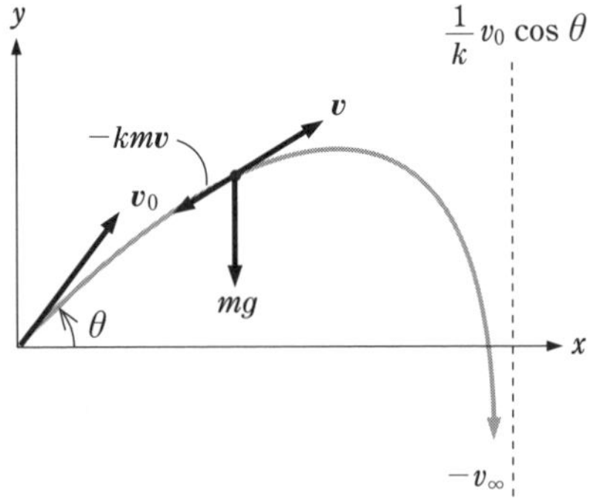

図3-15　空気抵抗のもとでの放物体の運動

運動方程式は

$$m\frac{\mathrm{d}\boldsymbol{v}}{\mathrm{d}t} = -mg\boldsymbol{j} - km\boldsymbol{v} \tag{3.94}$$

成分で表して，両辺を m で割ると

$$\frac{\mathrm{d}v_x}{\mathrm{d}t} = -kv_x \tag{3.95}$$

$$\frac{\mathrm{d}v_y}{\mathrm{d}t} = -g - kv_y \tag{3.96}$$

これを初期条件：$t=0$ で $x=y=0$, $v_x = v_0\cos\theta$, $v_y = v_0\sin\theta$ のもとで解く．変数を両辺に振り分ける方法を適用して (3.95) より

$$\frac{\mathrm{d}v_x}{v_x} = -k\,\mathrm{d}t \tag{3.97}$$

(3.96) より

$$\frac{\mathrm{d}v_y}{v_y + g/k} = -k\,\mathrm{d}t \tag{3.98}$$

これらを積分し，積分定数を C_i'，ただし $\pm e^{C_i'} \equiv C_i \quad (i=1,2)$ として

$$\log|v_x| = -kt + C_1', \quad \text{すなわち} \quad v_x = C_1 e^{-kt} \tag{3.99}$$

$$\log\left|v_y + \frac{g}{k}\right| = -kt + C_2' \quad \text{すなわち} \quad v_y = -\frac{g}{k} + C_2 e^{-kt} \tag{3.100}$$

を得る．ここで不定積分の公式 $\displaystyle\int \frac{dx}{x} = \log|x| + C$ (C : 積分定数) を用いた．$t=0$ で $v_x = v_0\cos\theta$, $v_y = v_0\sin\theta$ より

$$C_1 = v_0\cos\theta, \quad C_2 = v_0\sin\theta + \frac{g}{k} \tag{3.101}$$

すなわち

$$v_x = \frac{dx}{dt} = (v_0\cos\theta)e^{-kt} \tag{3.102}$$

$$v_y = \frac{dy}{dt} = -\frac{g}{k} + \left(v_0\sin\theta + \frac{g}{k}\right)e^{-kt} \tag{3.103}$$

指数関数 (数学的補足 §2 参照) の不定積分 $\displaystyle\int e^x\,dx = e^x + C$ に注意して，(3.102) を t で積分すると，積分定数を C_3 として

$$x = -\frac{1}{k}v_0\cos\theta\, e^{-kt} + C_3 \tag{3.104}$$

また，(3.103) を t で積分して，C_4 を積分定数とすると

$$y = -\frac{g}{k}t - \frac{1}{k}\left(v_0\sin\theta + \frac{g}{k}\right)e^{-kt} + C_4 \tag{3.105}$$

ここで，$t=0$ で $x=y=0$ より，積分定数が以下のように求まる．

$$C_3 = \frac{1}{k}v_0\cos\theta, \quad C_4 = \frac{1}{k}\left(v_0\sin\theta + \frac{g}{k}\right) \tag{3.106}$$

よって，以上まとめると

$$x = \frac{1}{k}v_0\cos\theta(1 - e^{-kt}) \tag{3.107}$$

$$y = -\frac{g}{k}t + \frac{1}{k}\left(v_0\sin\theta + \frac{g}{k}\right)(1 - e^{-kt}) \tag{3.108}$$

x の式 (3.107) で $t \to \infty$ の極限で

$$x \to \frac{1}{k}v_0\cos\theta \tag{3.109}$$

で**漸近線**を表す．また，(3.103) で $t \to \infty$ の極限をとると

$$v_y \to -\frac{g}{k} = -v_\infty \tag{3.110}$$

となる．v_∞ を**終端速度** (terminal velocity) という．

軌道の方程式は，(3.107) より

$$\mathrm{e}^{-kt} = 1 - \frac{kx}{v_0 \cos\theta}, \quad \text{すなわち} \quad t = -\frac{1}{k}\log\left(1 - \frac{kx}{v_0\cos\theta}\right) \tag{3.111}$$

対数の級数展開は数学的補足 §1(A.8) を用いて

$$\log(1+x) = x - \frac{x^2}{2} + \frac{x^3}{3} + \cdots \tag{3.112}$$

で，これを t の式に適用し，さらにその結果を (3.108) へ代入し

$$\begin{aligned} y &= -\frac{g}{k}\left(-\frac{1}{k}\right)\left[\frac{-kx}{v_0\cos\theta} - \frac{1}{2}\left(\frac{kx}{v_0\cos\theta}\right)^2 - \frac{1}{3}\left(\frac{kx}{v_0\cos\theta}\right)^3 + \cdots\right] \\ &\quad + \frac{1}{k}\left(v_0\sin\theta + \frac{g}{k}\right)\frac{kx}{v_0\cos\theta} \\ &= x\tan\theta - \frac{g}{{v_0}^2\cos^2\theta}\left(\frac{1}{2}x^2 + \frac{1}{3}\frac{kx^3}{v_0\cos\theta} + \cdots\right) \end{aligned} \tag{3.113}$$

を得る．x^3 に比例する項が放物線からのずれを表す (図 3-16)．図で

$$\Delta x = \frac{k{v_0}^3}{g^2}\sin^2\theta\cos\theta, \quad h' = \frac{{v_0}^2\sin^2\theta}{2g}\left(1 - \frac{2k}{3g}v_0\sin\theta\right) \tag{3.114}$$

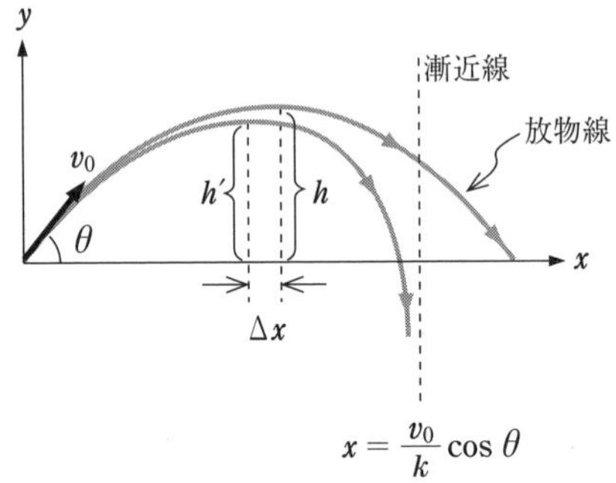

図 3-16　放物線からのずれ

2.8　空気の抵抗が速度の 2 乗に比例するときの鉛直落下

図 3-17 のように，高度数千 m の上空で飛行機から飛び出し，手足を広げて，空気の抵抗を受けながら鉛直方向に落下するスポーツ，**スカイダイビング**を考えよう．この速度の範囲では空気の抵抗は速度 v の 2 乗に比例するものとすると実験によく合う．運動方程式は，鉛直上方を正の向きにとって

$$m\frac{\mathrm{d}v}{\mathrm{d}t} = -mg + bv^2 \quad (b: \text{正の比例定数}) \tag{3.115}$$

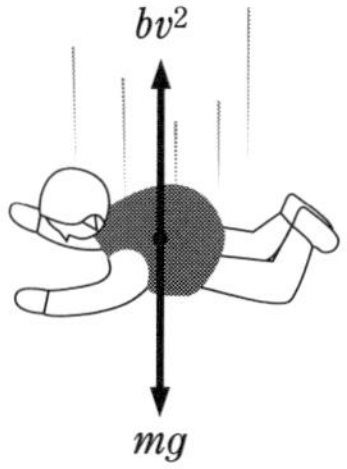

図 3-17　スカイダイビング

となる．上式を書き直して，

$$\frac{\mathrm{d}v}{\mathrm{d}t} = -g + \frac{b}{m}v^2 = \frac{b}{m}(v^2 - {v_\infty}^2) \tag{3.116}$$

$$\text{ただし}\quad v_\infty = \sqrt{\frac{mg}{b}} \tag{3.117}$$

(3.116) は変数分離形なので，変数を両辺に振り分けて積分すると，

$$\int_0^v \frac{\mathrm{d}v}{{v_\infty}^2 - v^2} = -\int_0^t \frac{b}{m}\,\mathrm{d}t = -\int_0^t \frac{g}{{v_\infty}^2}\,\mathrm{d}t \tag{3.118}$$

ここで，鉛直上向きが正であることにより $v < 0$ なので

$$\text{左辺} = \frac{1}{2v_\infty}\int_0^v \left(-\frac{1}{v - v_\infty} + \frac{1}{v + v_\infty}\right)\mathrm{d}v = \frac{1}{2v_\infty}\log\frac{v_\infty + v}{v_\infty - v} < 0 \tag{3.119}$$

よって

$$\frac{1}{2v_\infty}\log\left(\frac{v_\infty + v}{v_\infty - v}\right) = -\frac{g}{{v_\infty}^2}t \tag{3.120}$$

速度は

$$v = -v_\infty\frac{1 - \mathrm{e}^{-2gt/v_\infty}}{1 + \mathrm{e}^{-2gt/v_\infty}} = -v_\infty\tanh\frac{gt}{v_\infty} \tag{3.121}$$

と求まる．$t \to \infty$ で $v \to -v_\infty$．ここで双曲線関数 $\sinh x$，$\cosh x$，$\tanh x$

$$\cosh x = \frac{\mathrm{e}^x + \mathrm{e}^{-x}}{2},\ \sinh x = \frac{\mathrm{e}^x - \mathrm{e}^{-x}}{2},\ \tanh x = \frac{\sinh x}{\cosh x} = \frac{\mathrm{e}^x - \mathrm{e}^{-x}}{\mathrm{e}^x + \mathrm{e}^{-x}} \tag{3.122}$$

を導入した (数学的補足 §5 参照)．体重 70 kg のスカイダイバーが手足を広げた姿勢で $v_\infty = 54\,\mathrm{m/s}\,(\approx 200\,\mathrm{km/h})$ の終端速度になる．

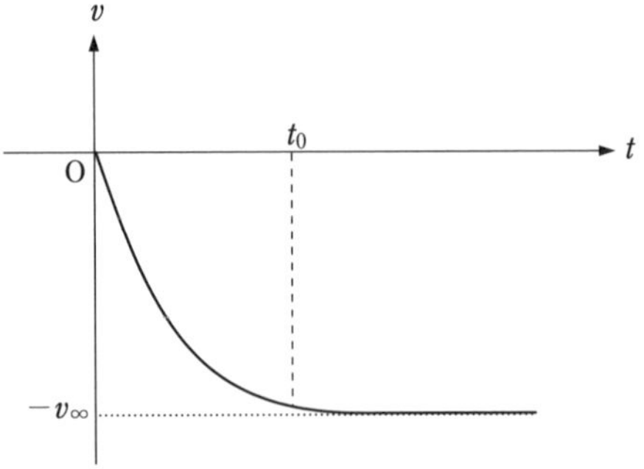

図 3-18　落下速度の時間変化と終端速度

地表から鉛直上向きに y 軸をとれば，$v = \mathrm{d}y/\,\mathrm{d}t$ で $t = 0$ で $y = h$ とすれば

$$\int_h^y \mathrm{d}y = -v_\infty \int_0^t \tanh\frac{gt}{v_\infty}\,\mathrm{d}t \tag{3.123}$$

積分を実行して

$$\begin{aligned} y &= h - v_\infty\left[t - \frac{v_\infty}{g}\log\left(\frac{2}{1+\mathrm{e}^{-2gt/v_\infty}}\right)\right] \\ &= h - \frac{{v_\infty}^2}{g}\log\cosh\frac{gt}{v_\infty} \end{aligned} \tag{3.124}$$

を得る．

2.9　運動のシミュレーション

ニュートンの運動方程式の解を数値的に求めるには，因果律のところで述べたように，微分を差分に置き換え，時刻を微小時間 Δt に区切って問題を解く．いま，$t = 0$ で質点の位置を $x = x_0$，速度を $v = v_0$ とすると，$t = 0$ で力は $F = F(x_0, v_0, t = 0)$ で運動方程式から加速度が $a = a_0 = \dfrac{1}{m}F(x_0, v_0, t = 0)$. 微小時間 Δt 後の $t = \Delta t$ では $x_1 = x_0 + v_0\,\Delta t$，$v_1 = v_0 + a_0\,\Delta t$ で加速度は $a_1 = \dfrac{1}{m}F(x_1, v_1, t = \Delta t)$ となる．これをくり返せば，$t = n\,\Delta t$ では，$x_n = x_{n-1} + v_{n-1}\,\Delta t$，$v_n = v_{n-1} + a_{n-1}\,\Delta t$ で加速度は $a_n = \dfrac{1}{m}F(x_n, v_n, t = n\,\Delta t)$ となり，時々刻々と運動を追うことができる．

Δt をゼロにとる極限で，シミュレーションは正確な結果に近づく．運動の解が簡単な式で求まらない場合に，この方法は有効である．実際には，科学計算あるいは表計算ソフトを用いればグラフにするのは容易である．なお，数値的に微分方程式を解くには，ルンゲ・クッタ法などより高度な方法がある．

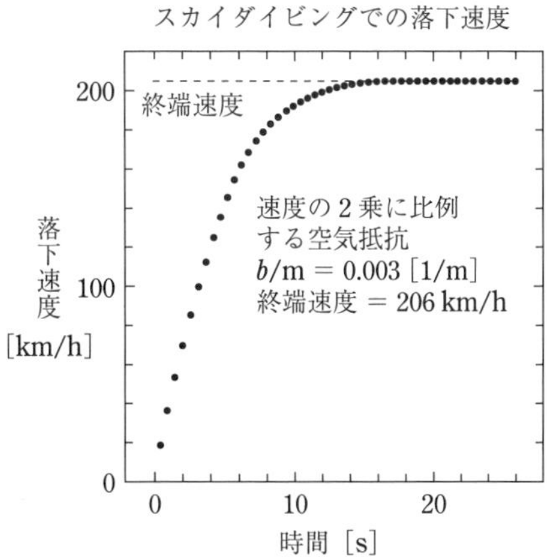

図 3-19　シミュレーションによるスカイダイビングでの落下速度

例として前節の速度の2乗に比例する空気の抵抗を受ける落体の運動に適用してみよう．$t = n\Delta t$ では，$v_n = v_{n-1} + a_{n-1}\Delta t$, $a_n = g - (b/m){v_n}^2$．図 3-19 のようなグラフが得られる．

§3　慣性系とガリレイ変換

慣性の法則によれば，いかなる外力も働かない物体の運動を等速直線運動として記述できる座標系がつねに存在する．このように慣性の法則が成り立つ座標系を**慣性系**という．一般にニュートンの運動の法則が成り立つ座標系を慣性系という．

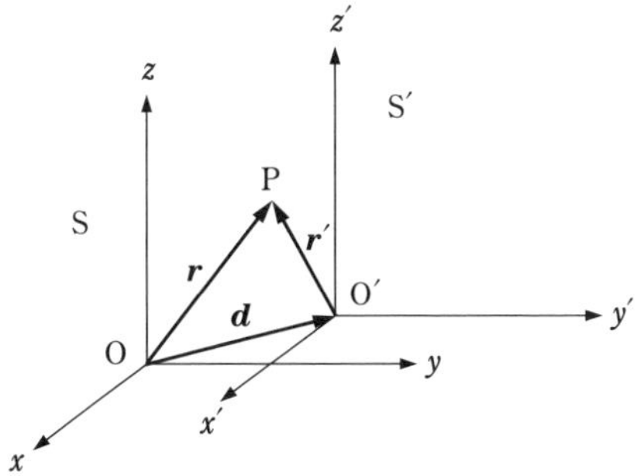

図 3-20　ガリレイ変換

図 3-20 のようにある1つの慣性系を S (O-xyz)，また S に相対的に一定の速度 $\boldsymbol{u}$ で運動している座標系を S′ (O′-$x'y'z'$) とする．座標系 S′ の座標軸は座標系 S の座標軸に対して傾きをもってもよいが，その角度は常に一定に保たれる場合を考える．

質点の S 系および S′ 系での，位置ベクトルをそれぞれ，$\boldsymbol{r}$ および $\boldsymbol{r}'$ とする．O と O′ の相対位置ベクトルを $\boldsymbol{d}$ とすると

$$\boldsymbol{r} = \boldsymbol{r}' + \boldsymbol{d}, \quad \boldsymbol{d} = \boldsymbol{u}t \tag{3.125}$$

ここで，$t=0$ で O と O′ が一致していたとした．(3.125) より

$$\boldsymbol{r}' = \boldsymbol{r} - \boldsymbol{u}t \tag{3.126}$$

が導かれる．この変換を**ガリレイ変換**という．S 系と S′ 系で時間座標 t と t' は適当に原点を一致させて同じとする：$t = t'$．時間微分は両系で同じ：

$$\frac{\mathrm{d}}{\mathrm{d}t} = \frac{\mathrm{d}}{\mathrm{d}t'} \tag{3.127}$$

これを (3.126) のガリレイ変換の関係式に作用させて

$$\boldsymbol{v}' = \boldsymbol{v} - \boldsymbol{u} \tag{3.128}$$

これは速度の変換式を与える．$\boldsymbol{u}$ は定ベクトルなので，もう一回時間微分を作用させると

$$\boldsymbol{a}' = \boldsymbol{a}, \quad \text{言い換えれば} \quad \frac{\mathrm{d}^2\boldsymbol{r}}{\mathrm{d}t^2} = \frac{\mathrm{d}^2\boldsymbol{r}'}{\mathrm{d}t'^2} \tag{3.129}$$

を得る．すなわち両系で加速度は等しい．これを，S 系を慣性系として運動方程式を書き下すと

$$m\frac{\mathrm{d}^2\boldsymbol{r}}{\mathrm{d}t^2} = \boldsymbol{F} \tag{3.130}$$

S′ 系で運動方程式

$$m\frac{\mathrm{d}^2\boldsymbol{r}'}{\mathrm{d}t^2} = \boldsymbol{F}' \tag{3.131}$$

とすれば，加速度が同じであることから両方の系での力は等しく

$$\boldsymbol{F} = \boldsymbol{F}' \tag{3.132}$$

ガリレイ変換のもとで運動方程式は不変であることがわかる．以上より，S 系が慣性系ならそれに対して等速度で運動する S′ 系も慣性系である．これを**ガリレイの相対性原理**という．

地球の自転や公転の影響が無視できる通常の運動では，地表に固定した座標系を慣性系とみなしてよい．また，この場合水平な軌道上を一定の速度で走る列車に固定した座標系も，ガリレイ変換により慣性系となる．しかし後に (第8章) 述べるように地球自転の効果が現れる運動では，地表に固定した座標系はもはや慣性系ではない．宇宙空間のスケールでみるなら，恒星系に対し等速度運動している座標系は極めて良い精度で慣性系とみなせる．

§4　慣性質量と重力質量

ニュートンの運動方程式に現れる質量を，後で述べる重力質量と区別して慣性質量という．ニュートンの運動方程式は，簡単のため 1 次元で考えると

$$a = \frac{F}{m} \tag{3.133}$$

と書き直せるので，同じ力を加えた場合でも m の値が大きいほど，加速度 a は小さくなる．すなわち，m が大きいほど，もとの運動状態をあまり変化させないので m は慣性の大きさを表すことになる．したがって，この質量を**慣性質量** (inertial mass) という．

これに対して，万有引力の法則に現れる質量を**重力質量** (gravitational mass) という．

$$F = G\frac{m_1 m_2}{r^2} \tag{3.134}$$

で現れる，物体 1 および物体 2 の質量 m_1 および m_2 はちょうど，静電気力における電荷のように相互作用の強さを表す量で重力質量と呼ばれる．

図 3-21 のように，地表付近の重力による落体の運動は，地球の質量を M，半径を R とし，慣性質量を m_{I}，重力質量を m_{G} とすると

$$m_{\mathrm{I}} g = G\frac{m_{\mathrm{G}} M}{R^2} \tag{3.135}$$

で与えられる．ガリレイの落体の法則を始めとして，これまでの実験・観測事実は地表付近の重力加速度 g が物体の種類や質量に依存しないことを示している．これは，両者の比例関係 $m_{\mathrm{I}} \propto m_{\mathrm{G}}$ あるいは適当に単位を選ぶと常に 慣性質量 = 重力質量：$m_{\mathrm{I}} = m_{\mathrm{G}}$ という関係が成り立っていることを意味している．

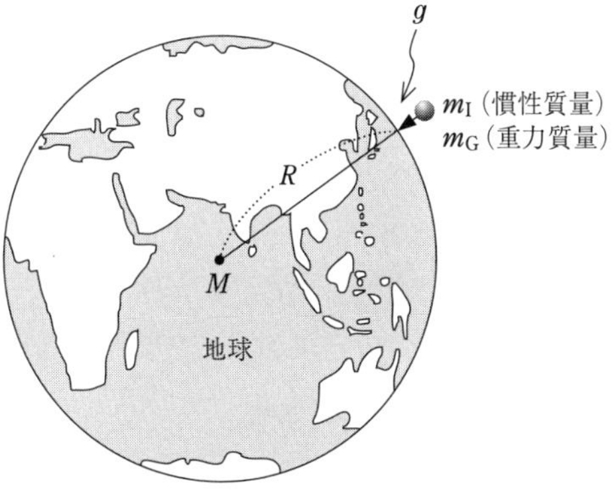

図 3-21　慣性質量と重力質量

ニュートンは振り子の運動がおもりの質量によらないことからこの関係を 1/1000 の精度で確かめた．エートヴェシュ (Eötvös) は地球の自転によって物体に働く遠心力を測定する実験で慣性質量と重力質量の同等性を 10^{-8} の精度で確かめた．現在の精度は 10^{-12} 程度である．

アインシュタイン (A. Einstein) は重力を時間・空間の曲がりから生じるという**一般相対論**を提唱した．その出発点は重力質量と慣性質量を同一視することである．

エレベーターが加速度運動するとき，エレベーター内に生じる見かけの力すなわち慣性力 (第8章参照) は重力と同じ働きをする (図3-22)．すなわち慣性質量と重力質量は本来同一のもので，加速度によって生じる見かけの力と重力は原理的に区別できないものと考える．これを**等価原理** (equivalence principle) と呼ぶ．

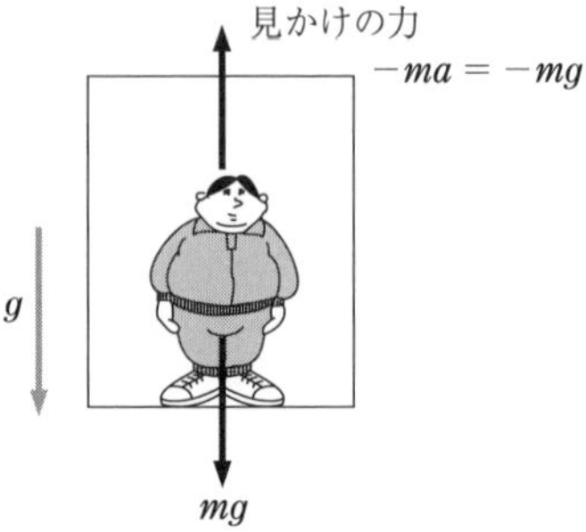

図 3-22　自由落下するエレベーター

エンジンを停止した宇宙船の内部のように，重力により自然落下している加速度系に乗り移ることによって重力のない無重力状態を実現できる．このように，時間・空間のある限られた場所で，言い換えれば局所的に，重力を消し去る加速度系が得られる．全時空にわたって，重力を消し去ることはできない．

§5　マッハの考え方

マッハ (Ernst Mach) はニュートンの運動法則で運動方程式を通じての質量と力の定義が明確でないとして，第3法則から出発する．

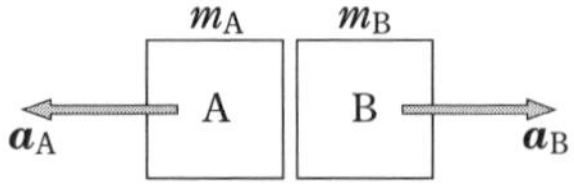

図 3-23　作用・反作用と加速度および質量の比

第3法則すなわち作用・反作用の法則によれば，いま物体Aと物体Bがあり，これらが互いに力を及ぼし合うとすると，その力は大きさが等しく向きが反対である (図3-23)．

物体A, Bの質量をそれぞれ m_{A}，m_{B} とすれば両者の満たす運動方程式は

$$m_{\mathrm{A}}\boldsymbol{a}_{\mathrm{A}} = \boldsymbol{F}_{\mathrm{AB}}, \quad m_{\mathrm{B}}\boldsymbol{a}_{\mathrm{B}} = \boldsymbol{F}_{\mathrm{BA}} = -\boldsymbol{F}_{\mathrm{AB}} \tag{3.136}$$

となる．したがって，加速度の大きさを測定してその比をとることで質量の比が

$$\frac{m_{\mathrm{A}}}{m_{\mathrm{B}}} = \frac{|\boldsymbol{a}_{\mathrm{B}}|}{|\boldsymbol{a}_{\mathrm{A}}|} \tag{3.137}$$

のように求まる．どれかの物体の質量を基準に選べばすべての物体の質量が決

まる．運動方程式を用いて，こうして求まった質量に加速度を掛けた量を力と定義するというのがマッハの考え方である．

演　習　問　題

1. 粗い水平面上を運動する物体と面の間の滑り摩擦係数を μ' とすると，物体が止まるまでに距離 d を滑るには初速 v_0 はいくらにすればよいか．

2. 熱気球 (総質量 M) が加速度 A で下降している．加速度 B で上昇に転じるにはどれだけの質量の物を気球外へ放出しなければならないか．

3. 定滑車にかけたひもの両端にそれぞれ質量 M, m $(M > m)$ のおもりをつけたときの運動の加速度とひもの張力を求めよ．ただし，ひもと滑車の間には摩擦はなく，ひもはきわめて軽いものとする (アトウッド (Atwood) の装置)．

4. 同じ鉛直面内で，一定の初速度の大きさ v_0 で様々な角度に放り投げた質点が到達する範囲を求め，図示せよ．

5. 1 つの鉛直面内で，一定の初速 v_0 で，原点から様々な方向に投げた質点が到達できる最高点の軌跡を求めよ．

6. 空気の抵抗が速度の 1 乗に比例して，$F = -kmv$ (k は正の定数で単位質量あたりの比例定数，m は物体の質量) で与えられるとき，初速 v_0 で地表より鉛直上方に投げ上げられた物体が到達する高さを求めよ．

7. 速度の 1 乗に比例する空気の抵抗 kmv と，速度の 2 乗に比例する抵抗 bmv^2 の両方を受ける場合の終端速度を求めよ．

8. 初速 v_0，水平線となす角度 θ で投げ出された放物体が問 6 とおなじ抵抗を受けるとき，最高点に到達するまでの時間 t_1 とその高さ h，また同じ水平面に達するまでの時間 t_2 とその水平到達距離 D を求めよ．ただし，k は十分小さいとし，いずれの量も k について 1 次まで求めよ．

9. 水平に置かれたなめらかな板に，小さな穴をあけて糸を通し，その一端に質量 m の質点を取り付け板の上に置き，また他端に質量 M のおもりをつけて板の下に垂らす．このとき，質点を板の上で半径 r_0 の等速円運動をさせるには糸に垂直にどれだけの速度を板上の質点に与えればよいか．

10. 内側の面がなめらかな，まっすぐな細長い管の中に質点を入れ，管の 1 点を固定して，鉛直面内で一定の角速度 ω で回転させたときの質点の運動を調べよ．ただし，重力加速度を g とする．

11. 水平面内の x, y 方向にそれぞれ復元力 $F_x = -k_1 x$, $F_y = -k_2 y$ が働くときの質点の運動を考察せよ (この運動によって平面内に描かれる軌跡がリサジュー図形である).

12. 前問の特別な場合として，水平面（xy 平面とする）内を運動する質量 m の質点に復元力：$F_x = -kx$,　$F_y = -ky$　(k：正の定数) が働くとき，x, y 方向の運動方程式を書き下し，一般解を求めよ．特別な場合として，初期条件が $t = 0$ で $x = a$, $y = 0$, $\dot{x} = 0$,　$\dot{y} = v_0$ のときは軌跡はどうなるか．

13. 傾きの角 θ の粗い斜面の最下点 $x = 0$ から物体を初速 v_0 で斜面に沿って投げ上げたとき，最高点まで登り詰め，そこからまた斜面に沿って滑り落ちてきた．このとき，最下点から最高点に達する時間 T_1 と，そこから最下点に戻ってくるまでの時間 T_2 の比を求めよ．ただし，重力加速度を g，滑り摩擦係数を μ' ($< \tan\theta$) とする．

4 運動法則の積分形

運動方程式は時間について 2 階微分を含む微分方程式であるが，ある条件を満たす力の場合には，これを直接積分して運動を求めるのではなく，いったんエネルギーの保存則を導き，それを積分して運動を決定する方がはるかに容易である．この章では，このような運動法則の積分形としての，エネルギー，角運動量，運動量の保存則を調べてみよう．

Christiaan Huygens
(クリスチャン・ホイヘンス)
(1629–1695)
弾性衝突を研究して「運動量の保存則」を，また一様な重力場中でのエネルギーの保存則を見出した．光の波動説で反射・屈折の現象を解明したことでも有名．

§1 運動エネルギーと位置エネルギー

いま，簡単のため最初に 1 次元の質点の運動を考察しよう．運動方程式は

$$m\frac{\mathrm{d}^2x}{\mathrm{d}t^2} = F(x) \tag{4.1}$$

ここで力 F は座標 x だけの関数で，速度 $\dot{x}$ や時間 t にはよらないものとしよう．たとえば，フックの法則に従う復元力 $F(x) = -kx$ のような場合である．

両辺に $\dfrac{\mathrm{d}x}{\mathrm{d}t}$ を掛けると

$$m\frac{\mathrm{d}x}{\mathrm{d}t}\frac{\mathrm{d}^2x}{\mathrm{d}t^2} = F(x)\frac{\mathrm{d}x}{\mathrm{d}t} \tag{4.2}$$

となる．さらに，$\dfrac{\mathrm{d}x}{\mathrm{d}t} = v$ より (4.2) 式は

$$\frac{\mathrm{d}}{\mathrm{d}t}\left[\frac{m}{2}v^2\right] = F(x)\frac{\mathrm{d}x}{\mathrm{d}t} \tag{4.3}$$

と書き直される．この両辺に $\mathrm{d}t$ を掛けて積分を行うと

$$\int_0^t \frac{\mathrm{d}}{\mathrm{d}t}\left[\frac{m}{2}v^2\right]\mathrm{d}t = \int_{x_0}^x F(x)\,\mathrm{d}x \tag{4.4}$$

ただし，$t=0$ で $x=x_0$，$v=v_0$ とした．これより，

$$\frac{1}{2}mv^2 = \frac{1}{2}m{v_0}^2 + \int_{x_0}^{x} F(x)\,\mathrm{d}x \tag{4.5}$$

が導かれる．

さて，ここで x の関数 $U(x)$ を

$$U(x) = -\int_{x_0}^{x} F(x)\,\mathrm{d}x + C \tag{4.6}$$

と定義する．すぐにわかるように，$C=U(x_0)$ で

$$U(x) - U(x_0) = -\int_{x_0}^{x} F(x)\,\mathrm{d}x \tag{4.7}$$

が成り立つ．両辺を x で微分すると，

$$\frac{\mathrm{d}U}{\mathrm{d}x} = -F(x) \tag{4.8}$$

である．(4.5) と (4.7) より

$$\frac{1}{2}mv^2 + U(x) = \frac{1}{2}m{v_0}^2 + U(x_0) \tag{4.9}$$

となる．右辺は初期条件で決まる．この式の物理的意味は $K=\dfrac{1}{2}mv^2$ と $U(x)$ の和が一定であることを示す．

K のことを**運動エネルギー** (kinetic energy)，U を**位置エネルギー**または**ポテンシャル・エネルギー** (potential energy) という．上式を

$$K + U = \text{一定} = E \tag{4.10}$$

と書き，これを**エネルギーの保存則**という．また，E を**力学的全エネルギー** (total energy) と呼ぶ．力 F が位置 x だけで決まる1次元の運動では，力は

$$F = -\frac{\mathrm{d}U}{\mathrm{d}x} \tag{4.11}$$

のように，ポテンシャルから導かれ，力学的全エネルギーは保存する．このような力を**保存力**という．保存力でない力としては，摩擦力や空気の抵抗力があり，力が場所だけでなく，運動の方向や速度に依存し，運動とは逆の方向に作用する力である．摩擦や抵抗によって質点が失う力学的エネルギーは熱エネルギーなどに変わる．

例 題 一様な重力中での質点の運動に対するエネルギーの保存則を考察しよう.

図 4-1 のように, 鉛直上向きに x 軸をとり, 地表 $x = 0$ に選んだとき重力 $F = -mg$ に対する位置エネルギー $U(x)$ は, 地表を基準点にとったとき ($U(0) = 0$),

$$U(x) = -\int_0^x F(x)\,\mathrm{d}x = -\int_0^x (-mg)\,\mathrm{d}x = mgx \tag{4.12}$$

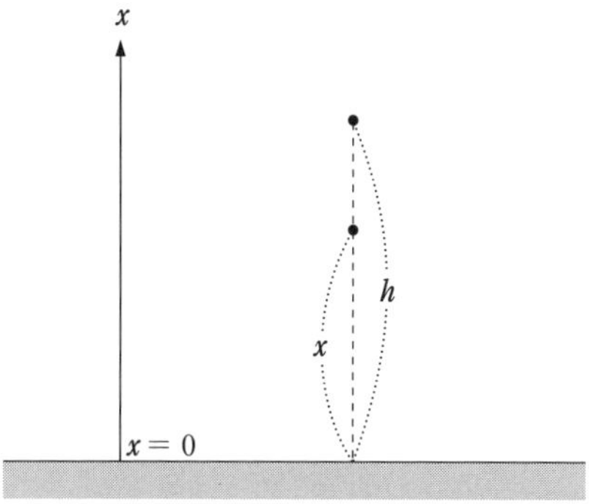

図 4-1 一様な重力中の運動

エネルギー保存則は

$$E = \frac{1}{2}mv^2 + mgx = 一定 \tag{4.13}$$

高さ h から, 質点を自由落下させる場合, $x = h$ で $v = 0$ ならば

$$\frac{1}{2}mv^2 + mgx = mgh \tag{4.14}$$

となり, v について解くと

$$v = \pm\sqrt{2g(h-x)} \tag{4.15}$$

となるが, 落下しているときは, $v < 0$ なので負符号をとる.

例 題 フック (Hooke) の法則に従う, バネの復元力 $F = -kx$ のもとでの振動子の運動を考えよう. これは原点からの距離に比例し, 常に原点に向かう力である.

運動方程式は (3.73) のように

$$m\frac{\mathrm{d}^2x}{\mathrm{d}t^2} = -kx \tag{4.16}$$

で与えられる. ここで右辺の力は位置 x のみの関数で保存力であり, 位置エネルギーは

$$U(x) = -\int_0^x F(x)\,\mathrm{d}x = -\int_0^x (-kx)\,\mathrm{d}x = \frac{1}{2}kx^2 \tag{4.17}$$

と求まる. この式に, 第 3 章で求めた解 (3.84)

$$x(t) = a\cos(\omega t + \delta) \quad (a : 振幅, \quad \omega = \sqrt{k/m}, \quad \delta : 初期位相) \tag{4.18}$$

を代入してみよう. すなわち運動エネルギー K と位置エネルギー U は

$$K = \frac{1}{2}mv^2 = \frac{1}{2}m\dot{x}^2 = \frac{1}{2}ma^2\omega^2\sin^2(\omega t + \delta) \tag{4.19}$$

$$U = \frac{1}{2}kx^2 = \frac{1}{2}m\omega^2x^2 = \frac{1}{2}ma^2\omega^2\cos^2(\omega t + \delta) \tag{4.20}$$

K と U のそれぞれは時間とともに変動するが, 両者を足し合わせると

$$K + U = \frac{1}{2}m\omega^2a^2\left\{\cos^2(\omega t + \delta) + \sin^2(\omega t + \delta)\right\} \tag{4.21}$$

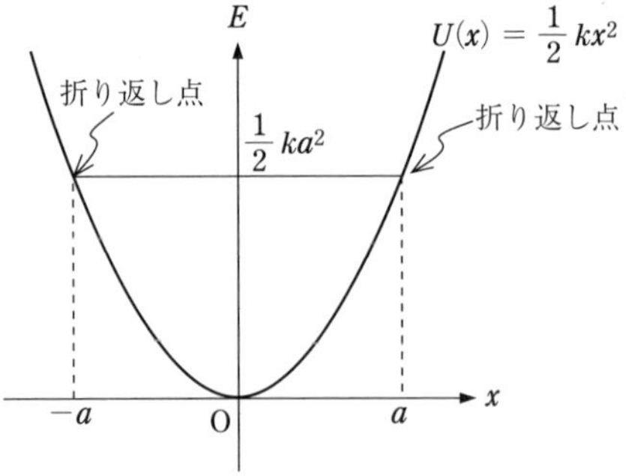

図 4-2　単振動の位置エネルギー

$$= \frac{1}{2}m\omega^2 a^2 = \frac{1}{2}ka^2 = 一定 \tag{4.22}$$

となり，エネルギー保存則が成り立つ．

図 4-2 から $x = \pm a$ は単振動の**折り返し点**で，この点での位置エネルギーが力学的全エネルギーに等しい．

次に，エネルギー保存則を 1 回積分することにより運動を決定することを考えよう．まず，エネルギー保存則

$$\frac{1}{2}mv^2 + \frac{1}{2}kx^2 = \frac{1}{2}ka^2 \tag{4.23}$$

で $k = m\omega^2$ に注意して，速度 v について解くと

$$v = \pm\omega\sqrt{a^2 - x^2} \tag{4.24}$$

$v = \mathrm{d}x/\mathrm{d}t$ だから変数 x, t を両辺に振り分けると

$$\frac{\mathrm{d}x}{\sqrt{a^2 - x^2}} = \pm\omega\,\mathrm{d}t \tag{4.25}$$

不定積分の公式

$$\int \frac{\mathrm{d}x}{\sqrt{a^2 - x^2}} = -\cos^{-1}\frac{x}{a} \mp \delta \quad (\delta\text{: 積分定数}) \tag{4.26}$$

ただし，$\cos^{-1}$ は三角関数 cos の逆関数 (付録参照)，に注意すると，

$$\pm(\omega t + \delta) = -\cos^{-1}\frac{x}{a} \tag{4.27}$$

よって，この両辺の cos をとって，両辺を a 倍すると，解

$$x = a\cos(\omega t + \delta) \tag{4.28}$$

が導かれる．

一般の保存力による 1 次元の運動ではエネルギー保存則

$$\frac{1}{2}mv^2 + U(x) = E \tag{4.29}$$

から速度の 2 乗は

$$\frac{1}{2}\left(\frac{\mathrm{d}x}{\mathrm{d}t}\right)^2 = \frac{1}{m}\Big\{E - U(x)\Big\} \tag{4.30}$$

速度の 2 乗は正またはゼロであることより，運動が可能な領域は

$$E - U(x) \geqq 0 \tag{4.31}$$

で与えられる．

図 4-3 のような場合，可動区間は (a, b) および $(c, +\infty)$ となる．速度 $\mathrm{d}x/\,\mathrm{d}t$ について解き，単振動の場合と同様，変数を両辺に振り分けそれぞれ積分すると

$$\pm\int \frac{\mathrm{d}x}{\sqrt{\dfrac{2}{m}\Big\{E - U(x)\Big\}}} = t + \text{const.} \tag{4.32}$$

これより，運動が決まる．

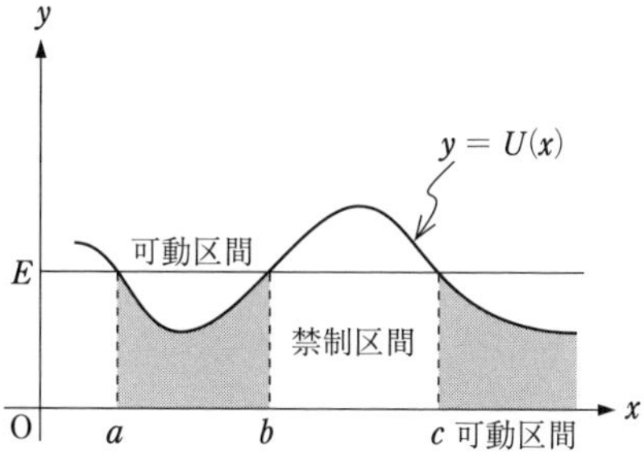

図 4-3　運動の可能領域

問題　一様な重力場中での落体の運動を，エネルギー保存則を 1 回積分することにより決定せよ．

解　章末演習問題 1 参照

§2　仕事と保存力

2.1　仕事

1 次元の運動でのエネルギー保存則を平面 (2 次元) や空間 (3 次元) の運動に拡張することを考えよう．

図 4-4 のように，質点が一定の力 $\boldsymbol{F}$ を受けながら，一直線上を距離 l だけ変位したとき，

$$W = Fl\cos\theta \tag{4.33}$$

を $\boldsymbol{F}$ のした**仕事** (work) という．ここで，θ は変位と力の方向がなす角度である．

すなわち，仕事は (距離) と (運動方向の力の成分) を掛けたもの，あるいは (力の大きさ) と (力の方向に動いた距離) を掛けたものに等しい．変位ベクトルを $\boldsymbol{l}$ とすれば

$$W = \boldsymbol{F}\cdot\boldsymbol{l} = |\boldsymbol{F}||\boldsymbol{l}|\cos\theta = Fl\cos\theta \tag{4.34}$$

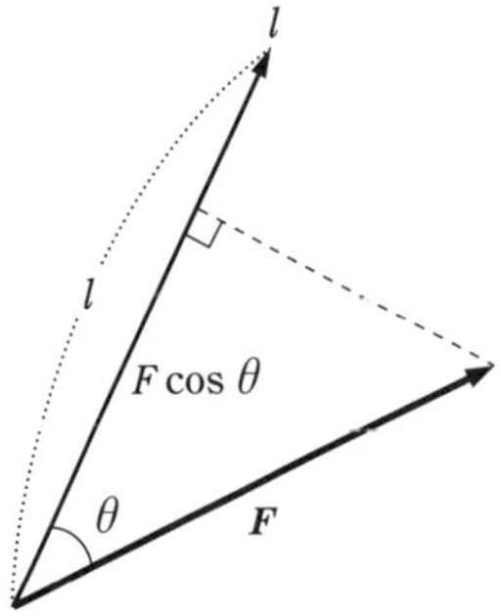

図 4-4　仕事の定義

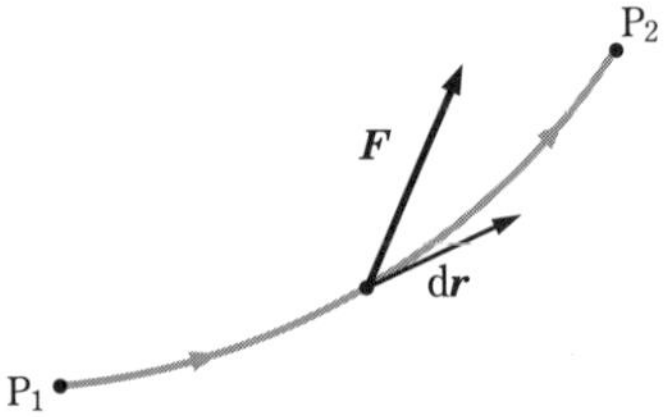

図 4-5　曲線に沿う変位と仕事

と表せる．力が一定でない一般の場合は，変位を細かい区間に分割して微小変位を考える (図 4-5).

質点が力 $\boldsymbol{F}$ を受けて，$\mathrm{d}t$ の間に $\mathrm{d}\boldsymbol{r}$ 変位したとき，スカラー積

$$\mathrm{d}W = \boldsymbol{F} \cdot \mathrm{d}\boldsymbol{r} \tag{4.35}$$

は，力 $\boldsymbol{F}$ が変位 $\mathrm{d}\boldsymbol{r}$ の間にその質点になした仕事である．これを足しあげると，一般の場合の仕事が求まる．いま，図のように質点が力 $\boldsymbol{F}$ を受けながら，曲線に沿って点 P_1 から点 P_2 まで変位するとき，この曲線に沿う線積分

$$W = \int_{\mathrm{P}_1}^{\mathrm{P}_2} \mathrm{d}W = \int_{\mathrm{P}_1}^{\mathrm{P}_2} \boldsymbol{F} \cdot \mathrm{d}\boldsymbol{r} \tag{4.36}$$

で力 $\boldsymbol{F}$ がその質点になした仕事が与えられる．直角座標では

$$W = \int_{\mathrm{P}_1}^{\mathrm{P}_2} (F_x \,\mathrm{d}x + F_y \,\mathrm{d}y + F_z \,\mathrm{d}z) \tag{4.37}$$

と表される．曲線に沿って測った距離を s とすると

$$W = \int_{\mathrm{P}_1}^{\mathrm{P}_2} \boldsymbol{F} \cdot \frac{\mathrm{d}\boldsymbol{r}(s)}{\mathrm{d}s} \,\mathrm{d}s = \int_{\mathrm{P}_1}^{\mathrm{P}_2} \left(F_x \frac{\mathrm{d}x}{\mathrm{d}s} + F_y \frac{\mathrm{d}y}{\mathrm{d}s} + F_z \frac{\mathrm{d}z}{\mathrm{d}s} \right) \mathrm{d}s \tag{4.38}$$

となり，$\mathrm{d}\boldsymbol{r}/\,\mathrm{d}s = \boldsymbol{e}_\mathrm{t}$ は接線ベクトル，その成分は方向余弦で書ける．

2.2　運動エネルギー

さて，質量 m の質点の運動方程式

$$m\frac{\mathrm{d}\boldsymbol{v}}{\mathrm{d}t} = \boldsymbol{F} \tag{4.39}$$

の両辺に速度 $\boldsymbol{v}$ をスカラー的に掛けると，

$$m\boldsymbol{v}\cdot\frac{\mathrm{d}\boldsymbol{v}}{\mathrm{d}t} = \boldsymbol{F}\cdot\boldsymbol{v} \tag{4.40}$$

となるが，

$$\boldsymbol{v}\cdot\frac{\mathrm{d}\boldsymbol{v}}{\mathrm{d}t} = \frac{1}{2}\left(\frac{\mathrm{d}\boldsymbol{v}}{\mathrm{d}t}\cdot\boldsymbol{v}+\boldsymbol{v}\cdot\frac{\mathrm{d}\boldsymbol{v}}{\mathrm{d}t}\right) = \frac{1}{2}\frac{\mathrm{d}}{\mathrm{d}t}(\boldsymbol{v}\cdot\boldsymbol{v}) = \frac{1}{2}\frac{\mathrm{d}}{\mathrm{d}t}(\boldsymbol{v}^2) \tag{4.41}$$

に注意すると，(4.40) は

$$\frac{\mathrm{d}}{\mathrm{d}t}\left(\frac{1}{2}m\boldsymbol{v}^2\right) = \boldsymbol{F}\cdot\boldsymbol{v} \tag{4.42}$$

となり，この両辺を時間について t_1 から t_2 まで積分して

$$\frac{1}{2}m\boldsymbol{v}^2(t_2) - \frac{1}{2}m\boldsymbol{v}^2(t_1) = \int_{t_1}^{t_2}\boldsymbol{F}\cdot\boldsymbol{v}\,\mathrm{d}t \tag{4.43}$$

が得られる．ここで $\boldsymbol{v}(t)\,\mathrm{d}t = \mathrm{d}\boldsymbol{r}$ は時刻 t から $t+\mathrm{d}t$ までに質点が行った微小変位で，時刻 t_1 に点 P_1 にあった質点が $\boldsymbol{F}$ の影響を受けながら経路に沿って運動し，時刻 t_2 に点 P_2 に達する．したがって右辺を書き換えると

$$\frac{1}{2}m\boldsymbol{v}^2(t_2) - \frac{1}{2}m\boldsymbol{v}^2(t_1) = \int_{\mathrm{P}_1}^{\mathrm{P}_2}\boldsymbol{F}\cdot\mathrm{d}\boldsymbol{r} \equiv W \tag{4.44}$$

いま，運動エネルギーを

$$K = \frac{1}{2}m\boldsymbol{v}^2 \tag{4.45}$$

と定義すると上式は，運動エネルギーの変化が，この間に力 $\boldsymbol{F}$ が質点になした仕事に等しいことを示している．これを**エネルギーの方程式**と呼ぶことにする．

いま，$\boldsymbol{v}$ で等速度運動していた質点が，時刻 t_1(点 P_1) で他の物体に接触し減速を始め，そのまま接触を続けて，時刻 t_2(点 P_2) に静止したとすると

$$0 - \frac{1}{2}m\boldsymbol{v}^2 = \int_{\mathrm{P}_1}^{\mathrm{P}_2}\boldsymbol{F}\cdot\mathrm{d}\boldsymbol{r} \tag{4.46}$$

ここで，$\boldsymbol{F}$ は他の物体が質点に作用した力である．作用・反作用の法則で逆に質点は物体に $\boldsymbol{F}' = -\boldsymbol{F}$ の力を及ぼすので，

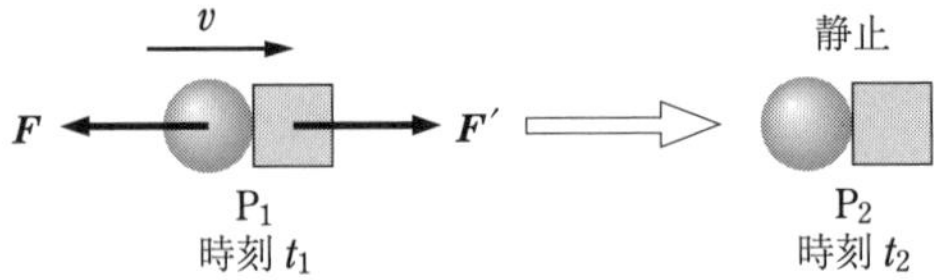

図 4-6　運動エネルギーの物理的意味

$$\frac{1}{2}m\boldsymbol{v}^2 = \int_{P_1}^{P_2} \boldsymbol{F}' \cdot d\boldsymbol{r} \tag{4.47}$$

となる．すなわち，質量 m で速度 $\boldsymbol{v}$ の質点は静止するまでに，他の物体に対して，$(1/2)m\boldsymbol{v}^2$ だけの仕事をする能力を有している．これが運動エネルギーの物理的な意味である．

仕事とエネルギーの単位　　1 N の力が 1 m 働いたときの仕事の量を 1 ジュール (**joule**，記号 J) という．すなわち

$$1\,\mathrm{J} = 1\,\mathrm{N\cdot m} = 1\,\mathrm{kg(m/s)^2} \tag{4.48}$$

である．たとえば，1 kg の物体を 1 m 持ち上げる仕事は，1 kg の物体を支えるのに必要な力が 1 kg 重 = 9.8 N なので 9.8 N × 1 m = 9.8 J となる．これは (4.48) の第 3 辺からわかるように，運動エネルギーの単位ともなる．

また，単位時間にする仕事の割合を**仕事率** (power) といい，

$$P = \frac{dW}{dt} = \boldsymbol{F} \cdot \boldsymbol{v} \tag{4.49}$$

で定義される．1 秒間に 1 J の仕事をするときの仕事率が 1 ワット (**watt**，記号 W) である．すなわち 1 W = 1 J/s となる．

2.3　保存力

まず，保存力を定義しよう．質量 m の質点が時刻 t_1 から t_2 まで力 $\boldsymbol{F}$ を受けながら P_1 から P_2 まである経路に沿って運動する場合 (図 4-7)，前述のように，$\boldsymbol{F}$ が質点にする仕事は

$$W = \int_{P_1}^{P_2} dW = \int_{P_1}^{P_2} \boldsymbol{F} \cdot d\boldsymbol{r} = \int_{P_1}^{P_2} (F_x\,dx + F_y\,dy + F_z\,dz) \tag{4.50}$$

で与えられる．

ここで $\int_{P_1}^{P_2}$ は質点が運動した経路に沿っての線積分で，力は一般には $\boldsymbol{r}(t)$，$\boldsymbol{v}(t)$，t の関数で，W は点 P_1，P_2 に依存するだけでなく，一般には経路および運動の遅速に依存する．たとえ，$\boldsymbol{F}$ が位置だけの関数でも，一般には経路 (path) に依存する．たとえば図 4-7 の経路 1 と 2 で W の値が異なる．上記の積分が途中の経路によらず始点 P_1 と終点 P_2 だけで決まるとき，力 $\boldsymbol{F}$ を保存力という．

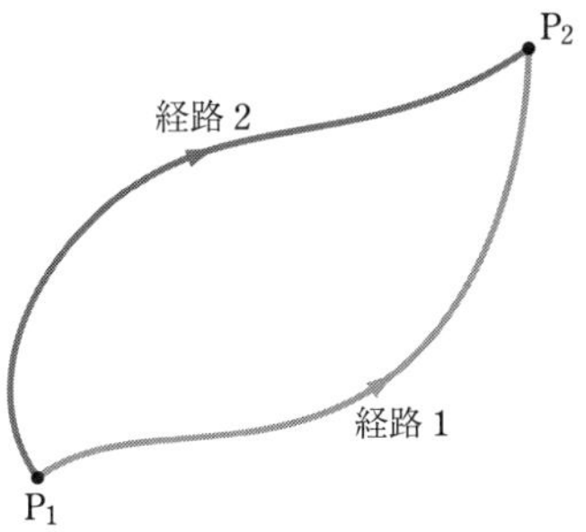

図 4-7 経路と仕事

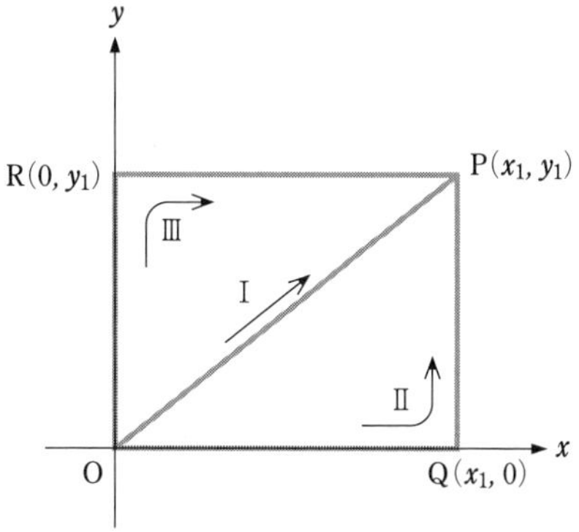

図 4-8 仕事の経路依存性

仕事の経路依存性　一般に仕事は経路による．平面内の 2 つの点を結ぶいくつかの経路を考え，仕事が経路による例と，よらない例を考察しよう．

図 4-8 のように，点 O から P までの 3 つの経路，I, II, III を考える．仕事は

$$W = \int_{O}^{P} (F_x \, dx + F_y \, dy) \tag{4.51}$$

で与えられる．

1)　$F_x = a,\ F_y = bx \quad (a, b：定数)$

$$W(\mathrm{I}) = \int_{O}^{P} (a \, dx + bx \, dy) = \int_{0}^{x_1} (a + bx(y_1/x_1)) \, dx$$

$$= ax_1 + (1/2)bx_1y_1$$

$$W(\mathrm{II}) = \int_{O}^{Q} F_x \, dx + \int_{Q}^{P} F_y \, dy = ax_1 + bx_1y_1$$

$$W(\mathrm{III}) = \int_{O}^{R} F_y \, dy + \int_{R}^{P} F_x \, dx = ax_1$$

となり，$W(\mathrm{I})$，$W(\mathrm{II})$，$W(\mathrm{III})$ すべて異なり，この力は保存力でない．

2)　　$F_x = axy,\ F_y = (1/2)ax^2$　(a：定数)

$$W(\mathrm{I}) = W(\mathrm{II}) = W(\mathrm{III}) = \frac{1}{2}a{x_1}^2 y_1 \tag{4.52}$$

すなわち仕事が経路によらないので，この力は保存力である．

それでは，平面内の力の場合，保存力であるための条件はどう表されるだろうか．図 4-9 のような，4 点の座標をもつ微小な長方形を考え，P から P′ に至る 2 つの経路 I と経路 II に沿った仕事を求める．

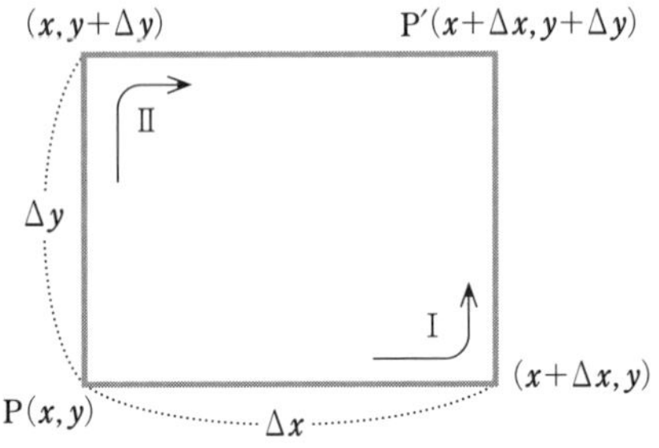

図 4-9　2 つの経路と保存力の条件

$$\begin{aligned} W(\mathrm{I}) &= F_x(x,y)\Delta x \\ &\quad + F_y(x+\Delta x, y)\Delta y \\ &= F_x\,\Delta x + F_y\,\Delta y + \frac{\partial F_y}{\partial x}\Delta x \Delta y \end{aligned}$$

$$\begin{aligned} W(\mathrm{II}) &= F_y(x,y)\Delta y + F_x(x, y+\Delta y)\Delta x \\ &= F_x\,\Delta x + F_y\,\Delta y + \frac{\partial F_x}{\partial y}\Delta x \Delta y \end{aligned}$$

ここで，$F_y(x+\Delta x, y)$，$F_x(x, y+\Delta y)$ にテイラー展開を適用し，高次の微小量は無視した．上式で登場した偏微分係数 $\dfrac{\partial F_y}{\partial x}$，$\dfrac{\partial F_x}{\partial y}$ については巻末の数学的補足 §7 を参照．

$$W(\mathrm{I}) - W(\mathrm{II}) = \left(\frac{\partial F_y}{\partial x} - \frac{\partial F_x}{\partial y}\right)\Delta x \Delta y \tag{4.53}$$

なので，$W(\mathrm{I}) = W(\mathrm{II})$ ならば

$$\frac{\partial F_y}{\partial x} = \frac{\partial F_x}{\partial y} \tag{4.54}$$

となり，逆に (4.54) が成り立てば，$W(\mathrm{I}) = W(\mathrm{II})$ で保存力となる．実際，前出の例で 1) はこの関係式を満たさず，2) は満足することがわかる．

3 次元の場合　　力 (F_x, F_y, F_z) が保存力であるための必要十分条件は

$$\frac{\partial F_x}{\partial y} = \frac{\partial F_y}{\partial x}, \quad \frac{\partial F_y}{\partial z} = \frac{\partial F_z}{\partial y}, \quad \frac{\partial F_z}{\partial x} = \frac{\partial F_x}{\partial z} \tag{4.55}$$

が成り立つことである．

「$\boldsymbol{F}$ が保存力ならば，$\boldsymbol{F}$ の各成分は位置の 1 価関数の偏導関数で表される.」

証 明 O を基準の点とすると，次の積分は経路によらないので点 P だけで決まる. したがって，U を位置の 1 価の関数として，

$$\int_{\mathrm{O}}^{\mathrm{P}} \boldsymbol{F}\cdot \mathrm{d}\boldsymbol{r} = -U(\mathrm{P}) \tag{4.56}$$

と表される.

図 4-10 のように P_1 から P_2 までの積分を 2 つの項に分けると

$$\int_{\mathrm{P}_1}^{\mathrm{P}_2} \boldsymbol{F}\cdot \mathrm{d}\boldsymbol{r} = \int_{\mathrm{O}}^{\mathrm{P}_2} \boldsymbol{F}\cdot \mathrm{d}\boldsymbol{r} - \int_{\mathrm{O}}^{\mathrm{P}_1} \boldsymbol{F}\cdot \mathrm{d}\boldsymbol{r} \tag{4.57}$$

$$= -(U(\mathrm{P}_2) - U(\mathrm{P}_1)) \tag{4.58}$$

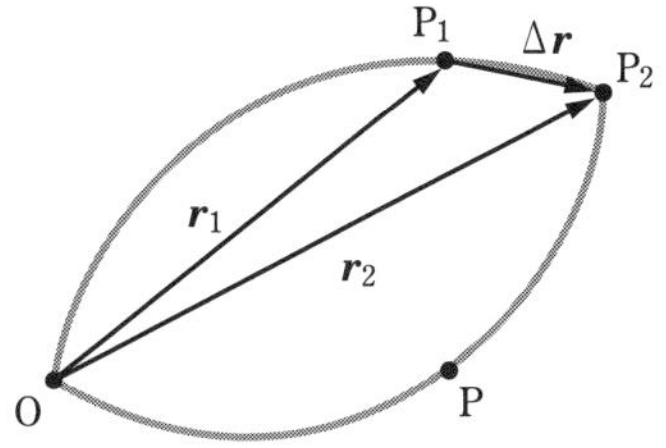

図 4-10 保存力とポテンシャル関数

と表せる. P_2 を P_1 に十分近くとると $\boldsymbol{r}_2 - \boldsymbol{r}_1 = \Delta\boldsymbol{r}$ として，

$$\int_{\mathrm{P}_1}^{\mathrm{P}_2} \boldsymbol{F}\cdot \mathrm{d}\boldsymbol{r} = \boldsymbol{F}\cdot\Delta\boldsymbol{r} = F_x\,\Delta x + F_y\,\Delta y + F_z\,\Delta z + (2\text{ 次以上の微小量}) \tag{4.59}$$

一方で，

$$U(\mathrm{P}_2) - U(\mathrm{P}_1) = \frac{\partial U}{\partial x}\Delta x + \frac{\partial U}{\partial y}\Delta y + \frac{\partial U}{\partial z}\Delta z + (2\text{ 次以上の微小量}) \tag{4.60}$$

したがって，高次の項を無視して

$$F_x\,\Delta x + F_y\,\Delta y + F_z\,\Delta z = \left(-\frac{\partial U}{\partial x}\right)\Delta x + \left(-\frac{\partial U}{\partial y}\right)\Delta y + \left(-\frac{\partial U}{\partial z}\right)\Delta z \tag{4.61}$$

$\Delta x, \Delta y, \Delta z$ は任意だから

$$F_x = -\frac{\partial U}{\partial x},\quad F_y = -\frac{\partial U}{\partial y},\quad F_z = -\frac{\partial U}{\partial z} \tag{4.62}$$

と書ける. 逆に，F_x，F_y，F_z が上記のように与えられるとき，力 $\boldsymbol{F}$ は保存力である. なぜなら，

$$W = \int_{\mathrm{P}_1}^{\mathrm{P}_2} \boldsymbol{F}\cdot \mathrm{d}\boldsymbol{r} = -\int_{\mathrm{P}_1}^{\mathrm{P}_2} \left(\frac{\partial U}{\partial x}\,\mathrm{d}x + \frac{\partial U}{\partial y}\,\mathrm{d}y + \frac{\partial U}{\partial z}\,\mathrm{d}z\right) = -\int_{\mathrm{P}_1}^{\mathrm{P}_2} \mathrm{d}U \tag{4.63}$$

ここで，$\mathrm{d}U$ は全微分だから (付録参照)，積分が実行できて

$$W = U(\mathrm{P}_1) - U(\mathrm{P}_2) \tag{4.64}$$

となって，W は質点の経路に依存しないからである.

これを，前出のエネルギーの方程式 (4.44) の右辺に代入すると

$$\frac{1}{2}m\boldsymbol{v}^2(t_2) - \frac{1}{2}m\boldsymbol{v}^2(t_1) = U(\mathrm{P}_1) - U(\mathrm{P}_2) \tag{4.65}$$

書き換えれば

$$\frac{1}{2}m\boldsymbol{v}^2(t_1) + U(\mathrm{P}_1) = \frac{1}{2}m\boldsymbol{v}^2(t_2) + U(\mathrm{P}_2) \tag{4.66}$$

これは**力学的エネルギーの保存則**

$$\frac{1}{2}m\boldsymbol{v}^2 + U(\mathrm{P}) = 一定 = E \tag{4.67}$$

を表す.

a.　$U(\mathrm{P})$ の物理的意味

$U(\mathrm{P}) = \int_{\mathrm{P}}^{\mathrm{O}} \boldsymbol{F}\cdot \mathrm{d}\boldsymbol{r}$ は質点を点 P から任意の経路に沿って基準点 O まで変位させる間に $\boldsymbol{F}$ がなす仕事である. 別の見方として, 保存力 $\boldsymbol{F}$ の場において, 質点にこの $\boldsymbol{F}$ とつりあう力 $\boldsymbol{F}' = -\boldsymbol{F}$ を作用させながら, ゆっくりと点 O から点 P に質点を移動させるのに必要な仕事量

$$U(\mathrm{P}) = -\int_{\mathrm{O}}^{\mathrm{P}} \boldsymbol{F}\cdot \mathrm{d}\boldsymbol{r} = \int_{\mathrm{O}}^{\mathrm{P}} \boldsymbol{F}'\cdot \mathrm{d}\boldsymbol{r} \tag{4.68}$$

とみなすことが可能である.

2.4　保存力の別の表現

保存力では仕事は途中の経路によらないから, 図 4-11 のように 2 つの経路を考えると

$$\int_{\mathrm{P}_1 経路 1}^{\mathrm{P}_2} \boldsymbol{F}\cdot \mathrm{d}\boldsymbol{r} = -\int_{\mathrm{P}_2 経路 2}^{\mathrm{P}_1} \boldsymbol{F}\cdot \mathrm{d}\boldsymbol{r} \tag{4.69}$$

すなわち,

$$\int_{\mathrm{P}_1 経路 1}^{\mathrm{P}_2} \boldsymbol{F}\cdot \mathrm{d}\boldsymbol{r} + \int_{\mathrm{P}_2 経路 2}^{\mathrm{P}_1} \boldsymbol{F}\cdot \mathrm{d}\boldsymbol{r} = 0 \tag{4.70}$$

言い換えれば, 保存力 $\boldsymbol{F}$ に対しては, 任意の閉じた曲線 C (図 4-12) に対して, また $\oint$ を一周積分を表す記号として

$$\oint_{\mathrm{C}} \boldsymbol{F}\cdot \mathrm{d}\boldsymbol{r} = 0 \tag{4.71}$$

が成り立つ.

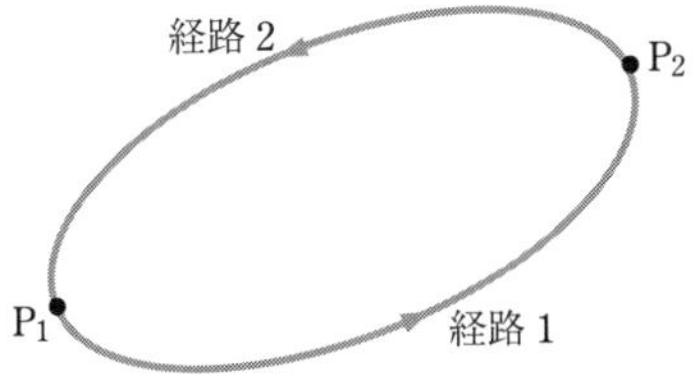

図 4-11　保存力と 2 つの経路

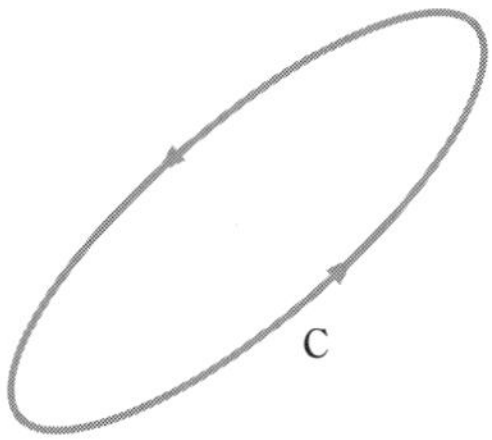

図 4-12　保存力と一周積分

問題　このことより，摩擦力や抵抗力が非保存力であることを示せ．

解　(4.71) の一周積分が 0 にならないことを示す．

2.5　ポテンシャルの勾配と力

いま，ベクトルである次のような微分演算子 ∇(ナブラ，nabla) 記号

$$\nabla = \boldsymbol{i}\frac{\partial}{\partial x} + \boldsymbol{j}\frac{\partial}{\partial y} + \boldsymbol{k}\frac{\partial}{\partial z} \tag{4.72}$$

を定義すると，保存力はポテンシャル関数を U として

$$\boldsymbol{F} = \left(-\frac{\partial U}{\partial x}\right)\boldsymbol{i} + \left(-\frac{\partial U}{\partial y}\right)\boldsymbol{j} + \left(-\frac{\partial U}{\partial z}\right)\boldsymbol{k} = -\nabla U = -\operatorname{grad} U \tag{4.73}$$

と表される．∇U を**勾配** (gradient) といい，$\operatorname{grad} U$ で表す．これは位置エネルギー U の等しい点を連ねてできる曲面

$$U(\boldsymbol{r}) = U(x, y, z) = C = 一定 \tag{4.74}$$

に対して，垂直なベクトルを表し，その方向へのポテンシャルの変化の割合を示している．2 次元的な類推でいくと，ちょうど地図の等高線に垂直な最大傾斜の方向とその傾きに対応している (図 4-13)．図 4-14 の曲面上に位置ベクトルが $\boldsymbol{r}$ の点 P と $\boldsymbol{r} + \Delta\boldsymbol{r}$ の点 Q をとると

$$U(\boldsymbol{r}) = U(\boldsymbol{r} + \Delta\boldsymbol{r}) = C \tag{4.75}$$

よって

$$\begin{aligned} 0 &= U(\boldsymbol{r} + \Delta\boldsymbol{r}) - U(\boldsymbol{r}) \\ &= \Delta\boldsymbol{r} \cdot \nabla U \end{aligned} \tag{4.76}$$

すなわち，点 P から点 Q に至るベクトル $\Delta\boldsymbol{r}$ と ∇U は垂直で，点 Q は曲面上で任意の方向にとれるので，∇U はこの曲面で点 P の上に立てた法線方向，す

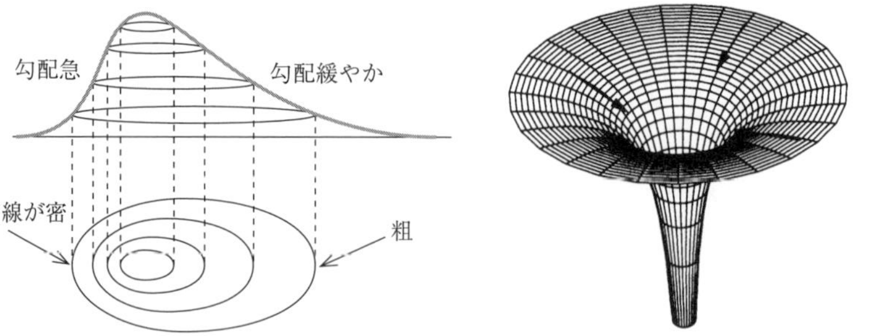

(a)　等高線とのアナロジー　　(b)　$U(r) = -\dfrac{1}{r}$，矢印は勾配を表す

図 4-13　2次元でのポテンシャルと勾配

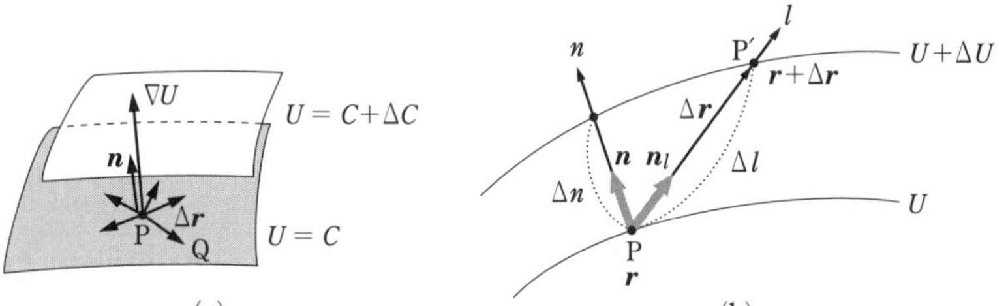

(a)　　(b)

図 4-14　等ポテンシャル面と∇U

なわち法線ベクトル $\boldsymbol{n}$ の方向を向いていることがわかる（図4-14(a)）.

次に, 図4-14(b) のように異なる2つの等ポテンシャル面上の2点, 点Pと点P′, でのポテンシャルの変化 ΔU を考えよう．図より $\Delta U = U(\mathrm{P}') - U(\mathrm{P}) = \nabla U \cdot \Delta \boldsymbol{r}$. これと2点間の距離 Δl との比をとると

$$\frac{\Delta U}{\Delta l} = \nabla U \cdot \frac{\Delta \boldsymbol{r}}{\Delta l}$$

$\Delta l \to 0$ の極限で

$$\frac{\mathrm{d}U}{\mathrm{d}l} = \nabla U \cdot \frac{\mathrm{d}\boldsymbol{r}}{\mathrm{d}l} = \nabla U \cdot \boldsymbol{n}_l$$

l が法線 n に一致するとき，$\mathrm{d}\boldsymbol{r}/\mathrm{d}n = \boldsymbol{n}$ は法線ベクトルとなり，また $\nabla U \propto \boldsymbol{n}$ だから

$$\frac{\mathrm{d}U}{\mathrm{d}n} = \nabla U \cdot \frac{\mathrm{d}\boldsymbol{r}}{\mathrm{d}n} = \nabla U \cdot \boldsymbol{n} = |\nabla U| = (\mathrm{grad}\, U)_n \tag{4.77}$$

等ポテンシャル面が密なところほど，保存力 $\boldsymbol{F}$ が強いことがわかる.

§3 ポテンシャルの例

3.1 万有引力ポテンシャル

図 4-15 のように，質点 M が位置ベクトル $\boldsymbol{r}$ にある質点 m に及ぼす万有引力

$$\boldsymbol{F} = -\frac{GmM}{r^2}\frac{\boldsymbol{r}}{r} \tag{4.78}$$

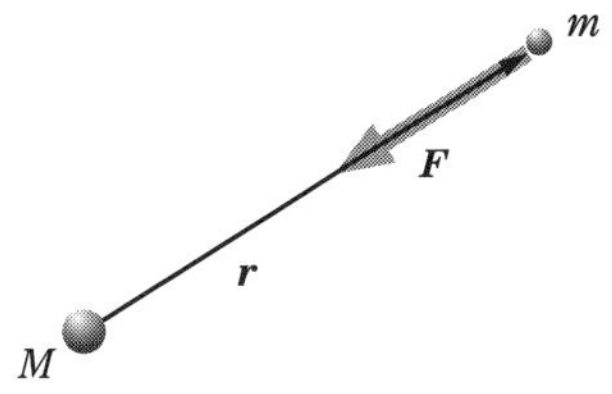

図 **4-15** 万有引力

の x, y, z 成分は，

$$F_x = -\frac{GmM}{r^2}\frac{x}{r}, \quad F_y = -\frac{GmM}{r^2}\frac{y}{r},$$
$$F_z = -\frac{GmM}{r^2}\frac{z}{r} \tag{4.79}$$

で与えられる．ここで，$r = \sqrt{x^2+y^2+z^2}$ だから

$$\frac{\partial r}{\partial x} = \frac{x}{r}, \quad \frac{\partial r}{\partial y} = \frac{y}{r}, \quad \frac{\partial r}{\partial z} = \frac{z}{r} \tag{4.80}$$

ナブラ記号 ∇ を用いると，合成関数の微分 (巻末 (A.5)) に注意して

$$\nabla\frac{1}{r} = \left(\boldsymbol{i}\frac{\partial r}{\partial x} + \boldsymbol{j}\frac{\partial r}{\partial y} + \boldsymbol{k}\frac{\partial r}{\partial z}\right)\frac{\mathrm{d}}{\mathrm{d}r}\left(\frac{1}{r}\right) = \left(\boldsymbol{i}\frac{x}{r} + \boldsymbol{j}\frac{y}{r} + \boldsymbol{k}\frac{z}{r}\right)\left(-\frac{1}{r^2}\right) \tag{4.81}$$

位置 (x, y, z) の 1 価関数であるポテンシャル U を用いて，力を

$$\boldsymbol{F} = -\nabla U \tag{4.82}$$

と表すと，U は無限遠点 $r = \infty$ を基準点にとって，

$$U = -\frac{GmM}{r} \tag{4.83}$$

で与えられる．逆に，ポテンシャルの定義 (4.56) に戻って

$$U(\mathrm{P}) = \int_{\mathrm{P}}^{\mathrm{O}} \boldsymbol{F}\cdot \mathrm{d}\boldsymbol{r} \tag{4.84}$$

$\boldsymbol{F}$ の表式 (4.78) を代入すると

$$U(r) = \int_r^{\infty} -\frac{GmM}{r^2}\frac{\boldsymbol{r}}{r}\cdot \mathrm{d}\boldsymbol{r} = \int_r^{\infty} -\frac{GmM}{r^2}\,\mathrm{d}r = -\frac{GmM}{r} \tag{4.85}$$

コラム：合成関数の微分法とナブラ演算子の微分演算

ここで，ナブラ演算子 ∇ が作用するときの演算について述べる．1 変数のときの合成関数の微分の規則は $\dfrac{\mathrm{d}}{\mathrm{d}x}f(g(x)) = \dfrac{\mathrm{d}f}{\mathrm{d}g}\cdot\dfrac{\mathrm{d}g(x)}{\mathrm{d}x}$ である．偏微分の場

合も同様である．すなわち $\dfrac{\partial}{\partial x}f(g(x,y,z)) = \dfrac{\mathrm{d}f}{\mathrm{d}g}\cdot\dfrac{\partial g}{\partial x}$ etc. が成り立つ．

いま，位置ベクトル $\boldsymbol{r}$ の絶対値：$r = |\boldsymbol{r}| = \sqrt{x^2+y^2+z^2}$ が x, y, z の関数であることに注意すると，

$$\frac{\partial r}{\partial x} = \frac{\partial}{\partial x}\left(\sqrt{x^2+y^2+z^2}\right) = \frac{2x}{2\sqrt{x^2+y^2+z^2}} = \frac{x}{r}$$

同様に，$\dfrac{\partial r}{\partial y} = \dfrac{y}{r}$，$\dfrac{\partial r}{\partial z} = \dfrac{z}{r}$ が成り立つ．これら 3 つの式をナブラ演算子を用いてまとめて表すと

$$\nabla r = \frac{\boldsymbol{r}}{r}$$

次に，$\dfrac{1}{r}$ が r の関数であることと，上述の合成関数の微分法に注意して，

$$\frac{\partial}{\partial x}\left(\frac{1}{r}\right) = \frac{\mathrm{d}}{\mathrm{d}r}\left(\frac{1}{r}\right)\frac{\partial r}{\partial x} = -\frac{1}{r^2}\frac{x}{r} = -\frac{x}{r^3}$$

同様に

$$\frac{\partial}{\partial y}\left(\frac{1}{r}\right) = -\frac{y}{r^3},\quad \frac{\partial}{\partial z}\left(\frac{1}{r}\right) = -\frac{z}{r^3}$$

が成り立つ．すなわち

$$\nabla\left(\frac{1}{r}\right) = -\frac{\boldsymbol{r}}{r^3}$$

例 題　質量 m のロケットが地球の引力圏から脱出するのに必要な初速度 v_0 を求めよ．ただし，地球の半径を $R = 6.4\times10^6\ \mathrm{m}$，質量を $M = 6.0\times10^{24}\ \mathrm{kg}$，万有引力定数を $G = 6.67\times10^{-11}\ \mathrm{N\cdot m^2/kg^2}$ とする．

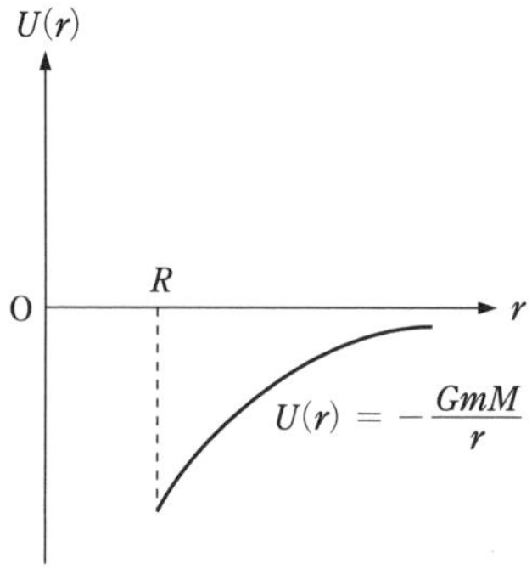

図 4-16　地球の引力圏からの脱出

解 地球の中心から距離 r の点で，エネルギー保存則を書き下すと

$$\frac{1}{2}mv^2 - \frac{GmM}{r} = \frac{1}{2}m{v_0}^2 - \frac{GmM}{R} = 0 \tag{4.86}$$

すなわち，ロケットが地球から無限の遠方に到達したとき，そこでの速度がゼロになる場合が脱出に必要な最小の速度 v_0 に対応している．
すなわち，

$$v_0 = \sqrt{\frac{2GM}{R}} \approx 11.2\,\mathrm{km/s} \tag{4.87}$$

この v_0 は，

$$g = \frac{GM}{R^2} \tag{4.88}$$

の関係を用いると

$$v_0 = \sqrt{2gR} \tag{4.89}$$

と表すことができる．地表すれすれに人工衛星を回すのに必要な初速度は

$$v = \sqrt{gR} \approx 7.9\,\mathrm{km/s} \tag{4.90}$$

で，この速度を第 1 宇宙速度といい，上記の地球の引力圏からの脱出速度 $\sqrt{2gR}$ を第 2 宇宙速度という．また，太陽系からの脱出速度を第 3 宇宙速度という．

問題 太陽の引力圏から脱出するために必要な最小の速度，すなわち太陽系に対する脱出速度を求めよ．

解 章末演習問題 5 参照．

3.2 連続的な質量分布による万有引力

これまでは，1 個の質点による万有引力を考えたが，今度は質量が連続的に分布している場合の万有引力を求めよう．いま，質量が M_1，M_2，$\cdots$，M_n の n 個の質点が，それぞれ位置 $\boldsymbol{r}_1$，$\boldsymbol{r}_2$，$\cdots$，$\boldsymbol{r}_n$ にあるとする．このとき，位置 $\boldsymbol{r}$ にある質量 m の質点に及ぼされる万有引力は各々の質点からの万有引力をベクトルとして加え合わせたものとなる．すなわち，これらの合力は

$$\boldsymbol{F} = \sum_{i=1}^{n} \boldsymbol{F}_i = -\nabla U \tag{4.91}$$

これは，ちょうど各々の質点による万有引力ポテンシャルを重ね合わせたものが全ポテンシャルとなることに対応する．つまり

$$U(\boldsymbol{r}) = \sum_{i=1}^{n} -\frac{GmM_i}{|\boldsymbol{r} - \boldsymbol{r}_i|} = \sum_{i=1}^{n} -\frac{GmM_i}{r_i} \tag{4.92}$$

である．ここで r_i は質点 M_i から質点 m までの距離 $|\boldsymbol{r}-\boldsymbol{r}_i|$ に等しい．次に，質量が連続的に分布しているときは，質量の分布している空間を微小な領域に分割し，その1つの微小領域の中心点の位置ベクトルを $\boldsymbol{r}'$，体積を $\mathrm{d}V$，質量の体積密度 (単位体積あたりの質量) を $\rho(\boldsymbol{r}')$ とすると，この微小領域にある質量は $\rho(\boldsymbol{r}')\,\mathrm{d}V$ ゆえ，重ね合わせの原理より，ポテンシャルを全体積で寄せ集めて

$$U(\boldsymbol{r}) = -Gm\int\frac{\rho(\boldsymbol{r}')\,\mathrm{d}V}{|\boldsymbol{r}-\boldsymbol{r}'|} \tag{4.93}$$

と体積積分で U が与えられる．

例題1　半径 R，質量 M の一様な薄い球殻が質量 m の質点に及ぼす万有引力を求めよ．

解　図4-17のように極座標 $(r,\theta,\varphi)(0<r,\ 0\leqq\theta<\pi,\ 0\leqq\varphi<2\pi)$ をとる．z 軸上の点 $\mathrm{P}(r,0,0)$ に質量 m の質点があるとする．$\theta\sim\theta+\mathrm{d}\theta$，$\varphi\sim\varphi+\mathrm{d}\varphi$ に囲まれた半径 R の球面上の微小な長方形領域の面積 $\mathrm{d}S$ は

$$\mathrm{d}S = R^2\sin\theta\,\mathrm{d}\theta\,\mathrm{d}\varphi = R^2\,\mathrm{d}\Omega \tag{4.94}$$

ここで，$\mathrm{d}\Omega=\sin\theta\,\mathrm{d}\theta\,\mathrm{d}\varphi$ を**立体角要素**という．面密度 $\sigma=M/(4\pi R^2)$ を掛けるとこの微小領域 $\mathrm{d}S$ の質量となるので，$\mathrm{d}S$ からの万有引力ポテンシャルへの寄与は

$$-\frac{Gm\sigma\,\mathrm{d}S}{q} = -\frac{GmM\,\mathrm{d}\Omega}{4\pi q} \tag{4.95}$$

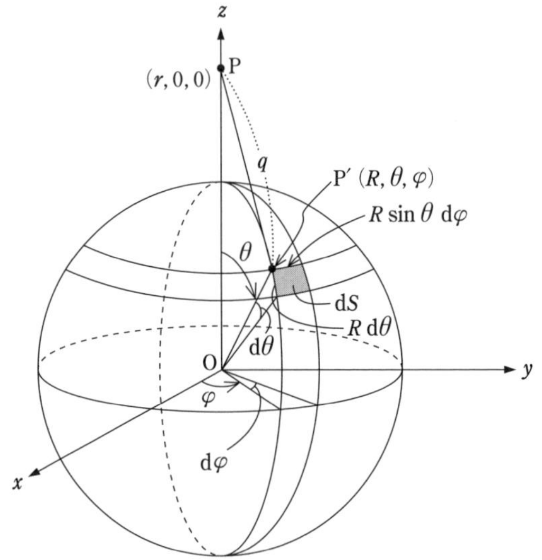

図4-17　薄い球殻の万有引力

である．ただし，q は点 P と dS との距離である．よって

$$U(r) = -\frac{GmM}{4\pi}\int \mathrm{d}\Omega\,\frac{1}{q} = -\frac{GmM}{4\pi}\int_0^{2\pi}\mathrm{d}\varphi\int_0^{\pi}\mathrm{d}\theta\,\frac{\sin\theta}{q}$$
$$= -\frac{GmM}{2}\int_0^{\pi}\mathrm{d}\theta\,\frac{\sin\theta}{q} \tag{4.96}$$

三角形 OPP′ に余弦定理を適用すると

$$q^2 = r^2 + R^2 - 2rR\cos\theta \tag{4.97}$$

したがって，両辺の微分をとると，$2q\,\mathrm{d}q = 2rR\sin\theta\,\mathrm{d}\theta$ なので (4.96) は

$$U(r) = -\frac{GmM}{2Rr}\int_{|r-R|}^{r+R}\mathrm{d}q$$
$$= \begin{cases} -\dfrac{GmM}{r} & r > R \\ -\dfrac{GmM}{R} & r \leqq R \end{cases} \tag{4.98}$$

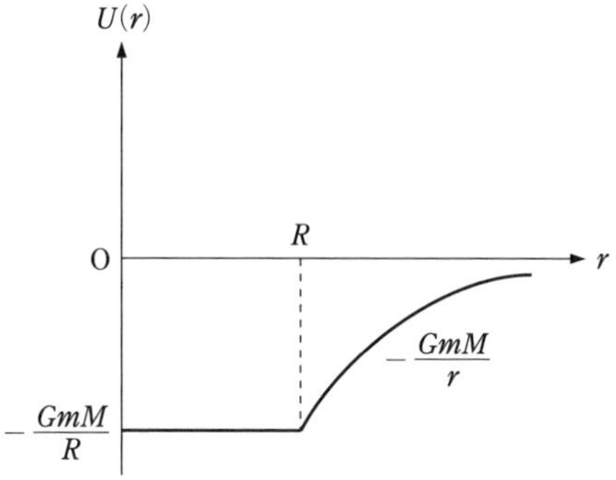

図 4-18 薄い球殻のポテンシャル

となる (図 4-18)．したがって，これに対応する力は

$$\boldsymbol{F} = \begin{cases} -\dfrac{GmM}{r^2}\dfrac{\boldsymbol{r}}{r} & r > R \\ 0 & r \leqq R \end{cases} \tag{4.99}$$

例題 2 半径 R，全質量 M の球が質量 m の質点に及ぼす万有引力を求めよ．ただし，球の密度は球対称 $\rho = \rho(r)$ とする．

解 球を無数の薄い球殻に分け，例題 1 の結果を適用する．

1) $r > R$ すなわち質点が球の外にあるとき

$$\boldsymbol{F} = -\frac{GmM}{r^2}\frac{\boldsymbol{r}}{r} \tag{4.100}$$

2) $r < R$ すなわち質点が球内にあるとき半径 r の同心球内の質量 $M(r)$ だけが万有引力に効く．よって

$$\boldsymbol{F} = -\frac{GmM(r)}{r^2}\frac{\boldsymbol{r}}{r} \tag{4.101}$$

ここで

$$M(r) = \int_0^r \rho(r')4\pi r'^2\,\mathrm{d}r' \tag{4.102}$$

均質球のときは，$\rho(r) = M/(4\pi R^3/3)$ より

$$M(r) = \frac{3M}{R^3}\int_0^r r'^2\,\mathrm{d}r' = M\left(\frac{r}{R}\right)^3 \tag{4.103}$$

よって

$$\boldsymbol{F} = -\frac{GmM}{R^3}\boldsymbol{r} \tag{4.104}$$

これは，フックの法則に従う力 $\boldsymbol{F} = -k\boldsymbol{r}$ で，$k = GmM/R^3$ の場合である．

問題 1　地球上のある地点から地球の中心を通ってちょうど地球の裏側に達するような真っ直ぐなトンネルを掘ったとする．このとき，トンネル内にボールを落とすと，単振動を行うことを示し，その周期を求めよ．

解　$m\ddot{r} = -kr$，ただし $k = GmM/R^3$，周期は $T = 2\pi/\omega = 2\pi\sqrt{R^3/GM} = 2\pi\sqrt{R/g} \simeq 84$ 分．

問題 2　例題 2 の場合のポテンシャルを $r = R$ で連続になるように決めよ．

解

$$U(r) = \begin{cases} -\dfrac{GmM}{r} & r > R \\ \dfrac{1}{2}\dfrac{GmM}{R^3}r^2 - \dfrac{3}{2}\dfrac{GmM}{R} & r < R \end{cases} \tag{4.105}$$

話 題：潮汐力

潮の満ち引きは月や太陽の引力によって引き起こされる．このことはその周期と月の周期が一致していることや，満月や新月のときに大潮になることから推測される．いま，図 4-a のように，$\boldsymbol{R}$ を地球の中心からみた月の位置ベクトル，m を月の質量とすると地球上の点 $\boldsymbol{r}$ で単位質量の質点に働く月の引力のポテンシャルは

$$U(\boldsymbol{r}) = -\frac{Gm}{|\boldsymbol{r} - \boldsymbol{R}|} \tag{4.106}$$

と表される．$\boldsymbol{r}$ と $\boldsymbol{R}$ のなす角度を θ とすると

$$|\boldsymbol{r} - \boldsymbol{R}| = \sqrt{(\boldsymbol{r} - \boldsymbol{R})^2} = \sqrt{r^2 + R^2 - 2Rr\cos\theta} \tag{4.107}$$

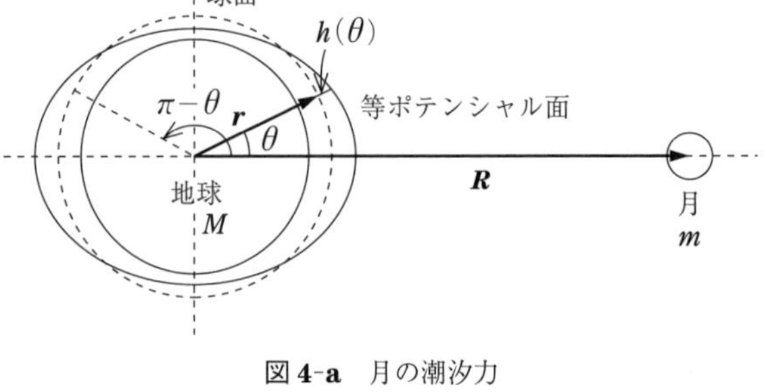

図 4-a　月の潮汐力

よって

$$\frac{1}{|\boldsymbol{r}-\boldsymbol{R}|}=\frac{1}{R}\left(1-\frac{2r}{R}\cos\theta+\frac{r^2}{R^2}\right)^{-1/2} \tag{4.108}$$

$r \ll R$として，ポテンシャルをr/Rのべきで展開して，2 次の項まで求めると，

$$U(r)=-\frac{1}{R}Gm\left(1+\frac{r}{R}\cos\theta+\frac{1}{2}(3\cos^2\theta-1)\frac{r^2}{R^2}\right)+O\left(\frac{r^3}{R^3}\right) \tag{4.109}$$

$$=U_0(r)+U_1(\boldsymbol{r})+U_2(\boldsymbol{r})+O\left(\frac{r^3}{R^3}\right) \tag{4.110}$$

0 次の項，$U_0=-Gm/R$ は月の平均的な引力ポテンシャル値で，1 次の項は

$$U_1(\boldsymbol{r})=-\frac{Gm}{R^2}z \text{ すなわち } F_z=-\frac{\partial U}{\partial z}=\frac{Gm}{R^2} \tag{4.111}$$

で，z 軸方向への一様な重力を表し，潮の満ち引きには寄与しない．潮汐力に効くのは 2 次の項，U_2 の項で，極座標で表すと

$$F_r=-\frac{\partial U_2}{\partial r}=\frac{Gmr}{R^3}(3\cos^2\theta-1) \tag{4.112}$$

$$F_\theta=-\frac{1}{r}\frac{\partial U_2}{\partial\theta}=\frac{Gmr}{R^3}3\cos\theta\sin\theta \tag{4.113}$$

となる．しかしこの値のオーダーは通常の地球 (質量 M) の引力，$F_0=GM/r^2$ に比べて極めて小さい

$$\frac{Gmr}{R^3}\Bigg/\frac{GM}{r^2}=\frac{mr^3}{MR^3}=5.7\times10^{-8} \tag{4.114}$$

ただし，ここで，$r/R=1/60$ と $m/M=1/81$ を用いた．同様に太陽についてこの比を求めると，2.6×10^{-8} となって，月の半分より小さい効果となる．

いずれにしても，このような小さな力が潮の干満に効くのは，これらの力が時間的に変化するからで，自転に伴って地上のどの点の θ も太陽については 12 時間，月についてはそれより若干長い周期で変化する (月は公転のために子午線通過時刻が 1 日につき約 50 分ずつ遅れていく)．これは，式 (4.112)，(4.113) より地球が 180 度自転したとき，$\theta\to\pi-\theta$ で，$F_r\to F_r$, $F_\theta\to -F_\theta$ となるためである．すなわち日に 2 回，潮の干満があることが説明される．また新月と満月では太陽と月が一直線に並ぶので潮の変化は大きく**大潮**，太陽と月が直角になる上弦または下弦のころはやや低い干満のピークである**小潮**となる (図 4-b).

平衡状態では海水面は等ポテンシャル面となるので，緯度 θ での球面からの盛り上がりを $h(\theta)$ とすると，地球の引力の効果と月の引力の効果がつりあうことより，

$$F_0(r)h(\theta)+U_2(r,\theta)=0 \tag{4.115}$$

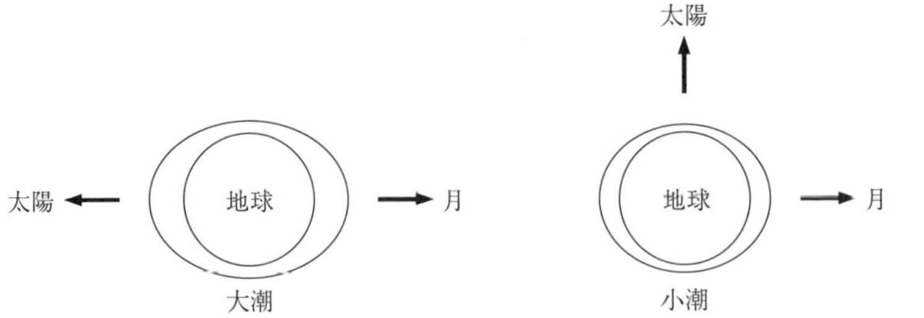

図 4-b　大潮と小潮

よって

$$h(\theta) = \frac{mr^4}{MR^3}\left(\frac{3}{2}\cos^2\theta - \frac{1}{2}\right) \tag{4.116}$$

$r = 6.4\times 10^6\,\mathrm{m}$ とすると，月に対しては $h(0) = mr^4/MR^3 = 0.36\,\mathrm{m}$，太陽の場合は $0.16\,\mathrm{m}$ となる．

§4　ベクトル積と磁場中の荷電粒子の運動

4.1　ベクトル積

2つのベクトル $\boldsymbol{A}$ と $\boldsymbol{B}$ から次のようなベクトルをつくる．

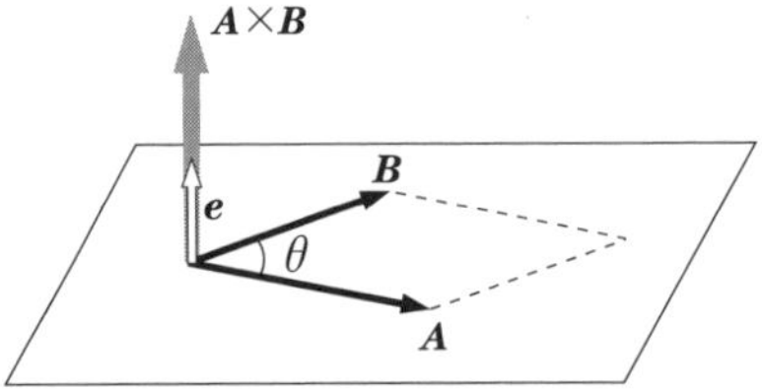

図 4-19　ベクトル積

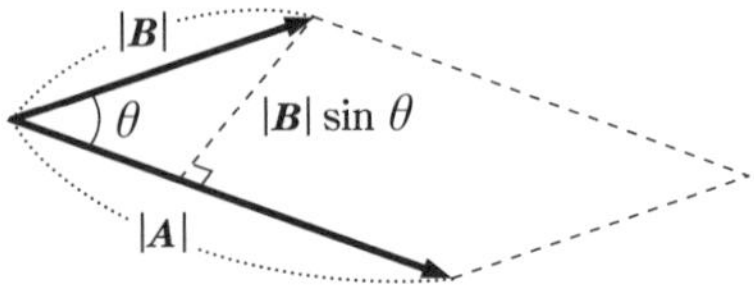

図 4-20　ベクトル積の大きさと平行四辺形の面積

図4-19のように大きさは2つのベクトルでできる平行四辺形の面積 $|\boldsymbol{A}||\boldsymbol{B}|\sin\theta$ (θ は $\boldsymbol{A}$ と $\boldsymbol{B}$ の間の角度，$0 \leqq \theta < \pi$) に等しく (図4-20)，向きは平行四辺形の面に垂直で $\boldsymbol{A}$ から $\boldsymbol{B}$ に向かって右ネジを回すとき，右ネジの進む向きである．

これを**ベクトル積**といい，式で書くと

$$\boldsymbol{A}\times\boldsymbol{B} = |\boldsymbol{A}||\boldsymbol{B}|\sin\theta\,\boldsymbol{e} \tag{4.117}$$

言い換えれば，$\boldsymbol{A}$ を π 以下の角度を回して $\boldsymbol{B}$ の向きに一致させたとき，その回転で右ネジの進む方向の単位ベクトルが $\boldsymbol{e}$ である (図4-21).

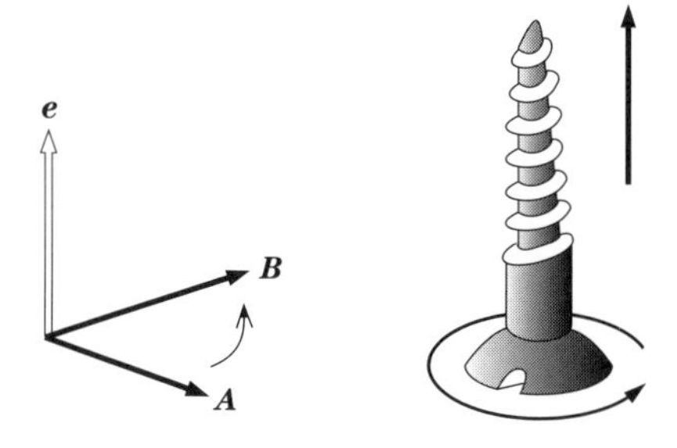

図 **4-21**　ベクトル積の向きと右ネジの進む方向

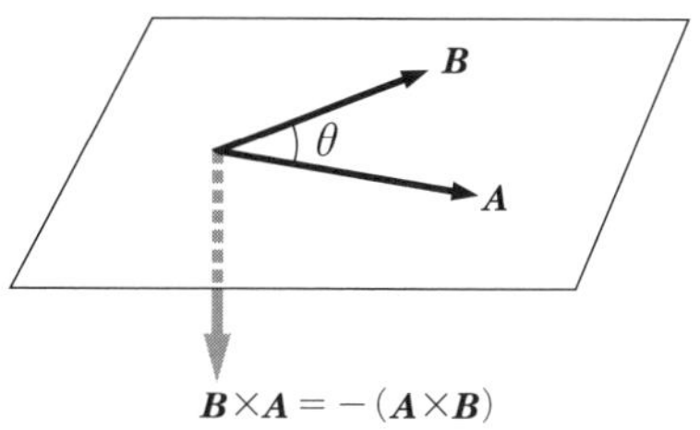

図 **4-22**　ベクトル積の反可換性

掛け算の順序を交換すると符号が変わる (図 4-22).

$$\boldsymbol{B} \times \boldsymbol{A} = -(\boldsymbol{A} \times \boldsymbol{B}) \tag{4.118}$$

すなわち，ベクトル積は交換法則を満たさず，反可換である．特に，$\boldsymbol{A} = \boldsymbol{B}$ とすると，

$$\boldsymbol{A} \times \boldsymbol{A} = -(\boldsymbol{A} \times \boldsymbol{A}) \tag{4.119}$$

で

$$\boldsymbol{A} \times \boldsymbol{A} = 0 \tag{4.120}$$

となる．すなわち，あるベクトルとそれ自身とのベクトル積は 0 である．次に，分配法則

$$\boldsymbol{A} \times (\boldsymbol{B} + \boldsymbol{C}) = \boldsymbol{A} \times \boldsymbol{B} + \boldsymbol{A} \times \boldsymbol{C} \tag{4.121}$$

が成り立つ．

ベクトル $\boldsymbol{A}$ と $\boldsymbol{B}$ が平行 ($\boldsymbol{A} \,/\!/\, \boldsymbol{B}$) のとき $\boldsymbol{A} \times \boldsymbol{B} = 0$.

ベクトル $\boldsymbol{A}$ と $\boldsymbol{B}$ が垂直 ($\boldsymbol{A} \perp \boldsymbol{B}$) のとき $\boldsymbol{A} \cdot \boldsymbol{B} = 0$.

基本ベクトル $\boldsymbol{i}, \boldsymbol{j}$ および $\boldsymbol{k}$ の間のベクトル積は

$$\boldsymbol{i} \times \boldsymbol{j} = \boldsymbol{k}, \quad \boldsymbol{j} \times \boldsymbol{k} = \boldsymbol{i}, \quad \boldsymbol{k} \times \boldsymbol{i} = \boldsymbol{j}$$

$$\boldsymbol{i} \times \boldsymbol{i} = \boldsymbol{j} \times \boldsymbol{j} = \boldsymbol{k} \times \boldsymbol{k} = 0$$

となる (図 4-23)．また，任意の 2 つのベクトル $\boldsymbol{A}$ と $\boldsymbol{B}$ のベクトル積はその成分を用

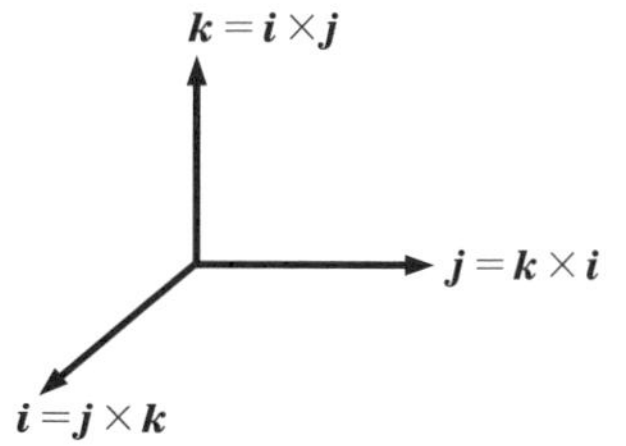

図 **4-23**　基本ベクトルのベクトル積

いて

$$\begin{aligned}\boldsymbol{A}\times\boldsymbol{B}&=(A_x\boldsymbol{i}+A_y\boldsymbol{j}+A_z\boldsymbol{k})\times(B_x\boldsymbol{i}+B_y\boldsymbol{j}+B_z\boldsymbol{k})\\&=(A_yB_z-A_zB_y)\boldsymbol{i}+(A_zB_x-A_xB_z)\boldsymbol{j}+(A_xB_y-A_yB_x)\boldsymbol{k}\end{aligned}$$

と表せる．一方，行列式の記法を使用すると上式は

$$\begin{aligned}\boldsymbol{A}\times\boldsymbol{B}&=\begin{vmatrix}A_y & A_z\\ B_y & B_z\end{vmatrix}\boldsymbol{i}+\begin{vmatrix}A_z & A_x\\ B_z & B_x\end{vmatrix}\boldsymbol{j}+\begin{vmatrix}A_x & A_y\\ B_x & B_y\end{vmatrix}\boldsymbol{k}\\&=\begin{vmatrix}\boldsymbol{i} & \boldsymbol{j} & \boldsymbol{k}\\ A_x & A_y & A_z\\ B_x & B_y & B_z\end{vmatrix}\end{aligned}$$

たとえば，分配法則はこの表記のしかたを用いて，行列式の性質に注意すると

$$\begin{aligned}\boldsymbol{A}\times(\boldsymbol{B}+\boldsymbol{C})&=\begin{vmatrix}\boldsymbol{i} & \boldsymbol{j} & \boldsymbol{k}\\ A_x & A_y & A_z\\ B_x+C_x & B_y+C_y & B_z+C_z\end{vmatrix}\\&=\begin{vmatrix}\boldsymbol{i} & \boldsymbol{j} & \boldsymbol{k}\\ A_x & A_y & A_z\\ B_x & B_y & B_z\end{vmatrix}+\begin{vmatrix}\boldsymbol{i} & \boldsymbol{j} & \boldsymbol{k}\\ A_x & A_y & A_z\\ C_x & C_y & C_z\end{vmatrix}\\&=\boldsymbol{A}\times\boldsymbol{B}+\boldsymbol{A}\times\boldsymbol{C}\end{aligned}$$

のように証明できる．

ここで，ベクトル積は大きさと向きをもった量であるが，座標軸の反転 $\boldsymbol{r}\to\boldsymbol{r}'=-\boldsymbol{r}$ ($x'=-x$, $y'=-y$, $z'=-z$ あるいは $\boldsymbol{i}\to-\boldsymbol{i}$, $\boldsymbol{j}\to-\boldsymbol{j}$, $\boldsymbol{k}\to-\boldsymbol{k}$) に対してふつうのベクトルとは異なった変換をすることに注意しよう．すなわち，ふつうのベクトルが $\boldsymbol{A}\to\boldsymbol{A}'=-\boldsymbol{A}$ で変換されるのに対して，ベクトル積は $\boldsymbol{A}\times\boldsymbol{B}\to\boldsymbol{A}'\times\boldsymbol{B}'=(-\boldsymbol{A})\times(-\boldsymbol{B})=\boldsymbol{A}\times\boldsymbol{B}$ となって符号が変わらない．前者の符号を変える普通のベクトルを**極性ベクトル** (polar vector)，後者のベクトル積のように符号を変えないものを**軸性ベクトル** (axial vector) という．

次に，図 4-24 のようにベクトルの**モーメント**を定義しよう．すなわち

$$\boldsymbol{N} = \boldsymbol{r} \times \boldsymbol{A} \tag{4.122}$$

を原点 O に関する $\boldsymbol{A}$ のモーメント $\boldsymbol{N}$ という．図 4-24 のように原点 O から $\boldsymbol{A}$ またはその延長線上に下した垂線の長さを l とすると

$$|\boldsymbol{N}| = l|\boldsymbol{A}| \tag{4.123}$$

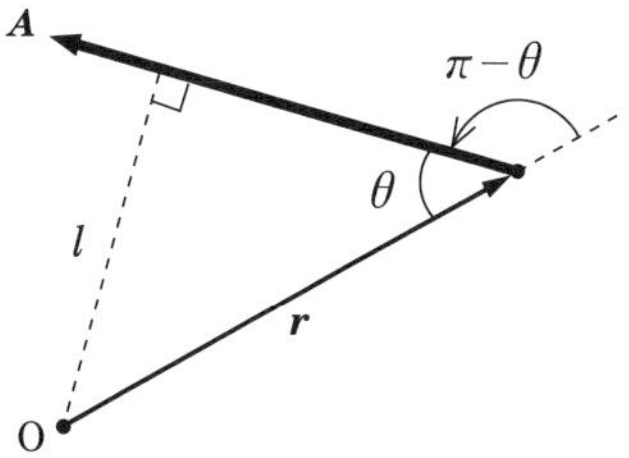

図 4-24　ベクトルのモーメント

l を**モーメントの腕の長さ**という．$\boldsymbol{A}$ が力 $\boldsymbol{F}$ のとき，$\boldsymbol{N} = \boldsymbol{r} \times \boldsymbol{F}$ を**力のモーメント**という．

4.2　3 つのベクトルの積

3 つのベクトル $\boldsymbol{A}$, $\boldsymbol{B}$, $\boldsymbol{C}$ の積としては，積がスカラー量となるものと，ベクトル量になる 2 種類の積がある．まず，前者の場合の**スカラー 3 重積**

$$\boldsymbol{A} \cdot (\boldsymbol{B} \times \boldsymbol{C}) \tag{4.124}$$

を考えよう．これは，

$$\boldsymbol{A} \cdot (\boldsymbol{B} \times \boldsymbol{C}) = |\boldsymbol{A}||\boldsymbol{B} \times \boldsymbol{C}| \cos\theta$$

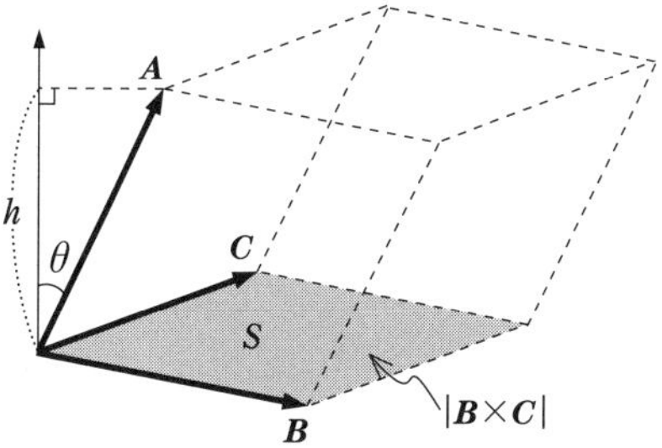

図 4-25　スカラー 3 重積と平行六面体

で，図 4-25 のように $\boldsymbol{A}$, $\boldsymbol{B}$, $\boldsymbol{C}$ で張られる平行六面体の体積に等しい．なぜなら，$|\boldsymbol{B}\times\boldsymbol{C}|$ は $\boldsymbol{B}$ と $\boldsymbol{C}$ でできる平行四辺形の面積 S に等しく，また $|\boldsymbol{A}|\cos\theta$ はこの平行四辺形を底面とする平行六面体の高さ h に等しいから，$\boldsymbol{A}\cdot(\boldsymbol{B}\times\boldsymbol{C}) = hS = V$ となる．もちろん，底面を $\boldsymbol{C} \times \boldsymbol{A}$ または $\boldsymbol{A} \times \boldsymbol{B}$ としてもよい．すなわち，$\boldsymbol{A}$, $\boldsymbol{B}$, $\boldsymbol{C}$ を循環的 (cyclic) に並べかえたものは等しい．

$$\boldsymbol{A} \cdot (\boldsymbol{B} \times \boldsymbol{C}) = \boldsymbol{B} \cdot (\boldsymbol{C} \times \boldsymbol{A}) = \boldsymbol{C} \cdot (\boldsymbol{A} \times \boldsymbol{B}) = V \tag{4.125}$$

行列式を用いれば

$$\boldsymbol{A} \cdot (\boldsymbol{B} \times \boldsymbol{C}) = \begin{vmatrix} A_x & A_y & A_z \\ B_x & B_y & B_z \\ C_x & C_y & C_z \end{vmatrix} \tag{4.126}$$

と表せる．

さて一方，積がベクトル量となる**ベクトル3重積**を

$$\boldsymbol{A} \times (\boldsymbol{B} \times \boldsymbol{C}) \tag{4.127}$$

で定義する．この積は $\boldsymbol{A}$ にも $\boldsymbol{B} \times \boldsymbol{C}$ にも垂直である．いま，仮に $\boldsymbol{B}, \boldsymbol{C}$ が張る面をSとすると $\boldsymbol{B} \times \boldsymbol{C}$ はこの面に垂直，したがって $\boldsymbol{A} \times (\boldsymbol{B} \times \boldsymbol{C})$ は面S内にある．よって，$\boldsymbol{A} \times (\boldsymbol{B} \times \boldsymbol{C})$ は $\boldsymbol{B}$ と $\boldsymbol{C}$ の1次結合で書ける (図4-26)．したがって，

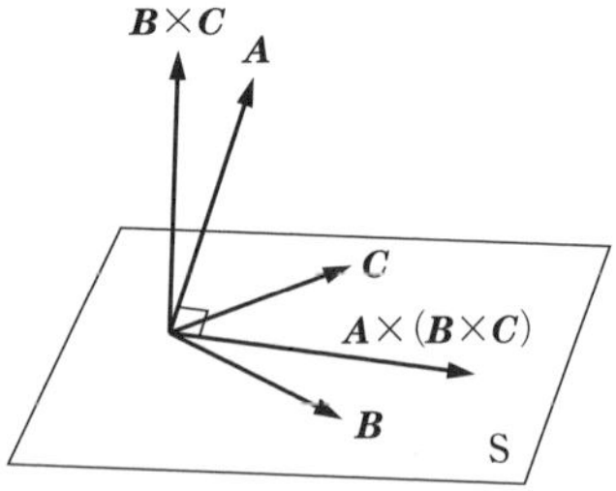

図4-26　ベクトル3重積

$$\boldsymbol{A} \times (\boldsymbol{B} \times \boldsymbol{C}) = \beta \boldsymbol{B} + \gamma \boldsymbol{C} \tag{4.128}$$

と書ける．ここで，係数 β, γ は次のようにして定まる．まず，両辺と $\boldsymbol{A}$ とのスカラー積をとるとゼロとなることから

$$\beta(\boldsymbol{A} \cdot \boldsymbol{B}) + \gamma(\boldsymbol{A} \cdot \boldsymbol{C}) = 0 \tag{4.129}$$

よって $\beta = \alpha(\boldsymbol{A} \cdot \boldsymbol{C})$，$\gamma = -\alpha(\boldsymbol{A} \cdot \boldsymbol{B})$．$\alpha$ は $\boldsymbol{A} = \boldsymbol{i}$，$\boldsymbol{B} = \boldsymbol{i}$，$\boldsymbol{C} = \boldsymbol{j}$ ととることにより，$\alpha = 1$ と求まる．すなわち

$$\boldsymbol{A} \times (\boldsymbol{B} \times \boldsymbol{C}) = (\boldsymbol{A} \cdot \boldsymbol{C})\boldsymbol{B} - (\boldsymbol{A} \cdot \boldsymbol{B})\boldsymbol{C} \tag{4.130}$$

が成り立つ．ついでにいうと，ベクトル3重積は次の**Jacobiの恒等式**を満足する．

$$\boldsymbol{A} \times (\boldsymbol{B} \times \boldsymbol{C}) + \boldsymbol{B} \times (\boldsymbol{C} \times \boldsymbol{A}) + \boldsymbol{C} \times (\boldsymbol{A} \times \boldsymbol{B}) = 0 \tag{4.131}$$

問題　以下の各式を証明せよ．

1. $(\boldsymbol{A} \times \boldsymbol{B}) \cdot (\boldsymbol{C} \times \boldsymbol{D}) = (\boldsymbol{A} \cdot \boldsymbol{C})(\boldsymbol{B} \cdot \boldsymbol{D}) - (\boldsymbol{B} \cdot \boldsymbol{C})(\boldsymbol{A} \cdot \boldsymbol{D})$
2. $(\boldsymbol{A} \times \boldsymbol{B})^2 + (\boldsymbol{A} \cdot \boldsymbol{B})^2 = |\boldsymbol{A}|^2|\boldsymbol{B}|^2$

解

$$\begin{aligned}(\boldsymbol{A} \times \boldsymbol{B}) \cdot (\boldsymbol{C} \times \boldsymbol{D}) &= \boldsymbol{A} \cdot \{\boldsymbol{B} \times (\boldsymbol{C} \times \boldsymbol{D})\} \\ &= \boldsymbol{A} \cdot \{(\boldsymbol{B} \cdot \boldsymbol{D})\boldsymbol{C} - (\boldsymbol{B} \cdot \boldsymbol{C})\boldsymbol{D}\} \\ &= (\boldsymbol{A} \cdot \boldsymbol{C})(\boldsymbol{B} \cdot \boldsymbol{D}) - (\boldsymbol{B} \cdot \boldsymbol{C})(\boldsymbol{A} \cdot \boldsymbol{D})\end{aligned}$$

$$(\boldsymbol{A} \times \boldsymbol{B})^2 = |\boldsymbol{A}|^2|\boldsymbol{B}|^2 \sin^2\theta, \quad (\boldsymbol{A} \cdot \boldsymbol{B})^2 = |\boldsymbol{A}|^2|\boldsymbol{B}|^2 \cos^2\theta, \tag{4.132}$$

$$\therefore \quad (\boldsymbol{A} \times \boldsymbol{B})^2 + (\boldsymbol{A} \cdot \boldsymbol{B})^2 = |\boldsymbol{A}|^2|\boldsymbol{B}|^2 \tag{4.133}$$

4.3　一様な定常磁場中での荷電粒子の運動

磁場中の荷電粒子に働く力は，電荷を q，速度を $\boldsymbol{v}$ として

$$\boldsymbol{F} = q\,(\boldsymbol{v} \times \boldsymbol{B}) \tag{4.134}$$

で与えられ，これを**ローレンツ力**という．この力は $\boldsymbol{v}$ に垂直だから仕事をしない：

$$\boldsymbol{F} \cdot \mathrm{d}\boldsymbol{r} = q(\boldsymbol{v} \times \boldsymbol{B}) \cdot \boldsymbol{v}\,\mathrm{d}t = 0 \tag{4.135}$$

したがって，荷電粒子の運動エネルギーは保存される．実際，運動方程式より

$$\frac{\mathrm{d}}{\mathrm{d}t}\left(\frac{1}{2}m\boldsymbol{v}^2\right) = m\boldsymbol{v} \cdot \frac{\mathrm{d}\boldsymbol{v}}{\mathrm{d}t} = q\boldsymbol{v} \cdot (\boldsymbol{v} \times \boldsymbol{B}) = 0 \tag{4.136}$$

である．速度を磁場 $\boldsymbol{B}$ に平行な成分と垂直な成分に分ける．

$$\boldsymbol{v} = \boldsymbol{v}_{/\!/} + \boldsymbol{v}_{\perp} \tag{4.137}$$

初速度 $\boldsymbol{v}_0$ も同様に分解すると

$$\boldsymbol{v}_0 = \boldsymbol{v}_{0/\!/} + \boldsymbol{v}_{0\perp} \tag{4.138}$$

運動方程式はそれぞれの成分について

$$m\frac{\mathrm{d}\boldsymbol{v}_{\perp}}{\mathrm{d}t} = q(\boldsymbol{v}_{\perp} \times \boldsymbol{B}) \tag{4.139}$$

$$m\frac{\mathrm{d}\boldsymbol{v}_{/\!/}}{\mathrm{d}t} = 0 \tag{4.140}$$

となる．

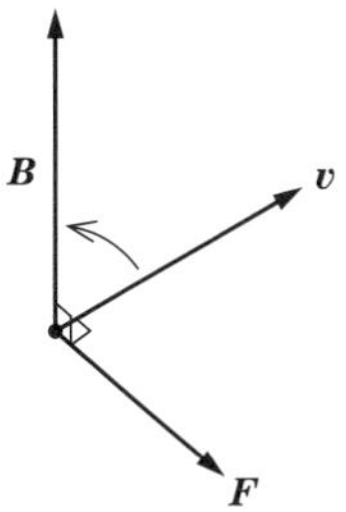

図 4-27　ローレンツ力

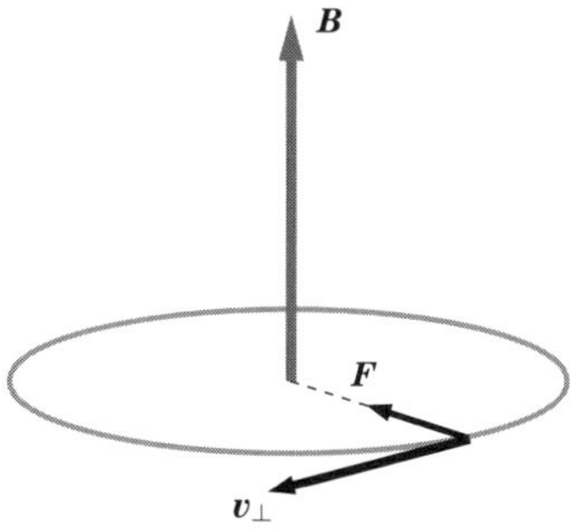

図 4-28　磁場に垂直な平面内の運動

(4.140) より $\boldsymbol{v}_{/\!/} =$ 一定 $= \boldsymbol{v}_{0/\!/}$ で，また運動エネルギーの保存より，${\boldsymbol{v}_{/\!/}}^2 + {\boldsymbol{v}_{\perp}}^2 = {\boldsymbol{v}_{0/\!/}}^2 + {\boldsymbol{v}_{0\perp}}^2$ であるから，結局

$$ {\boldsymbol{v}_{\perp}}^2 = {\boldsymbol{v}_{0\perp}}^2 \tag{4.141} $$

となって，$|\boldsymbol{v}_{\perp}| = v_{\perp}$ も保存される．(4.139) より，磁場に垂直な平面内の運動の法線方向は，曲率半径を ρ とすると，第 2 章運動学の (2.71) を用いて

$$ m\frac{{v_{\perp}}^2}{\rho} = qv_{\perp}B \tag{4.142} $$

となり，これから曲率一定

$$ \rho = \frac{mv_{\perp}}{qB} = \frac{mv_{0\perp}}{qB} \tag{4.143} $$

が導かれる．すなわち，荷電粒子の運動を磁場に垂直な面に射影すれば円運動となる．しかも角速度は

$$ \omega = \frac{v_{\perp}}{\rho} = \frac{v_{0\perp}}{mv_{0\perp}/(qB)} = \frac{qB}{m} \tag{4.144} $$

で一定となり，等速円運動である．磁場の方向に沿っては等速度運動なので，結局，運動の軌跡は図 4-29 のようにらせんを描くこととなる．ω は**サイクロトロン振動数**，ρ は**サイクロトロン半径**と呼ばれる．

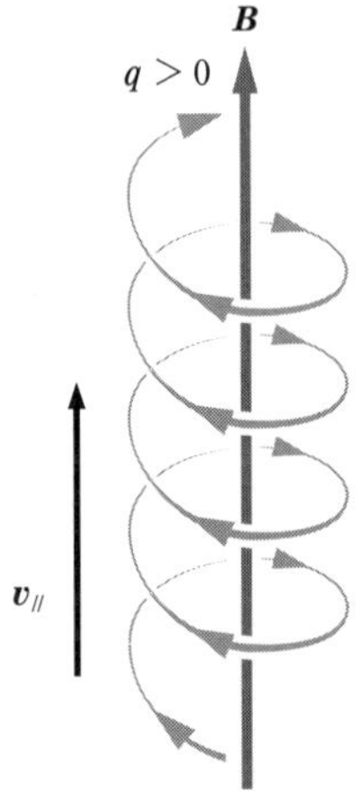

図 **4-29**　荷電粒子のらせん運動

§5　角運動量と角運動量保存則

時刻 t での質点の位置ベクトル $\boldsymbol{r} = \boldsymbol{r}(t)$ と運動量 $\boldsymbol{p}$ (図 4-30) のベクトル積 $\boldsymbol{r} \times \boldsymbol{p}$ を原点 O に関する質点の**角運動量** (angular momentum) といい

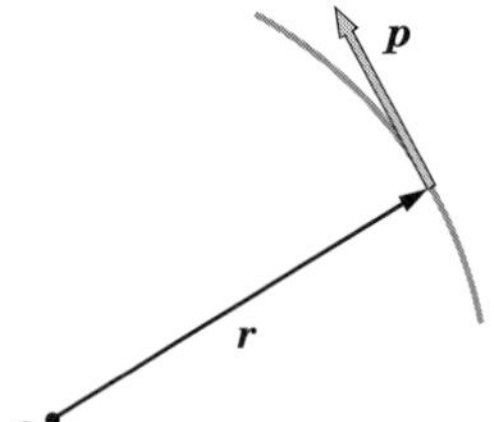

図 **4-30**　質点の位置と運動量

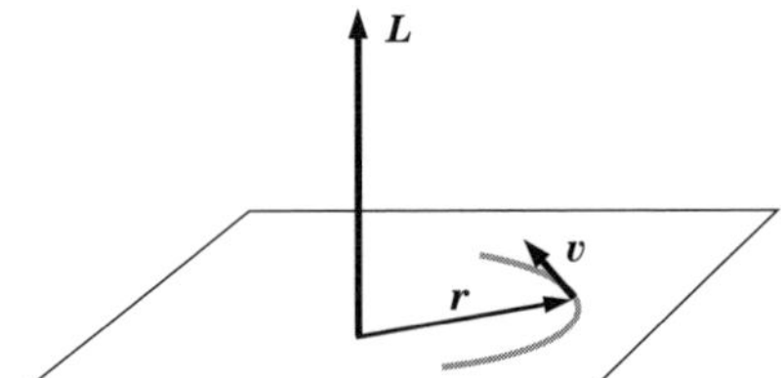

図 **4-31**　角運動量ベクトル

$$\boldsymbol{L} = \boldsymbol{r} \times \boldsymbol{p} = \boldsymbol{r} \times m\boldsymbol{v} \tag{4.145}$$

と表す．角運動量 $\boldsymbol{L}$ は $\boldsymbol{r}$ と $\boldsymbol{v}$ に垂直，その向きは $\boldsymbol{r}, \boldsymbol{v}, \boldsymbol{L}$ がこの順に右手系をなす向きである (図 4-31).

5.1　面積速度

図のように位置ベクトル $\boldsymbol{r}$ は微小時間 Δt に斜線の扇形の部分を掃く (図 4-32).

Δt が小さければ三角形 $\mathrm{OPP'}$ と扇形の面積はほとんど等しくその面積は

$$\Delta S = \frac{1}{2}|\boldsymbol{r} \times \boldsymbol{v}\,\Delta t| \tag{4.146}$$

したがって，$\Delta t \to 0$ で**面積速度**

$$\frac{\mathrm{d}\boldsymbol{S}}{\mathrm{d}t} = \frac{1}{2}(\boldsymbol{r} \times \boldsymbol{v}) \tag{4.147}$$

が定義される．

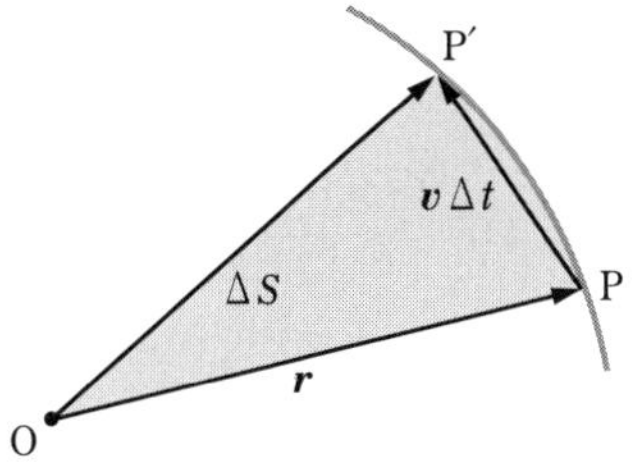

図 4-32　面積速度

この面積速度は (4.145) の角運動量と

$$\boldsymbol{L} = 2m\frac{\mathrm{d}\boldsymbol{S}}{\mathrm{d}t} \tag{4.148}$$

という関係にある．角運動量の時間的変化は

$$\frac{\mathrm{d}\boldsymbol{L}}{\mathrm{d}t} = \frac{\mathrm{d}}{\mathrm{d}t}(\boldsymbol{r} \times \boldsymbol{p}) = \frac{\mathrm{d}\boldsymbol{r}}{\mathrm{d}t} \times \boldsymbol{p} + \boldsymbol{r} \times \frac{\mathrm{d}\boldsymbol{p}}{\mathrm{d}t} \tag{4.149}$$

ここで

$$\frac{\mathrm{d}\boldsymbol{r}}{\mathrm{d}t} \times \boldsymbol{p} = \boldsymbol{v} \times m\boldsymbol{v} = 0 \tag{4.150}$$

と運動方程式

$$\frac{\mathrm{d}\boldsymbol{p}}{\mathrm{d}t} = \boldsymbol{F} \tag{4.151}$$

を用いると (4.149) は

$$\frac{\mathrm{d}\boldsymbol{L}}{\mathrm{d}t} = \boldsymbol{r} \times \boldsymbol{F} = \boldsymbol{N} \tag{4.152}$$

となる．$\boldsymbol{N}$ を**力のモーメント**または**トルク**という．まとめると，

「ある時刻における質点の角運動量の時間的変化の割合はその時刻に作用する力の原点 O に関するモーメントに等しい．」

質点に働くモーメントが恒等的にゼロならば，

$$\frac{\mathrm{d}\boldsymbol{L}}{\mathrm{d}t} = \boldsymbol{r} \times \boldsymbol{F} = \boldsymbol{N} = 0, \qquad \therefore \quad \boldsymbol{L} = \text{一定} \tag{4.153}$$

すなわち，質点の角運動量したがって面積速度は一定に保たれる．これを，**角運動量保存則**という．

5.2　中心力

図 4-33 のように，力 $\boldsymbol{F}$ の作用線が常に 1 つの定点を通る場合，その定点を力の中心，$\boldsymbol{F}$ を**中心力**という．

$$\boldsymbol{F} = f(r)\frac{\boldsymbol{r}}{r} \tag{4.154}$$

このとき，力のモーメントは

$$\boldsymbol{r} \times \boldsymbol{F} = \frac{f(r)}{r}(\boldsymbol{r} \times \boldsymbol{r}) = 0 \tag{4.155}$$

となり，中心力の場合，力の中心に関する質点の角運動量，したがって面積速度は保存する．

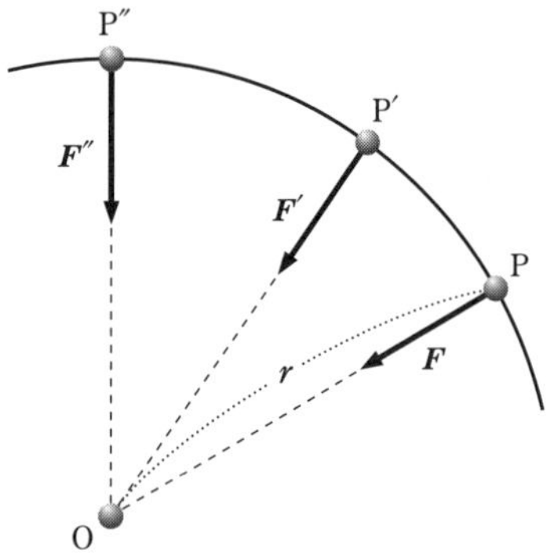

図 **4-33**　中心力

例 題　ロケットを初速 v_0 で水平に打ち出し，図 4-34 のような楕円軌道を描かせるとき，軌道上で地球の中心から最も遠い点の距離 D を求めよ．ただし，地球の半径を R とする．

解　まずエネルギー保存則より

$$\frac{1}{2}m{v_0}^2 - \frac{GmM}{R} = \frac{1}{2}mv^2 - \frac{GmM}{D} \tag{4.156}$$

また，角運動量の保存則より

$$mRv_0 = mDv \tag{4.157}$$

(4.156) と (4.157) より v を消去し，$GM = gR^2$ を用いると

$$\frac{1}{2}{v_0}^2 - gR = \frac{1}{2}\frac{R^2}{D^2}{v_0}^2 - \frac{gR^2}{D} \tag{4.158}$$

$D \neq R$ だから，

$$D = \frac{{v_0}^2 R}{2gR - {v_0}^2} \tag{4.159}$$

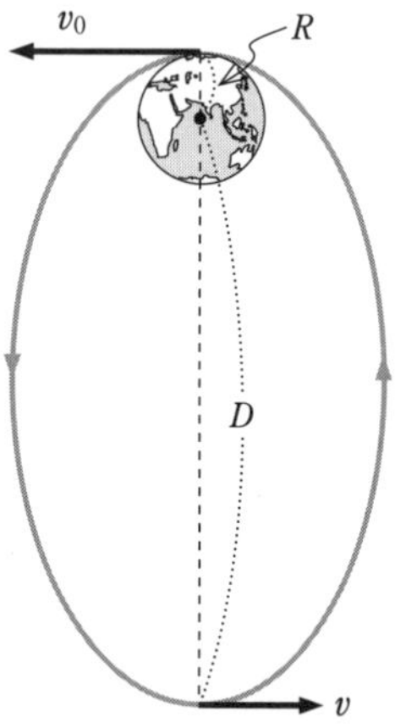

図 **4-34**　ロケットの楕円軌道

ここで，v_0 がとり得る値の範囲は

$$\sqrt{gR} \leqq v_0 < \sqrt{2gR} \tag{4.160}$$

で，$v_0 \to \sqrt{gR}$ のとき $D \to R$ で，地表を周回し，$v_0 \to \sqrt{2gR}$ の極限で $D \to \infty$ と無限遠に達する．

例 題　中心力のもとでは，質点は力の中心と初速度ベクトルを含む平面内で運動することを示せ．

証 明　図 4-35 のように，初期位置 $\boldsymbol{r}_0$ と，初速度 $\boldsymbol{v}_0$ で決まる平面に対して角運動量ベクトル $\boldsymbol{L}$ は垂直で一定であるから，運動はこの平面内に限られる．

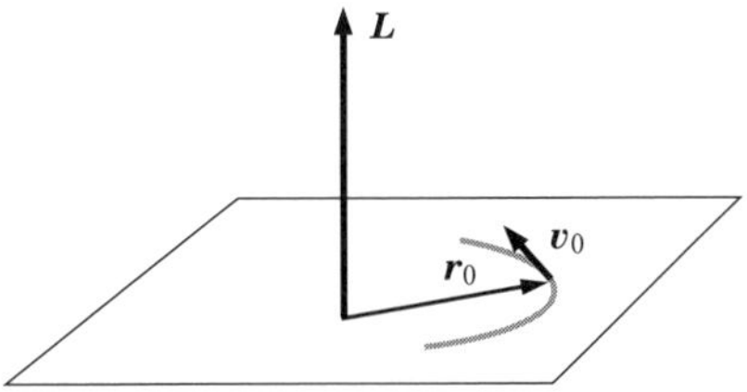

図 4-35　中心力のもとでの平面運動

問題　定点 O からの変位 $\boldsymbol{r}$ に比例する復元力 $\boldsymbol{F} = -k\boldsymbol{r}\ (k > 0)$ を受ける質点の運動を調べよ．

解　章末演習問題 11 および第 3 章演習問題 11 参照.

話 題：ブラックホールの質量と半径

超新星爆発の結果生まれた中性子星のように重い星は重力の影響で崩壊し小さな領域に質量が集中した**ブラックホール** (black hole) になる．ブラックホールからは光さえも抜け出すことはできない．星がどれほどまで収縮すればブラックホールになるか古典力学で考えてみる．万有引力のもとでのロケットの脱出速度との類推で，この半径すなわちシュワルツシルト半径を導いてみよう．地球 (質量：M) の引力圏からロケット (質量：m) が脱出するのに要する最小の速さ v はすでに述べたように，エネルギー保存則を適用して，

$$\frac{1}{2}mv^2 - \frac{GMm}{R} = 0 \tag{4.161}$$

を満たす速さ，$v = 11.2\,\mathrm{km/s}$ である．この脱出速度が光速 c に等しくなるためには，質量 M の星の半径が

$$\frac{2GM}{c^2} \tag{4.162}$$

であればよい．この半径はアインシュタインの一般相対論の重力場の方程式を解いて求めたシュワルツシルト半径に一致する．星の半径がこれ以下に収縮すると，光さえも星から抜け出すことはできない．太陽の場合この半径は約 $3\,\mathrm{km}$ と求まり，実際の太陽半径 $7 \times 10^5\,\mathrm{km}$ に比べてはるかに小さいので，ブラックホールになることを免れている．

§6　運動量の変化と力積

運動方程式を積分して得られる関係式としては，運動量の変化と力積の関係がある．まずは，1 次元の場合を考えよう．質点の運動方程式は

$$\frac{\mathrm{d}p}{\mathrm{d}t} = F \quad (p - mv) \tag{4.163}$$

力 $F = 0$ の場合，(4.163) に代入して，

$$\frac{\mathrm{d}p}{\mathrm{d}t} = 0 \quad \text{すなわち} \quad p = \text{一定} \tag{4.164}$$

(4.163) を時刻 t_1 から t_2 まで時間で積分すると，

$$p(t_2) - p(t_1) = \int_{t_1}^{t_2} F\,\mathrm{d}t \equiv \Phi \tag{4.165}$$

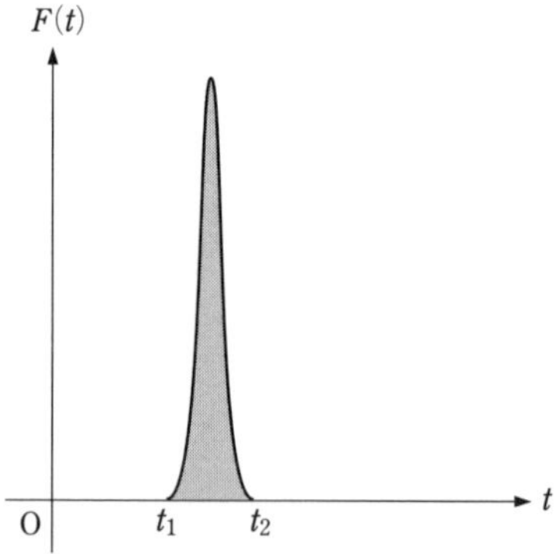

図 **4-36**　衝撃力と力積

Φ を**力積** (impulse) という．すなわち，運動量の変化はその間に質点に及ぼされた力積に等しい．図 4-36 のように，t_1 と t_2 の間隔が非常に短くても，瞬間の衝撃力がきわめて大きく，上記の積分の値が有限の大きさをもつようなケースが該当する．たとえば，野球で投手の投げた速い球を，打者がバットで打つような場合である．

3 次元空間の運動では，同様に運動方程式を t_1 から t_2 まで時間で積分すると，

$$\boldsymbol{p}(t_2) - \boldsymbol{p}(t_1) = \int_{t_1}^{t_2} \boldsymbol{F}\,\mathrm{d}t \equiv \boldsymbol{\Phi} \tag{4.166}$$

となり，ベクトル $\boldsymbol{\Phi}$ が力積で運動量の変化を決める．

演　習　問　題

1. 一様な重力場中で，地表からの高さ h の点から，初速ゼロで物体を自由落下させるときの運動をエネルギー保存則を1回積分することにより求めよ．ただし，地表を原点として鉛直上向きに x 軸をとり，x を時間 t の関数として表せ．

2. 単振動子の1周期についての運動エネルギーの平均と位置エネルギーの平均は等しく，力学的全エネルギーの半分に等しいことを示せ．

3. 平面内で運動する質点に働く力の成分が，質点の位置の座標 (x, y) で $F_x = 3ax^2y^2$, $F_y = 2ax^3y$ と与えられるとき，この力は保存力か否か．もし保存力ならば，ポテンシャルを求めよ．

4. ある鉛直面内の2つの点 A,B を考える．A から B までこの鉛直面内の曲線に沿って，常に曲線の接線方向に力を加えて，静かに物体を動かすとき，摩擦力に抗してする仕事は，曲線の形によらないことを示せ．

5. 地球からロケットを打ち上げて，太陽系の引力圏から脱出するには，太陽系に対してどれだけの初速度が必要か．ただし，太陽の質量を M_{S}，地球の質量を M_{E} とすると $M_{\mathrm{S}}/M_{\mathrm{E}} = 3.3 \times 10^5$ で地球と太陽の距離を $R_{\mathrm{ES}} = 1.5 \times 10^8\,\mathrm{km}$, 地球の半径を $R_{\mathrm{E}} = 6.4 \times 10^3\,\mathrm{km}$ とする．

6. 質量 m，速さ v の質点を水平な床に 45° の角度で投射したところ，反射されて最高の高さ $v^2/16g$ に達したのち，反射点から $v^2/2g$ だけ離れた地点に落ちた．投射点において質点に作用した衝撃力の力積の大きさと向きを求めよ．また，質点が失うエネルギーはいくらか (運動量保存則，力積のところを参照)．

7. ベクトルに関する次の関係式を証明せよ．

(a) $(\boldsymbol{A} \times \boldsymbol{B}) \times (\boldsymbol{C} \times \boldsymbol{D}) = \{\boldsymbol{A} \cdot (\boldsymbol{C} \times \boldsymbol{D})\}\boldsymbol{B} - \{\boldsymbol{B} \cdot (\boldsymbol{C} \times \boldsymbol{D})\}\boldsymbol{A}$

(b) $\{(\boldsymbol{A} \times \boldsymbol{B}) \times \boldsymbol{C}\} \times \boldsymbol{D} = \{\boldsymbol{A} \cdot (\boldsymbol{B} \times \boldsymbol{D})\}\boldsymbol{C} - (\boldsymbol{C} \cdot \boldsymbol{D})(\boldsymbol{A} \times \boldsymbol{B})$

(c) $(\boldsymbol{D} \cdot \boldsymbol{A})(\boldsymbol{B} \times \boldsymbol{C}) + (\boldsymbol{D} \cdot \boldsymbol{B})(\boldsymbol{C} \times \boldsymbol{A}) + (\boldsymbol{D} \cdot \boldsymbol{C})(\boldsymbol{A} \times \boldsymbol{B}) = \{\boldsymbol{A} \cdot (\boldsymbol{B} \times \boldsymbol{C})\}\boldsymbol{D}$

8. 対称軸が鉛直で頂点が下向きのなめらかな回転放物面 $z = a\rho^2$(a は正の定数) の上に拘束されている質量 m の質点の一様な重力場中での運動を考える．ここで質点の位置は円柱座標をとり (ρ, φ, z) と表す．いま，この質点が回転放物面上の $z = h$ の点から水平方向に初速 v_0 で動き出すとき，エネルギーと角運動量を求め，また質点が水平な円運動を定常的に続ける条件を導け．

9. 半径 R, 全質量 M の球の密度が球対称で中心からの距離に反比例するように分布しているとする．このとき球の中心から距離 r にある質量 m の質点に球が及ぼす万有引力を 1) $r > R$, 2) $r < R$ の 2 つの場合に分けて求めよ．また，ポテンシャル U を球の中心からの距離 r の関数として求めよ．ただし，無限遠点を基準点とし $r = R$ で $U(r)$ が連続となるようにするものとする．

10. 図 4-37 のような天井から，長さ l のひもで，質量 m のおもりが吊り下げられた円錐振り子がある．鉛直線となす角が α のとき，ひもの張力と振り子の周期を求めよ．

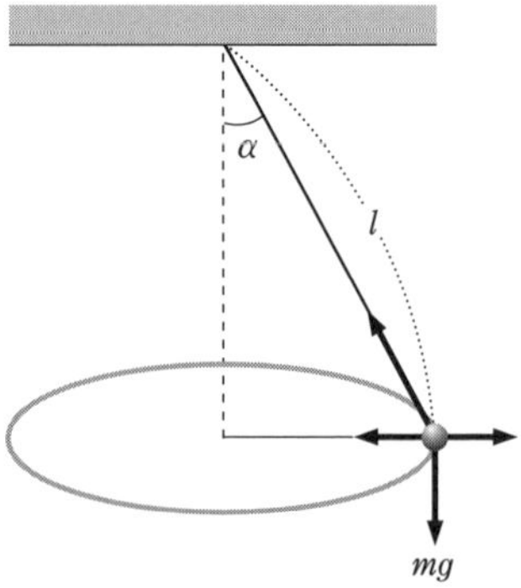

図 4-37　円錐振り子

11. 3 次元空間で，定点 O からの変位 $\boldsymbol{r}$ に比例する復元力 $\boldsymbol{F} = -k\boldsymbol{r}$ (k：正の定数) は保存力であることを示し，基準点を O としたときの位置エネルギーを求めよ．

12. 地球から月面に向けて発射されたロケットが月面に到着するための最小の初速度を求めよ．ただし，地球と月の質量をそれぞれ M，m としたとき，$m = (1/81)M$．両者の中心間の距離を a，また地球の半径を R として，$a = 60R$ ととれるものとする．

13. 地球を半径 R の一様な密度の球としたとき，地上のある地点 A から別の地点 B まで，まっすぐなトンネルを掘る．トンネルは必ずしも地球の中心を通らなくても (たとえば東京と大阪の間を直線のトンネルで結ぶ)，この中に物体を落とすと，単振動をすることを示し，その周期を求めよ．ただし，$R = 6400\,\mathrm{km}$ また $g = 9.8\,\mathrm{m/s^2}$ とする．

14. 質点がなめらかな曲線に沿って，重力の作用のもとで点 O から点 A まで，初速度ゼロで滑り落ちる．この所要時間を最小にするには質点はどのような曲線を描けばよいか．

15. 角運動量 $\boldsymbol{L} = \boldsymbol{r} \times \boldsymbol{p}$ の直角座標 (x, y, z) での各成分を求めよ．また，円柱座標 (r, φ, z) で，L_z を r と $\dot{\varphi}$ で表せ．

16. 直交する電場 $\boldsymbol{E}$ と磁場 $\boldsymbol{B}$ のもとでの，荷電粒子 (電荷：q) の運動を考察しよう．粒子の速度が $\boldsymbol{v}$ のとき，電場と磁場から受ける力は $\boldsymbol{F} = q\boldsymbol{E} + q(\boldsymbol{v} \times \boldsymbol{B})$ で与えられる．いま，電場と磁場の直角座標での成分を，$\boldsymbol{E} = (0, E, 0)$，$\boldsymbol{B} = (0, 0, B)$ とし，初期条件を $t = 0$ で $x = y = z = 0$，$v_x = 0, v_y = 0, v_z = 0$ として，荷電粒子の運動を論ぜよ．

5 振　　動

単振動や単振り子については既に述べた．ここでは安定な平衡点のまわりの微小振動や，指数関数を用いた単振動の方程式の解法さらに減衰振動と強制振動について述べる．またパラメータ励振や振幅が大きい場合の単振り子についても触れる．

J. L. Lagrange (ジョセフ・L・ラグランジュ) (1736–1813)
オイラーの研究を発展させ，解析力学を見通しのよい統一的な形に整備した．3 体問題や弦の振動の研究でも有名．

§1　安定な平衡点のまわりでの微小振動

保存力のもとでの粒子の運動を考えよう．ポテンシャルが図 5-1 のような x の関数 $U(x)$ で与えられている場合，ポテンシャルが極値をとる点は，A, B, C の 3 つである．ここでは力が

$$F = -\frac{\mathrm{d}U}{\mathrm{d}x} = 0 \qquad (5.1)$$

となり，その位置に静止した状態でおかれた質点はいつまでもそこに留まる．このような点を**平衡点**という．

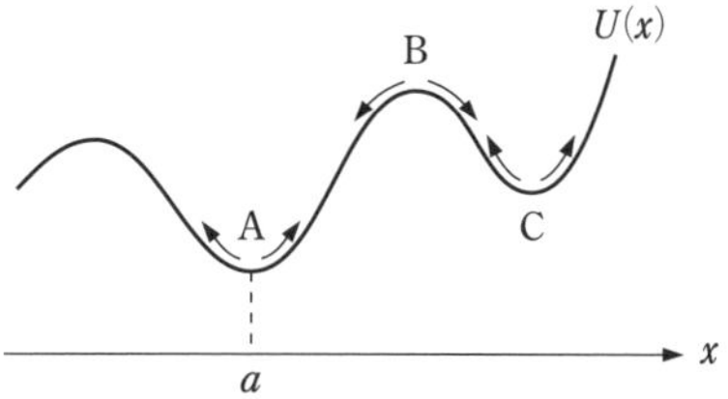

図 5-1　ポテンシャルと平衡点

点 B ではポテンシャルは極大値をとり，ほんのわずかな衝撃を与えても質点は図のように大きく遠ざかるので，点 B は**不安定な平衡点**と呼ばれる．これに対して，点 A および点 C ではポテンシャルは極小値をとるので，質点に少々の衝撃を与えても，質点は平衡点の近傍で微小振動するだけなので，これらの点を**安定な平衡点**という．

平衡点Aの x 座標を a とし，$x=a$ の近傍で $U(x)$ をテイラー級数 (数学的補足 §1 参照) に展開すると，

$$U(x)=U(a)+U'(a)(x-a)+\frac{1}{2}U''(a)(x-a)^2+\cdots \tag{5.2}$$

$x=a$ は平衡点なので $U'(a)=0$，さらにそれが安定であることから関数が $x=a$ で下に凸すなわち $U''(a)>0$ である．$x=a$ の近傍だけを考えれば $x-a$ は微小量すなわち $x-a\ll 1$ なので，$(x-a)^3$ 以上の高次項を無視してよい．よって

$$U(x)\simeq U(a)+\frac{1}{2}U''(a)(x-a)^2 \tag{5.3}$$

力は $F=-\mathrm{d}U/\mathrm{d}x=-U''(a)(x-a)$ であり，$U''(a)=k>0$ とおき，$x-a=\xi$ と書くと，$F=-k\xi$ で，質量 m の質点の運動方程式は

$$m\ddot{\xi}=-k\xi \tag{5.4}$$

となる．このように，安定な平衡点の近傍で微小振動は，バネ定数がポテンシャルの2階微分で決まる単振動となる．

§2　単振動の方程式の解法

第3章で述べた単振動の方程式 (3.74)

$$\ddot{x}+\omega^2 x=0 \tag{5.5}$$

を，数学的補足 §2 で述べる指数関数を用いて解いてみよう．仮に (5.5) の解を $x(t)=\mathrm{e}^{\lambda t}(\lambda：定数)$ とおいてみる．$\dfrac{\mathrm{d}}{\mathrm{d}x}(\mathrm{e}^x)=\mathrm{e}^x$ という指数関数の性質から t に関する微分は

$$\dot{x}=\frac{\mathrm{d}x}{\mathrm{d}t}=\lambda\mathrm{e}^{\lambda t},\quad \ddot{x}=\frac{\mathrm{d}^2x}{\mathrm{d}t^2}=\lambda^2\mathrm{e}^{\lambda t} \tag{5.6}$$

と簡単に求まるので，これを $\ddot{x}=-\omega^2 x$ へ代入すると

$$\lambda^2\mathrm{e}^{\lambda t}=-\omega^2\mathrm{e}^{\lambda t} \tag{5.7}$$

が得られる．この関係がすべての t について成り立つためには

$$\lambda^2=-\omega^2 \quad すなわち \quad \lambda=\pm i\omega \tag{5.8}$$

となって λ の値が求まる．ここで，ロンスキアンを調べれば $\mathrm{e}^{i\omega t}$ と $\mathrm{e}^{-i\omega t}$ が2つの独立な解であることがわかり，したがって一般解はこれらの重ね合せ

$$x(t)=C_1\mathrm{e}^{i\omega t}+C_2\mathrm{e}^{-i\omega t} \tag{5.9}$$

$$= (C_1 + C_2)\cos\omega t + i(C_1 - C_2)\sin\omega t \tag{5.10}$$

$$= A\cos\omega t + B\sin\omega t \tag{5.11}$$

となる．ここで，複素数の任意定数である C_1, C_2 は互いに複素共役で，実数の任意定数 A, B と $C_1 = (A - iB)/2$，$C_2 = (A + iB)/2$ の関係にある．すなわち第 3 章では方程式を満たす解が三角関数であることを使って一般解を構成したが，ここではその結果が指数関数を用いる方法で導かれることがわかった．

§3　減衰振動

単振動する質点に摩擦や抵抗が働く場合の振動を考えよう．

図 5-2 のような，振動子が容器の水中を運動する場合，速度に比例する粘性抵抗を受ける．すなわち，その力は次式で与えられる．

$$-\alpha\frac{\mathrm{d}x}{\mathrm{d}t} \quad (\alpha > 0)$$

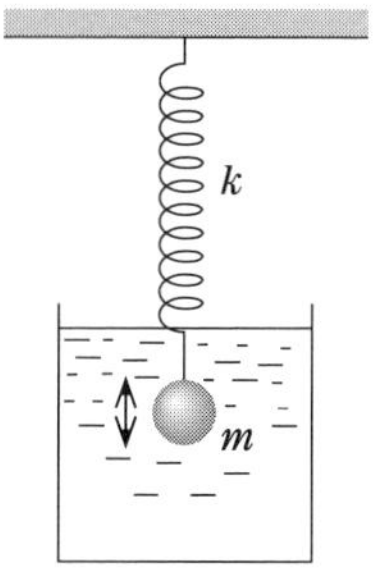

図 5-2　振動子に働く粘性抵抗

半径 a の球状の物体が速度 v で粘性抵抗 η の物質中を運動する場合，ストークス (Stokes) の法則 $F = -6\pi\eta av$ に従う抵抗力が物体に働く．すなわち，$\alpha = 6\pi\eta a$．運動方程式は，

$$m\frac{\mathrm{d}^2x}{\mathrm{d}t^2} = -kx - \alpha\frac{\mathrm{d}x}{\mathrm{d}t} \tag{5.12}$$

$\alpha = 2m\beta$ とおいて，(5.12) を書き直して

$$\frac{\mathrm{d}^2x}{\mathrm{d}t^2} + 2\beta\frac{\mathrm{d}x}{\mathrm{d}t} + {\omega_0}^2x = 0 \tag{5.13}$$

ただし，$\omega_0 = \sqrt{k/m}$ と以後では書くことにする．

(5.13) は，線形でかつ定数係数の微分方程式で，その基本解を $x = \mathrm{e}^{\lambda t}$ とおいて代入すると，

$$\lambda^2 + 2\beta\lambda + {\omega_0}^2 = 0 \tag{5.14}$$

この解は

$$\lambda_\pm = -\beta \pm \sqrt{\beta^2 - {\omega_0}^2} \tag{5.15}$$

で，$\exp(\lambda_+ t)$，$\exp(\lambda_- t)$ が独立な基本解でこれらの重ね合わせ

$$x = A\mathrm{e}^{\lambda_+ t} + B\mathrm{e}^{\lambda_- t} \tag{5.16}$$

が一般解と求められる．これに対応する振動子の運動は，β と ω_0 の大小に応じて，以下のように3つに場合分けされる．

1)　$\beta < \omega_0$ すなわち抵抗が小さいとき

$$\lambda_\pm = -\beta \pm i\omega, \qquad \omega = \sqrt{{\omega_0}^2 - \beta^2}$$

で一般解は

$$x = \mathrm{e}^{-\beta t}(A\mathrm{e}^{i\omega t} + B\mathrm{e}^{-i\omega t}) = \mathrm{e}^{-\beta t} a \cos(\omega t + \delta) \tag{5.17}$$

となる．これは図5-3のように，振幅が指数関数的に時間とともに減衰する振動を表すので**減衰振動** (damped oscillation) と呼ばれる．

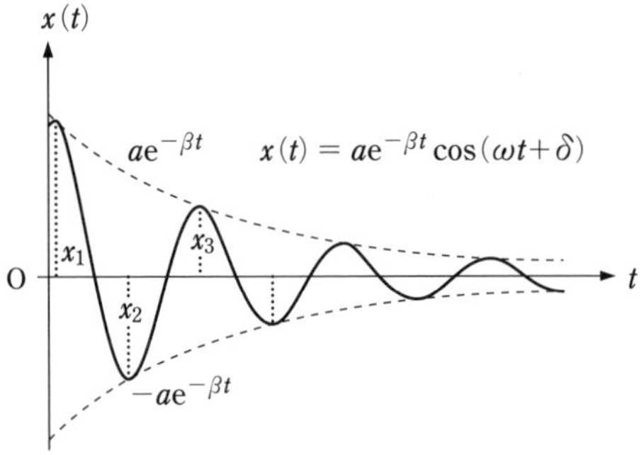

図 5-3　減衰振動

図で曲線が $\pm a\mathrm{e}^{-\beta t}$ と接する点すなわち $\cos(\omega t + \delta) = \pm 1$ となる x の値を，$x_1, x_2, x_3, \cdots$ とすると

$$\left| \frac{x_2}{x_1} \right| = \mathrm{e}^{-\beta T/2}, \tag{5.18}$$

$$\frac{x_3}{x_1} = \mathrm{e}^{-\beta T} \quad \left(T = \frac{2\pi}{\omega} \right) \tag{5.19}$$

ここで，$\mathrm{e}^{\beta T}$ を**減衰比**，βT を**対数減衰比**という．減衰振動は完全な周期運動ではないが，$x = 0$ を曲線が同じ向きに切る時刻の間隔は

$$T = \frac{2\pi}{\omega} > \frac{2\pi}{\omega_0} \tag{5.20}$$

で抵抗のない単振動の周期より長い．

2) $\beta > \omega_0$ 復元力に比して抵抗が大きい場合

$$\lambda_{\pm} = -\beta \pm \sqrt{\beta^2 - {\omega_0}^2} \qquad \lambda_- < \lambda_+ < 0 \tag{5.21}$$

として

$$x(t) = A\mathrm{e}^{-|\lambda_+|t} + B\mathrm{e}^{-|\lambda_-|t} \tag{5.22}$$

これは全く非周期的な振動しない運動で，**過減衰** (over-damping) と呼ばれる．

3) $\beta = \omega_0$

λ は重解なので，$\mathrm{e}^{-\beta t}$ だけでは一般解は作れない．もう 1 つ独立な解は，$x(t) = f(t)\mathrm{e}^{-\beta t}$ とおいて (5.13) へ代入すると

$$\frac{\mathrm{d}^2 f}{\mathrm{d}t^2} = 0 \quad \text{だから } f = A' + B't \tag{5.23}$$

よって $x = (A' + B't)\mathrm{e}^{-\beta t}$ が $\mathrm{e}^{-\beta t}$ と独立な解となり，一般解は

$$x(t) = A\mathrm{e}^{-\beta t} + B(A' + B't)\mathrm{e}^{-\beta t} = \mathrm{e}^{-\beta t}(a + bt) \tag{5.24}$$

ただし，$a = A + BA'$，$b = BB'$．これを**臨界減衰**または**臨界制動** (critical-damping) という．

ここで，減衰振動のエネルギーの変化を見てみよう．運動方程式

$$m\frac{\mathrm{d}^2 x}{\mathrm{d}t^2} + m{\omega_0}^2 x = -2m\beta\frac{\mathrm{d}x}{\mathrm{d}t} \tag{5.25}$$

の両辺に $\mathrm{d}x/\,\mathrm{d}t$ を掛けて変形すると，

$$\frac{\mathrm{d}}{\mathrm{d}t}\left[\frac{1}{2}m\left(\frac{\mathrm{d}x}{\mathrm{d}t}\right)^2 + \frac{1}{2}m{\omega_0}^2 x^2\right] = -2m\beta\left(\frac{\mathrm{d}x}{\mathrm{d}t}\right)^2 \tag{5.26}$$

すなわち，全力学的エネルギーを運動エネルギーと位置エネルギーの和

$$E = \frac{1}{2}m\left(\frac{\mathrm{d}x}{\mathrm{d}t}\right)^2 + \frac{1}{2}m{\omega_0}^2 x^2 \tag{5.27}$$

として

$$\frac{\mathrm{d}E}{\mathrm{d}t} = -2m\beta\left(\frac{\mathrm{d}x}{\mathrm{d}t}\right)^2 < 0 \qquad (\beta > 0) \tag{5.28}$$

すなわち，力学的全エネルギーが抵抗力のために時間とともに減少していくことを表す．

§4　強制振動

図 5-4 のように振動子に (5.12) の抵抗力に加えて外力 $mf(t)$ が加わっているとき運動方程式は

$$m\ddot{x} + 2m\beta\dot{x} + m{\omega_0}^2 x = mf(t) \quad (5.29)$$

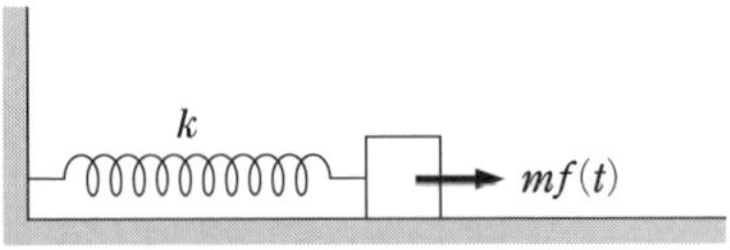

図 5-4　強制振動

両辺を m で約して，

$$\ddot{x} + 2\beta\dot{x} + {\omega_0}^2 x = f(t) \tag{5.30}$$

さてここで，一般に線形 2 階常微分方程式

$$\frac{\mathrm{d}^2 x}{\mathrm{d}t^2} + P(t)\frac{\mathrm{d}x}{\mathrm{d}t} + Q(t)x = R(t) \tag{5.31}$$

を考えよう．ただし，$P(t)$, $Q(t)$, $R(t)$ は既知の関数．$R(t) = 0$ のときの (5.31) を同次方程式，$R(t) \neq 0$ のとき非同次方程式という．数学では次のことが知られている．すなわち，同次方程式の一般解を $x = F(t; A, B)$(A, B は任意定数)，また非同次方程式の特殊解を $G(t)$ とすると，非同次方程式 (5.31) の一般解は

$$x = F(t; A, B) + G(t) \tag{5.32}$$

で与えられる．さて，外力が周期的な場合を考察しよう．まず，

$$f(t) = f_0 \sin \Omega t \tag{5.33}$$

とする．このとき (5.30) は

$$\ddot{x} + 2\beta\dot{x} + {\omega_0}^2 x = f_0 \sin \Omega t \tag{5.34}$$

となる．(5.34) の特殊解を

$$x_0(t) = \mathrm{Re}(C\mathrm{e}^{i\Omega t}) \tag{5.35}$$

とおいて求める．実数部分を表す Re を以下しばしば省略する．

$$\dot{x}_0(t) = i\Omega C\mathrm{e}^{i\Omega t}, \quad \ddot{x}_0(t) = -\Omega^2 C\mathrm{e}^{i\Omega t} \tag{5.36}$$

これらを (5.34) 式に代入し，右辺を $f_0 \sin \Omega t = \mathrm{Re}(-if_0\mathrm{e}^{i\Omega t})$ と書いて，

$$\mathrm{Re}\left\{(-\Omega^2 + 2i\beta\Omega + {\omega_0}^2)C\mathrm{e}^{i\Omega t}\right\} = \mathrm{Re}(-if_0\mathrm{e}^{i\Omega t}) \tag{5.37}$$

となる．上式が t のどんな値に対しても恒等的に成り立つためには，両辺の $\exp(i\Omega t)$ の係数が等しくなければならない．すなわち

$$(-\Omega^2 + 2i\beta\Omega + {\omega_0}^2)C = -if_0 \tag{5.38}$$

よって

$$C = \frac{-if_0}{({\omega_0}^2 - \Omega^2) + 2i\beta\Omega} \equiv \frac{-if_0}{\sqrt{({\omega_0}^2 - \Omega^2)^2 + 4\beta^2\Omega^2}} \mathrm{e}^{-i\varepsilon} \tag{5.39}$$

ここで，$\tan\varepsilon = 2\beta\Omega/({\omega_0}^2 - \Omega^2)$．したがって，特殊解は

$$x_0 = A\sin(\Omega t - \varepsilon), \quad A = \frac{f_0}{\sqrt{({\omega_0}^2 - \Omega^2)^2 + 4\beta^2\Omega^2}}, \tag{5.40}$$

$$\varepsilon = \tan^{-1}\frac{2\beta\Omega}{{\omega_0}^2 - \Omega^2} \tag{5.41}$$

となる．A を振幅，ε を位相のずれ (おくれ) という．

$\omega_0 > \beta$ のときの，(5.34) の一般解は

$$x(t) = a\mathrm{e}^{-\beta t}\cos(\omega t + \delta) + \frac{f_0}{\sqrt{({\omega_0}^2 - \Omega^2)^2 + 4\beta^2\Omega^2}}\sin(\Omega t - \varepsilon) \tag{5.42}$$

と求まる．右辺第 1 項は減衰振動，第 2 項は強制振動を表す．

図 5-5 のように十分時間がたつと，減衰項はなくなり，外力と同じ振動数で振動する．

$$x(t) \longrightarrow A\sin(\Omega t - \varepsilon) \qquad (t \to \text{大のとき}) \tag{5.43}$$

抵抗がゼロ，つまり $\beta = 0$ のとき，方程式は

$$\ddot{x} + {\omega_0}^2 x = f_0 \sin\Omega t \tag{5.44}$$

となり，$\Omega \neq \omega_0$ の場合，一般解は

$$x(t) = a\cos(\omega_0 t + \delta) + \frac{f_0}{{\omega_0}^2 - \Omega^2}\sin\Omega t \tag{5.45}$$

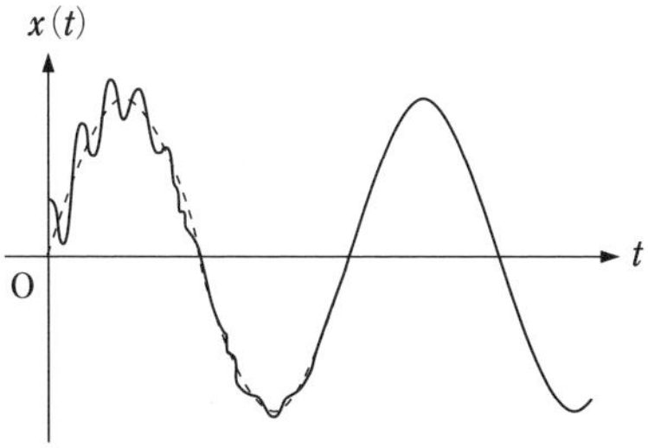

図 5-5 強制振動の時間依存性

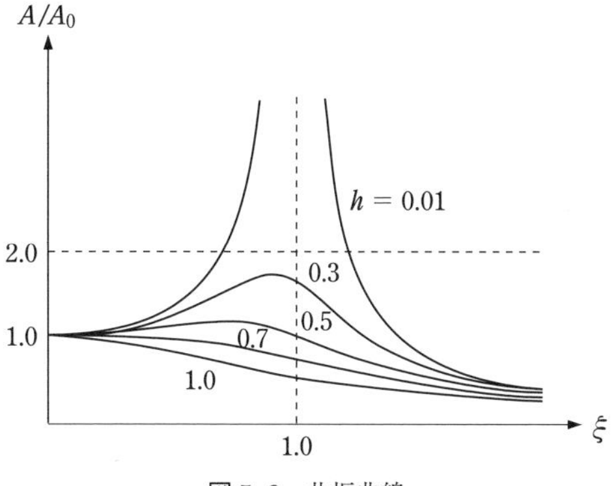

図 5-6 共振曲線

$\Omega \to \omega_0$ で振幅 $\to$ 大となる．これを**共振**または**共鳴** (resonance) という．つまり固有の振動数に外から加える強制力の振動数を近づけると，振動子の振幅は限りなく増大する．$\Omega = \omega_0$ のとき，上の式は正しくなく，非同次方程式の特殊解を，$x_0 = Bt\cos\omega_0 t$ として方程式に代入すると，$B = -f_0/(2\omega_0)$ を得る．すなわち，$x_0 = -(f_0/2\omega_0)t\cos\omega_0 t$ と求まる．方程式の一般解は

$$x = a\cos(\omega t + \delta) - \frac{f_0}{2\omega_0}t\cos\omega_0 t \tag{5.46}$$

となる．一般には，抵抗力が存在する場合 ($\beta \neq 0$)，$\Omega \to \omega_0$ でも，振幅は無限大にはならない．振幅は

$$A = \frac{f_0}{\sqrt{({\omega_0}^2 - \Omega^2)^2 + (2\beta\Omega)^2}} \tag{5.47}$$

で与えられ，$\Omega = 0$ の場合の振幅は (5.40) より $A_0 = f_0/{\omega_0}^2$ となり

$$\frac{A}{A_0} = \frac{{\omega_0}^2}{\sqrt{({\omega_0}^2 - \Omega^2)^2 + (2\beta\Omega)^2}} = \frac{1}{\sqrt{(1-\xi^2)^2 + 4h^2\xi^2}} \tag{5.48}$$

ここで，$\beta/\omega_0 = h$，$\Omega/\omega_0 \equiv \xi$ と書いた．また，$Q = \omega_0/(2\beta) = 1/(2h)$ を導入すると

$$\frac{A}{A_0} = \frac{1}{\sqrt{(1-\xi^2)^2 + \xi^2/Q^2}} \tag{5.49}$$

となり，さまざまな h (または Q) の値に対して，A/A_0 を ξ の関数として示すと図 5-6 のようになる．これを**共振曲線**という．

$0 < h < 1/\sqrt{2}$ の範囲では $\xi = \sqrt{1-2h^2}$ すなわち $\Omega = \sqrt{{\omega_0}^2 - 2\beta^2}$ において極大となる．これを**振幅共鳴**という．

位相のずれ ε は ξ の関数として

$$\varepsilon = \tan^{-1}\frac{2h\xi}{1-\xi^2} \tag{5.50}$$

で与えられ，共振のとき位相の遅れは $\varepsilon = \pi/2\ (90^\circ)$ となる．

§5　パラメータ励振

振り子の振動を決める糸の長さや，重力加速度などの系のパラメータが時間的に変化して，振動が次第に成長する**パラメータ励振** (parametric excitation) と呼ばれる現象を考察しよう．これは強制振動などに加えて外部からエネルギーを吸収して，振動が成長する例となっている．振動が成長するのは，1 周期の

間に振動系が外部から受ける仕事が正になって，エネルギーを吸収するからである．

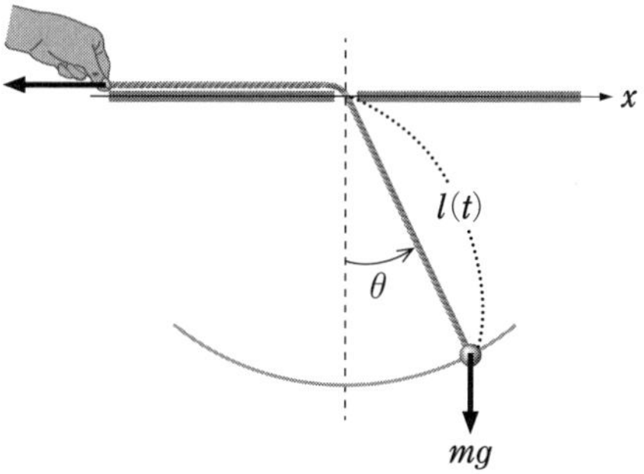

図 5-7　糸の長さが変化する単振り子

具体例として，単振り子を考えよう．図 5-7 のように天井に空けた穴から振り子の糸が垂らされて，その先におもりが取り付けられている．糸を引っ張ると, 振り子の長さが変えられる．水平方向に x 軸をとり，振り子が鉛直線となす角度を θ とすると，運動方程式の接線成分は

$$m(l\ddot{\theta} + 2\dot{l}\dot{\theta}) = -mg\sin\theta \tag{5.51}$$

となる．微小振動 $\sin\theta \simeq \theta$ では

$$\ddot{\theta} + \frac{2}{l}\dot{l}\dot{\theta} + \frac{g}{l}\theta = 0 \tag{5.52}$$

となり，速さに比例する抵抗のあるときの振動の方程式となる．直角座標を用いて $x = l\theta$ とおくと，

$$\frac{\mathrm{d}^2 x}{\mathrm{d}t^2} = \ddot{l}\theta + 2\dot{l}\dot{\theta} + l\ddot{\theta} \tag{5.53}$$

より

$$m\frac{\mathrm{d}^2 x}{\mathrm{d}t^2} + \frac{m}{l}\left(g - \frac{\mathrm{d}^2 l}{\mathrm{d}t^2}\right)x = 0 \tag{5.54}$$

が得られる．これはいわば，糸の長さを変えることで，重力加速度 g を $g - \ddot{l}$ で変化させることに相当する．**ブランコ**のモデルとしてこの方程式から，単振り子の長さが変化することによって，単振り子のエネルギーがどのように変化するか考えよう．すなわち，l は変化するものとして，$l(t)$ とする．$l(t)$ の平均値

を $\bar{l}$ とする．上式からエネルギー E の時間変化は

$$\frac{\mathrm{d}E}{\mathrm{d}t} = \frac{\mathrm{d}}{\mathrm{d}t}\left[\frac{1}{2}m\dot{x}^2 + \frac{1}{2}m{\omega_0}^2x^2\right] = \frac{m}{\bar{l}}\ddot{l}x\dot{x} = \frac{m}{2\bar{l}}\ddot{l}\frac{\mathrm{d}}{\mathrm{d}t}(x^2) \tag{5.55}$$

ここで，$\omega_0 = \sqrt{g/l}$. 左辺は振動子のエネルギー E の時間変化を表す．したがって，右辺の量が正になれば，エネルギーは増加することになる．いま単振り子の時間変化を $x(t) = x_0 \cos\omega_0 t$ と表すとき，

$$\dot{x}x = \frac{1}{2}\frac{\mathrm{d}}{\mathrm{d}t}(\dot{x}^2) = -\omega_0{x_0}^2\sin\omega_0 t\cos\omega_0 t = -\frac{1}{2}\omega_0{x_0}^2\sin 2\omega_0 t \tag{5.56}$$

すなわち，$\dot{x}x$ は ω_0 の 2 倍の角振動数で振動することになる．したがって $l(t)$ も 2 倍の角振動数で，$l(t) = \bar{l} + a\sin 2\omega_0 t$ (a は正の定数) で変化させれば，

$$\ddot{l}x\dot{x} = (-4{\omega_0}^2 a\sin 2\omega_0 t)\cdot\left(-\frac{1}{2}\omega_0{x_0}^2\sin 2\omega_0 t\right) = 2{\omega_0}^3 a{x_0}^2\sin^2 2\omega_0 t \geqq 0 \tag{5.57}$$

したがって，(5.55) の右辺を 1 周期 $2\pi/\omega_0$ にわたって時間で積分すると，その間のエネルギーの変化 ΔE が以下のように正の値に求まる．

$$\Delta E = \frac{m}{2\bar{l}}\int_0^{2\pi/\omega_0}\ddot{l}\frac{\mathrm{d}}{\mathrm{d}t}(x^2)\mathrm{d}t = \frac{2\pi a}{\bar{l}}m{\omega_0}^2{x_0}^2 > 0 \tag{5.58}$$

この結果を参考にすると，ブランコをどのようにこぐと振幅を徐々に大きくできるかがわかる．ブランコのモデルとして，支点が固定された単振り子で，ブランコに乗る人の重心の移動で振り子の長さが変化するものと考える．図 5-8 のようにブランコをこぐ人の重心が 2 倍の角振動数で上下すればよいことがわかる．

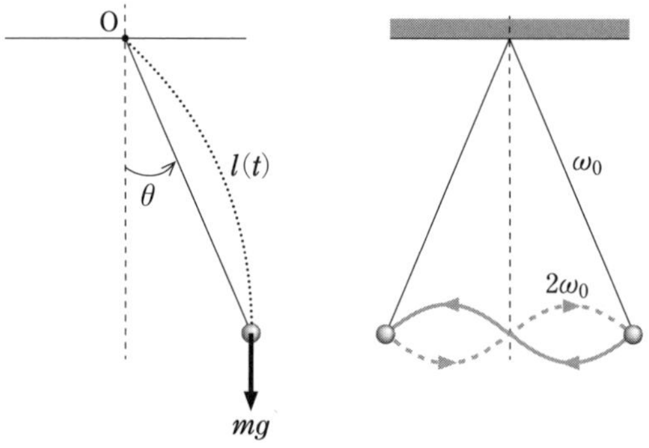

図 5-8　ブランコに乗る人の重心の移動

§6　振幅の大きな単振り子の振動

単振り子において大きな振幅の運動を考えよう．これは第 3 章の単振り子の運動方程式で，$\sin\theta$ を θ と近似できない場合に相当し，いわゆる**非線形振動**と呼ばれる振動に属すものである．

おもりは円周上をなめらかに拘束されて運動するので，張力は仕事をせず，また重力は保存力なので次のエネルギー保存則が成り立つ．

$$\frac{1}{2}mv^2 + mgl(1-\cos\theta) = E \tag{5.59}$$

ここで，位置エネルギーの基準点を $\theta = 0$ にとり，この点からのおもりの高さが $l(1-\cos\theta)$ であることを用いた．初期条件を $\theta = 0$ で $v = v_0$ とし，また $v = l\dot{\theta}$ に注意すると

$$\left(\frac{\mathrm{d}\theta}{\mathrm{d}t}\right)^2 = \frac{{v_0}^2}{l^2} - \frac{2g}{l}(1-\cos\theta) \tag{5.60}$$

が導かれる．このときの角振幅を θ_0 とすると

$$\left(\frac{\mathrm{d}\theta}{\mathrm{d}t}\right)^2 = \frac{2g}{l}(\cos\theta - \cos\theta_0) \tag{5.61}$$

$$= \frac{4g}{l}\left(\sin^2\frac{\theta_0}{2} - \sin^2\frac{\theta}{2}\right) \tag{5.62}$$

ここで変数を

$$\sin\frac{\theta}{2} = kx \quad \text{ただし} \quad k = \sin\frac{\theta_0}{2} < 1 \tag{5.63}$$

によって，θ から x に変換すれば

$$\frac{\mathrm{d}\theta}{\mathrm{d}t} = \frac{2k}{\cos(\theta/2)}\frac{\mathrm{d}x}{\mathrm{d}t} \tag{5.64}$$

なので結局

$$\left(\frac{\mathrm{d}x}{\mathrm{d}t}\right)^2 = \frac{g}{l}(1-x^2)(1-k^2x^2) \tag{5.65}$$

すなわち

$$\frac{\mathrm{d}x}{\mathrm{d}t} = \pm\sqrt{\frac{g}{l}}\sqrt{(1-x^2)(1-k^2x^2)} \tag{5.66}$$

を得る．正符号をとりこの変数分離型の微分方程式を $t = 0$ のとき $x = 0$ とし

て積分すると

$$\sqrt{\frac{g}{l}}t = \int_0^x \frac{d\xi}{\sqrt{(1-\xi^2)(1-k^2\xi^2)}} = \mathrm{sn}^{-1}x \tag{5.67}$$

この積分を**第1種の楕円積分**と呼び，積分の上限 x の関数として関数 sn の逆関数である．逆に解いて

$$x = \mathrm{sn}\,(\sqrt{g/l}\,t, k) \tag{5.68}$$

ここでパラメータ k を**母数** (modulus) という．sn 関数は**ヤコビ (Jacobi) の楕円関数**の一種で sin 関数に似ており，$k=0$ のとき sin 関数に一致する．すなわち

$$\mathrm{sn}\,(\sqrt{g/l}\,t, 0) = \sin\,(\sqrt{g/l}\,t) \tag{5.69}$$

以上より，振幅の大きい単振り子の解は

$$\sin\frac{\theta}{2} = k\,\mathrm{sn}\,(\sqrt{g/l}\,t, k) \tag{5.70}$$

となる．θ について解けば

$$\theta = 2\sin^{-1}[k\,\mathrm{sn}\,(\sqrt{g/l}\,t, k)] \tag{5.71}$$

ただし，$k=\sin(\theta_0/2)$ で角振幅が小さいとき $k\approx\theta_0/2$ で

$$\theta \approx \theta_0 \sin\,(\sqrt{g/l}\,t) \tag{5.72}$$

となり，微小振動の場合の解に帰着する．(5.71) を図 5-9 に示した．

ではこの単振り子の周期 T はどうであろうか．θ が 0 から θ_0 まで 1/4 周期だけ変われば，x は 0 から 1 まで変化するので

$$\sqrt{\frac{g}{l}}\frac{T}{4} = \int_0^1 \frac{\mathrm{d}\xi}{\sqrt{(1-\xi^2)(1-k^2\xi^2)}} = K(k) = K\left(\sin\frac{\theta_0}{2}\right) \tag{5.73}$$

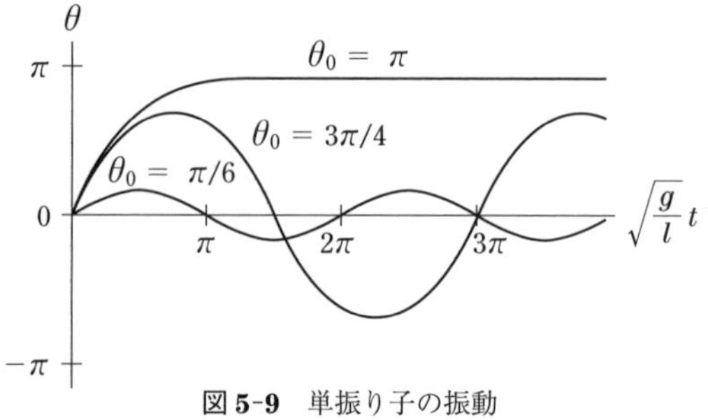

図5-9　単振り子の振動

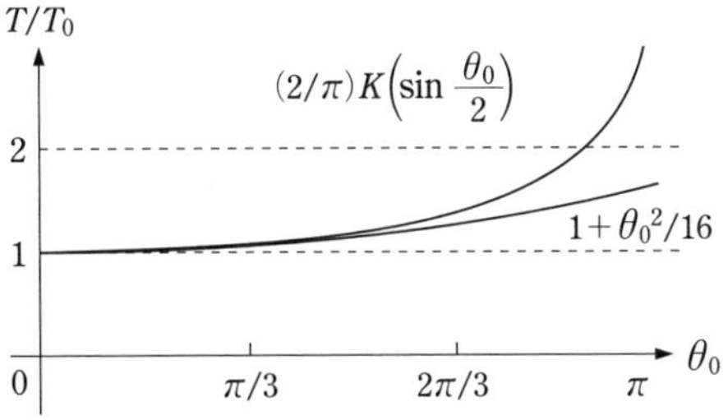

図 5-10　振幅による周期の変化

この積分を**第 1 種の完全楕円積分**という．k が小さいときの $K(k)$ の展開は

$$K(k) = \frac{\pi}{2}\left[1 + \frac{1}{16}{\theta_0}^2 + \cdots\right] \tag{5.74}$$

よって，角振幅 θ_0 の単振り子の周期 T は

$$T = 4\sqrt{\frac{l}{g}}K(k) = 4\sqrt{\frac{l}{g}}\frac{\pi}{2}\left[1 + \frac{1}{16}{\theta_0}^2 + \cdots\right] = T_0\left[1 + \frac{1}{16}{\theta_0}^2 + \cdots\right] \tag{5.75}$$

ここで，$T_0 = 2\pi\sqrt{l/g}$ は単振り子の微小振動の周期である．この式からわかるように，単振り子の周期は一般にその角振幅 θ_0 に依存し，$T \geqq T_0$ すなわち微小振動 (単振動) の周期よりも長く，$T/T_0 = 2K\left(\sin\dfrac{\theta_0}{2}\right)/\pi$ である．図 5-10 にその振る舞いを示した．

例 題　サイクロイド曲線に沿ってなめらかに拘束された質点が重力のもとで振動するとき，この運動は振幅に関係なく単振動となることを示せ．

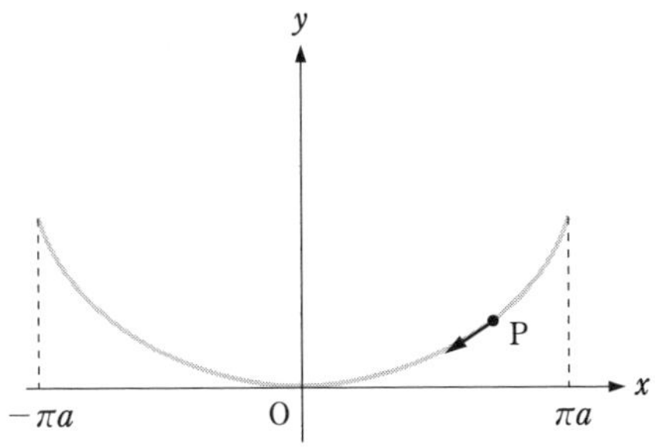

図 5-11　サイクロイド曲線に沿う単振動

解　質点の位置 $\mathrm{P}(x, y)$ は $x = a(\theta + \sin\theta)$，$y = a(1 - \cos\theta)$ と表されるので，原点 O から弧に沿った長さを s とすると，微小な長さ $\mathrm{d}s = \sqrt{(\mathrm{d}x)^2 + (\mathrm{d}y)^2} = 2a\cos(\theta/2)\,\mathrm{d}\theta$ となり，これを積分して，$s = 4a\sin(\theta/2)$．点 P での接線の傾きは $\mathrm{d}y/\mathrm{d}x = \tan(\theta/2)$ より，接線が水平線となす角は $\theta/2$．接線方向の運動方程式は，$m\,\mathrm{d}^2s/\mathrm{d}t^2 = -mg\sin(\theta/2) =$

$-mg\,(s/4a)$ で，振幅に関係なく，$\omega = \sqrt{g/4a}$ の単振動となる．

演　習　問　題

1. 上の例題で述べた振動子を実現するものが**サイクロイド振り子**である．

図 5-12 のように OA，OB はそれぞれ BC，AC と同等のサイクロイド曲線とする．サイクロイドの尖った頂点 O に振り子の一端を固定し，振り子の長さ l を弧 OA または OB の長さ $4a$ に等しくとり，振り子を 2 つの弧 OA，OB で限られた領域でひもを OA あるいは OB (縮閉線) に沿って曲がらせながら振動させるとおもりの軌跡はサイクロイド ACB (伸開線) に一致するという幾何学的性質がある．このとき振幅によらない単振動 (完全等時性) が成り立つが，そのときの周期を求めよ．

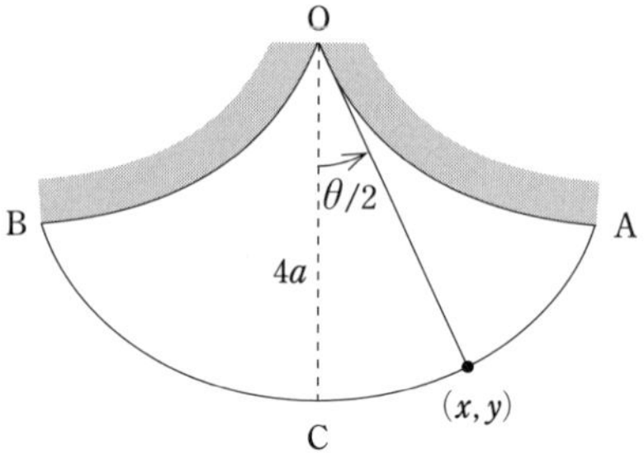

図 5-12　サイクロイド振り子

2. $2a$ だけ離れた 2 点に等しい電気量 Q の点電荷がおかれている．いま，両者を結ぶ直線上になめらかに拘束された質点 (質量 m，電荷 q) があり，両者から逆 2 乗則のクーロン斥力 kqQ/r^2 ($qQ > 0$，r はそれぞれの点電荷からの距離，k は単位系による正の定数) を受けるとき，平衡点近傍の微小振動の周期を求めよ．

3. 張力 P で 2 つの定点間に張った長さ L のひもの一端から a の距離に質点 m を取り付けたとき，ひもに垂直な方向の微小振動の周期を求めよ．また，質点を取り付ける位置をどこにとれば周期が最大となるか．ただし，重力は無視する．

4. 鉛直面内で放物線 $y = ax^2$ の上になめらかに拘束された質点の平衡点のまわりの微小振動の周期を求めよ．

5. 減衰振動 $\ddot{x} + 2\beta\dot{x} + {\omega_0}^2 x = 0$ において周期が 0.2 秒であり，20 秒後に振幅が半分になるとき，β と ω_0 を求めよ．

6. 2 原子分子において，原子間に働く力はおおよそ次のいわゆるモース・ポテンシャル (図 5-13) で与えられる．

$$U(x) = U_0(\mathrm{e}^{-2\lambda(x-a)} - 2\mathrm{e}^{-\lambda(x-a)})$$

平衡点 $x = a$ の近傍の微小振動の周期を求めよ．

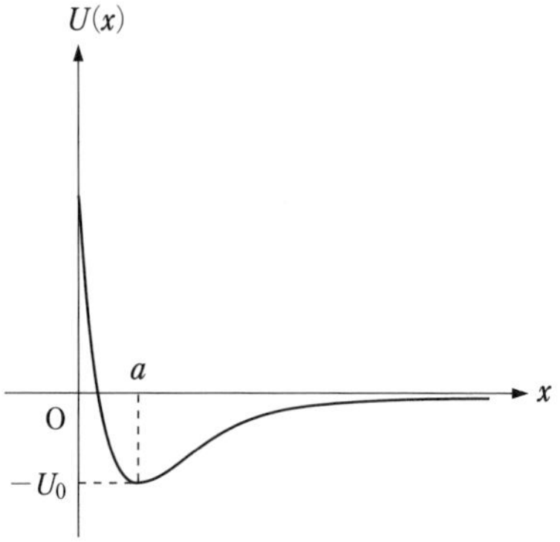

図 5-13　モース・ポテンシャル

7. 前問で $-U_0 < E < 0$ の束縛状態での一般の周期運動の x の範囲と周期 T を求めよ.

8. 単振動 $x(t) = a\cos\varphi = a\cos(\omega t + \delta)$ において，速度が瞬間に Δv だけ変化するとき，振幅 a と位相 φ は $\Delta a = -(\Delta v/\omega)\sin\varphi$，$\Delta\varphi = -(\Delta v/\omega a)\cos\varphi$ だけ変わることを示せ.

9. 2 つ以上の振動子がお互いに力を及ぼしながら行う振動を**連成振動**という．図 5-14 のように壁に取り付けられた 2 つの同等のバネ振り子 (おもりの質量 m，バネ定数 k) がバネ定数 c のバネで結ばれている．それぞれのおもりの平衡の位置からの変位を x_1，x_2 として，この系の振動を調べよ.

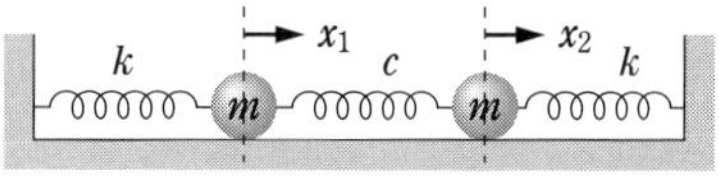

図 5-14　連成振動

10. 振動子に外力 $mf_0 \sin\Omega t$ が加わっているときの運動方程式は (5.34) で与えられる．$\omega_0 > \beta$ で十分時間がたったとき，強制力が単位時間あたりにする仕事を計算して，それが $\Omega = \omega_0$ で極大になることを示せ.

6 中心力

第 4 章の運動法則の積分形の結果を用いて，中心力のもとでの運動，特に太陽の引力による惑星の運動とクーロン力による散乱を考察しよう．

Johannes Kepler (ヨハネス・ケプラー) (1571–1630)

ティコ・ブラーエの観測結果をもとにして，惑星の運行に関する 3 つの法則を見出し，「世界の調和」という書物に著した．

§1 ケプラーの法則

惑星は天空の星座を形作る恒星と異なり，星座の間を行きつ戻りつの複雑な運動をする．宇宙の中心に地球を据え付けるプトレマイオスの天動説では，惑星の運動は 2 つの円運動 (搬送円と周転円) の組み合わせで説明された．コペルニクスの地動説では周転円は太陽のまわりの地球の円運動で説明される．

ケプラー (Johannes Kepler) は，師ティコ・ブラーエ (Tycho Brahe) の十数年に及ぶ惑星の運行についての膨大な観測結果を解析し，惑星運動に関する経験法則を次の 3 つにまとめた．

1. 惑星は太陽を 1 つの焦点とする楕円軌道を運行する．
2. 太陽から 1 つの惑星に引いた動径ベクトルは，等しい時間内に常に等しい面積を描く．(面積速度一定の法則)
3. 軌道の長半径の 3 乗は周期の 2 乗に比例する．

ニュートンはこの 3 法則から万有引力の法則に到達した．まず，第 2 法則の面積速度一定の法則を用いると，太陽から受ける力は常に動径方向，太陽の方向を向くことがわかる．すなわち，図 6-1 のように太陽を平面極座標の極とするとき，加速度

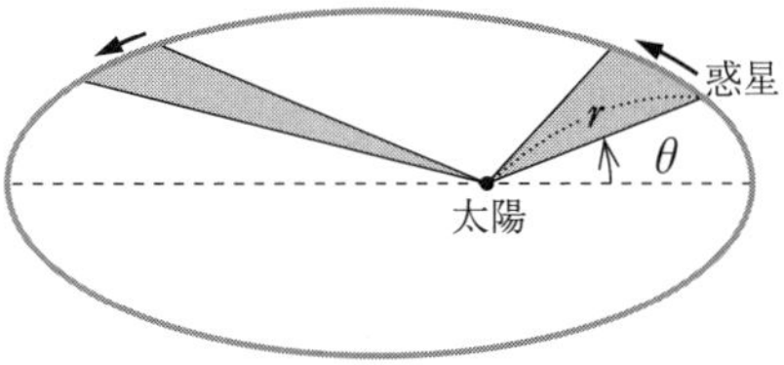

図 6-1　太陽のまわりの惑星の運動
面積速度一定の法則

$$\boldsymbol{a} = a_r\boldsymbol{e}_r + a_\theta\boldsymbol{e}_\theta$$

は第 2 章の公式 (2.53) より

$$a_r = \ddot{r} - r\dot{\theta}^2$$
$$a_\theta = r\ddot{\theta} + 2\dot{r}\dot{\theta} = \frac{1}{r}\frac{\mathrm{d}}{\mathrm{d}t}\left(r^2\frac{\mathrm{d}\theta}{\mathrm{d}t}\right) \tag{6.1}$$

面積速度は

$$\frac{1}{2}r^2\frac{\mathrm{d}\theta}{\mathrm{d}t} = \text{一定} = C \tag{6.2}$$

なので，(6.1) に代入して $a_\theta = 0$，運動方程式 $\boldsymbol{F} = m\boldsymbol{a}$ より $F_\theta = 0$ すなわち $\boldsymbol{F} \propto \boldsymbol{e}_r$．惑星の加速度は常に太陽の方向を向く．次に，ケプラーの第 1 法則から，万有引力の逆 2 乗則を導く．楕円の極座標表示は後に 2 次曲線の極座標表示で述べるように，楕円の離心率を ε，長半径の長さを a としたとき，

$$r = \frac{a(1-\varepsilon^2)}{1+\varepsilon\cos\theta} \tag{6.3}$$

と表される．ここで楕円の面積は $S = \pi ab = \pi a^2\sqrt{1-\varepsilon^2}$ で与えられる．惑星の周期を T とすれば，S は面積速度に周期を掛けて

$$S = CT = \pi a^2\sqrt{1-\varepsilon^2} \tag{6.4}$$

したがって面積速度は

$$\frac{1}{2}r^2\frac{\mathrm{d}\theta}{\mathrm{d}t} = C = \frac{\pi a^2}{T}\sqrt{1-\varepsilon^2} \tag{6.5}$$

すなわち

$$\frac{\mathrm{d}\theta}{\mathrm{d}t} = \frac{2\pi a^2}{Tr^2}\sqrt{1-\varepsilon^2} \tag{6.6}$$

(6.6) を用いて $\dot{r}$, $\ddot{r}$ は次のように表される.

$$\dot{r} = \frac{\mathrm{d}r}{\mathrm{d}\theta}\frac{\mathrm{d}\theta}{\mathrm{d}t} = -\frac{2\pi a^2\sqrt{1-\varepsilon^2}}{T}\frac{\mathrm{d}}{\mathrm{d}\theta}\left(\frac{1}{r}\right) \tag{6.7}$$

$$\begin{aligned}\ddot{r} &= \frac{\mathrm{d}}{\mathrm{d}\theta}(\dot{r})\frac{\mathrm{d}\theta}{\mathrm{d}t} = -\frac{4\pi^2a^4(1-\varepsilon^2)}{T^2r^2}\frac{\mathrm{d}^2}{\mathrm{d}\theta^2}\left(\frac{1}{r}\right)\\ &= -\frac{4\pi^2a^3}{T^2r^2}\frac{\mathrm{d}^2}{\mathrm{d}\theta^2}(1+\varepsilon\cos\theta)\\ &= \frac{4\pi^2a^3}{T^2r^2}\varepsilon\cos\theta = \frac{4\pi^2a^3}{T^2r^2}\left(\frac{a(1-\varepsilon^2)}{r}-1\right)\end{aligned} \tag{6.8}$$

$$r\dot{\theta}^2 = \frac{4\pi^2a^4(1-\varepsilon^2)}{T^2r^3} \tag{6.9}$$

動径方向の加速度は (6.8), (6.9) より

$$a_r = \ddot{r} - r\dot{\theta}^2 = -\left(\frac{4\pi^2a^3}{T^2}\right)\frac{1}{r^2} \tag{6.10}$$

となる. すなわち, 惑星の加速度は太陽までの距離の逆2乗に比例する. 次にケプラーの第3法則 $a^3 \propto T^2$ を用いると

$$\frac{4\pi^2a^3}{T^2} = k_\mathrm{s} \tag{6.11}$$

はすべての惑星に共通の定数で,

$$a_r = -\frac{k_\mathrm{s}}{r^2} \tag{6.12}$$

となり, 惑星は太陽の方向に, 太陽からの距離の逆2乗に比例する加速度を受ける. k_s は惑星にはよらない.

§2　中心力場での運動

2.1　運動方程式を直接解く方法

中心力の大きさが力の中心からの距離 r だけの関数 $F(r)$ であるとする. すなわち,

$$\boldsymbol{F} = F(r)\frac{\boldsymbol{r}}{r} \tag{6.13}$$

のとき, この力は保存力となり, ポテンシャルは $\boldsymbol{r}\cdot\mathrm{d}\boldsymbol{r} = r\,\mathrm{d}r$ に注意して

$$U(r) = \int_\mathrm{P}^\mathrm{O}\boldsymbol{F}\cdot\mathrm{d}\boldsymbol{r} = \int_r^\mathrm{O}F(r)\frac{\boldsymbol{r}\cdot\mathrm{d}\boldsymbol{r}}{r} = \int_r^\mathrm{O}F(r)\,\mathrm{d}r \tag{6.14}$$

ここで, O はポテンシャルの基準点である.

ポテンシャル $U(r)$ のもとで，質量 m の物体には動径方向に

$$F(r) = -\frac{\mathrm{d}U}{\mathrm{d}r} \tag{6.15}$$

なる力が働く．極座標 (r,θ) で運動方程式は

$$ma_r = m(\ddot{r} - r\dot{\theta}^2) = m\left\{\frac{\mathrm{d}^2 r}{\mathrm{d}t^2} - r\left(\frac{\mathrm{d}\theta}{\mathrm{d}t}\right)^2\right\} = F(r) \tag{6.16}$$

$$ma_\theta = m(r\ddot{\theta} + 2\dot{r}\dot{\theta}) = \frac{m}{r}\frac{\mathrm{d}}{\mathrm{d}t}\left(r^2\frac{\mathrm{d}\theta}{\mathrm{d}t}\right) = 0 \tag{6.17}$$

(6.17) より，角運動量保存則

$$mr^2\frac{\mathrm{d}\theta}{\mathrm{d}t} = 一定 \equiv h \tag{6.18}$$

(6.18) より

$$\frac{\mathrm{d}\theta}{\mathrm{d}t} = \frac{h}{mr^2} \tag{6.19}$$

これを，(6.16) へ代入して

$$\frac{\mathrm{d}^2 r}{\mathrm{d}t^2} - \frac{h^2}{m^2 r^3} = \frac{F(r)}{m} \tag{6.20}$$

この微分方程式を解けば，r が t の関数として求まる．それを (6.19) へ代入して解けば，θ も t の関数として求まって問題が解けることになる．まず，軌道の形を調べよう．このためには，r を θ の関数として求めよう．微分演算は

$$\frac{\mathrm{d}}{\mathrm{d}t} = \frac{\mathrm{d}\theta}{\mathrm{d}t}\frac{\mathrm{d}}{\mathrm{d}\theta} = \frac{h}{mr^2}\frac{\mathrm{d}}{\mathrm{d}\theta} \tag{6.21}$$

であるので，(6.20) へ代入して

$$\frac{h}{mr^2}\frac{\mathrm{d}}{\mathrm{d}\theta}\left(\frac{h}{mr^2}\frac{\mathrm{d}r}{\mathrm{d}\theta}\right) - \frac{h^2}{m^2 r^3} = \frac{F(r)}{m} \tag{6.22}$$

$\dfrac{1}{r} = u$ 　とおくと

$$\frac{1}{r^2}\frac{\mathrm{d}r}{\mathrm{d}\theta} = -\frac{\mathrm{d}u}{\mathrm{d}\theta} \tag{6.23}$$

(6.23) を (6.22) に代入し

$$\frac{\mathrm{d}^2 u}{\mathrm{d}\theta^2} + u = -\frac{mF(1/u)}{h^2 u^2} \tag{6.24}$$

逆 2 乗則 $F(r) = k/r^2$ のとき，$F(1/u) = ku^2$ なので

$$\frac{\mathrm{d}^2 u}{\mathrm{d}\theta^2} + u = -\frac{km}{h^2} \tag{6.25}$$

すなわち　$\widetilde{u} = u + \dfrac{km}{h^2}$　とおくと　$\dfrac{\mathrm{d}^2\widetilde{u}}{\mathrm{d}\theta^2} + \widetilde{u} = 0$　(6.26)

この解は　$\widetilde{u} = A\cos(\theta + \delta)$　と求まるので，結局　(6.27)

$$\frac{1}{r} = A\cos(\theta+\delta) - \frac{km}{h^2} \tag{6.28}$$

問題　上式は万有引力の場合：$k = -GmM$ 楕円軌道を表すことを示せ．

2.2　エネルギー保存則を用いる解法—有効ポテンシャル—

エネルギー保存則を書き下すと

$$\frac{m}{2}\boldsymbol{v}^2 + U(r) = \frac{m}{2}({v_r}^2 + {v_\theta}^2) + U(r) = \frac{m}{2}(\dot{r}^2 + r^2\dot{\theta}^2) + U(r) = E \tag{6.29}$$

図6-2のように平面極座標で速度は $\boldsymbol{v} = (v_r, v_\theta)$, $v_r = \dot{r}$, $v_\theta = r\dot{\theta}$ となることを用いた．

角運動量保存則 (6.18) $mr^2\dot{\theta} = h$ を用いて，$\dot{\theta}$ を消去して

$$\frac{m}{2}\dot{r}^2 + \frac{h^2}{2mr^2} + U(r) = E \tag{6.30}$$

を得る．ここで図6-3に示すように

$$U_{\mathrm{eff}}(r) = U(r) + \frac{h^2}{2mr^2} \tag{6.31}$$

とおけば，エネルギー保存則は

$$\frac{m}{2}\dot{r}^2 + U_{\mathrm{eff}}(r) = E \tag{6.32}$$

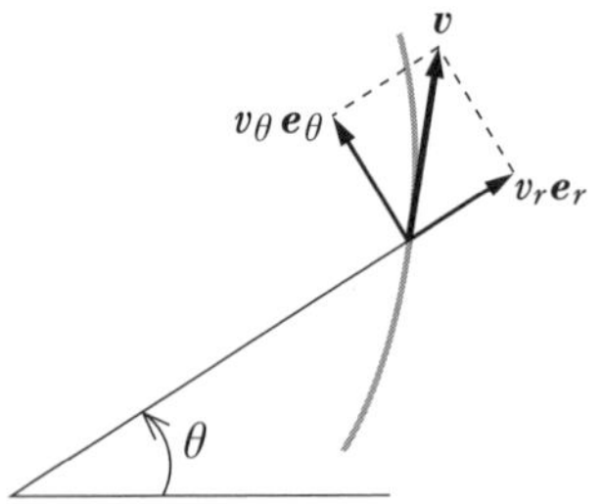

図6-2　平面極座標での速度成分

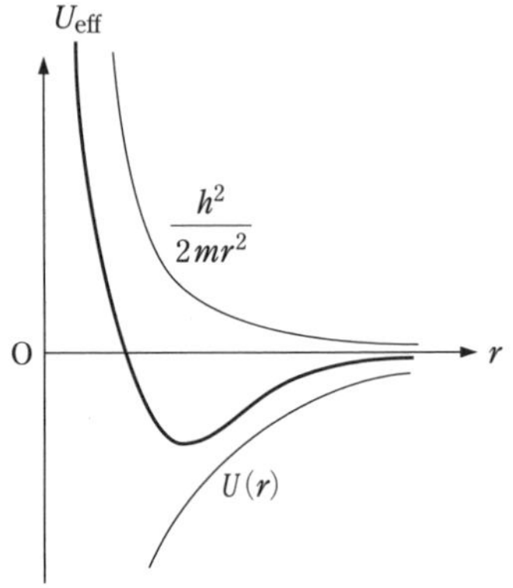

図6-3　有効ポテンシャル

となり，動径方向の 1 次元の問題に還元される．$U_{\mathrm{eff}}(r)$ を**有効ポテンシャル** (effective potential) という．また，付加項 $\dfrac{h^2}{2mr^2}$ は**遠心力のポテンシャル**と呼ばれる．というのは，

$$-\frac{\mathrm{d}}{\mathrm{d}r}\left(\frac{h^2}{2mr^2}\right) = \frac{h^2}{mr^3} = mr\dot{\theta}^2 \tag{6.33}$$

が遠心力を与えるからである．

§3　太陽の引力による惑星の運動

3.1　重心運動と相対運動への分離

2 体問題の一般的扱いは**質量中心 (重心)** の運動と**相対運動**への分離である．太陽の質量を M，位置ベクトルを $\boldsymbol{r}_2$，惑星の質量を m，位置ベクトルを $\boldsymbol{r}_1$ とするとき，それぞれに対する運動方程式は

$$m\frac{\mathrm{d}^2\boldsymbol{r}_1}{\mathrm{d}t^2} = \boldsymbol{F} \quad \text{：惑星が太陽から受ける力} \tag{6.34}$$

$$M\frac{\mathrm{d}^2\boldsymbol{r}_2}{\mathrm{d}t^2} = -\boldsymbol{F} \quad \text{：太陽が惑星から受ける力} \tag{6.35}$$

上の 2 つの式を辺々加え合わせて

$$\frac{\mathrm{d}^2}{\mathrm{d}t^2}(m\boldsymbol{r}_1 + M\boldsymbol{r}_2) = 0 \tag{6.36}$$

よって，図 6-4 のように，太陽と惑星を合わせた系の質量中心 (重心) の位置ベクトル

$$\boldsymbol{r}_{\mathrm{c}} = \frac{m\boldsymbol{r}_1 + M\boldsymbol{r}_2}{m+M} \tag{6.37}$$

は，等速度運動する：$\dfrac{\mathrm{d}^2\boldsymbol{r}_{\mathrm{c}}}{\mathrm{d}t^2} = 0$．また，$\boldsymbol{r}_1 - \boldsymbol{r}_2 = \boldsymbol{r}$ を**相対位置ベクトル**と

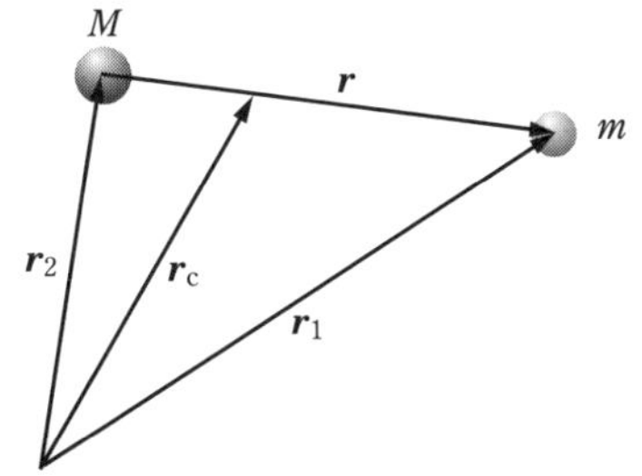

図 **6-4**　質量中心(重心)の位置ベクトル

いい，

$$\frac{mM}{m+M}\frac{\mathrm{d}^2\boldsymbol{r}}{\mathrm{d}t^2}=\boldsymbol{F} \tag{6.38}$$

を満たす．ここで，**換算質量** (reduced mass) μ を

$$\mu=\frac{mM}{m+M}\quad \text{または}\quad \frac{1}{\mu}=\frac{1}{m}+\frac{1}{M} \tag{6.39}$$

で定義する．すなわち，相対位置ベクトルは

$$\mu\frac{\mathrm{d}^2\boldsymbol{r}}{\mathrm{d}t^2}=\boldsymbol{F} \tag{6.40}$$

を満足する．すなわち太陽自身が運動することを考える場合は，静止していると考えた場合の式で m を μ で置き換えればよいことを意味する．

実際には，地球と太陽の質量の比は $m/M\sim 3\times 10^{-6}$ で，質量中心は太陽の中心のすぐ近くにあり，$\mu\approx m$ としてよい．

3.2　惑星の軌道

エネルギー保存則から

$$\frac{m}{2}\dot{r}^2+\frac{h^2}{2mr^2}-G\frac{Mm}{r}=E \tag{6.41}$$

(6.21) から導かれる $\dot{r}=\dfrac{h}{mr^2}\dfrac{\mathrm{d}r}{\mathrm{d}\theta}$ を代入し，また $\dfrac{1}{r}=u$ を用いると

$$\left(\frac{\mathrm{d}u}{\mathrm{d}\theta}\right)^2+u^2-\frac{2GMm^2}{h^2}u=\frac{2mE}{h^2} \tag{6.42}$$

となる．これより

$$\frac{\mathrm{d}u}{\pm\sqrt{\dfrac{2mE}{h^2}+\dfrac{G^2M^2m^4}{h^4}-\left(u-\dfrac{GMm^2}{h^2}\right)^2}}=\mathrm{d}\theta \tag{6.43}$$

ここで両辺を積分し，不定積分の公式

$$\int\frac{\mathrm{d}x}{\sqrt{a^2-x^2}}=-\cos^{-1}\frac{x}{a}+C\quad (C：\text{積分定数}) \tag{6.44}$$

を用いると

$$\mp\cos^{-1}\frac{u-\dfrac{GMm^2}{h^2}}{\sqrt{\dfrac{2mE}{h^2}+\dfrac{G^2M^2m^4}{h^4}}}=\theta \tag{6.45}$$

ただしここで，積分定数が0になるように角度の原点を選んだ．上式の両辺の cos をとると，

$$u - \frac{GMm^2}{h^2} = \sqrt{\frac{2mE}{h^2} + \frac{G^2M^2m^4}{h^4}} \cos\theta \tag{6.46}$$

r に直して，

$$r = \frac{\dfrac{h^2}{GMm^2}}{1 + \sqrt{1 + \dfrac{2Eh^2}{G^2M^2m^3}} \cos\theta} \tag{6.47}$$

半直弦 l，**離心率** ε を次式で定義すると，

$$\frac{h^2}{GMm^2} = l, \quad \sqrt{1 + \frac{2Eh^2}{G^2M^2m^3}} = \varepsilon \tag{6.48}$$

軌道の方程式は

$$r = \frac{l}{1 + \varepsilon \cos\theta} \tag{6.49}$$

この式は一般に円錐曲線を表し，ε の値に応じて，**楕円**，**双曲線**，**放物線**となる．

(i)　$E < 0$ のとき，(6.48) より $\varepsilon < 1$ となり，図のように軌道は F, F′ を焦点とする**楕円** (ellipse) となる．太陽は一方の焦点 (図 6-5(a) では F) の位置にあり，ケプラーの第 1 法則「惑星は太陽を 1 つの焦点とする楕円軌道を動く」が導かれる．図 6-5(b) のように，動径座標 r は最小値 r_{min} と最大値 r_{max} の間を往復する．このとき，楕円の半直弦 l および離心率

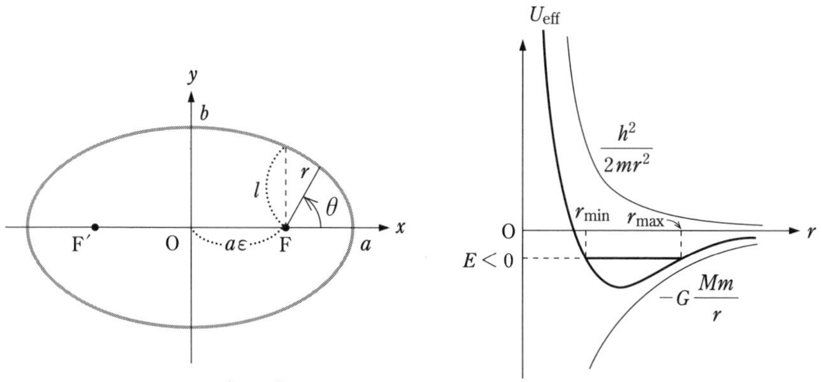

(a) 楕円軌道 $\frac{x^2}{a^2} + \frac{y^2}{b^2} = 1$　　(b) 有効ポテンシャルと r_{max}，r_{min}

図 6-5　惑星の軌道

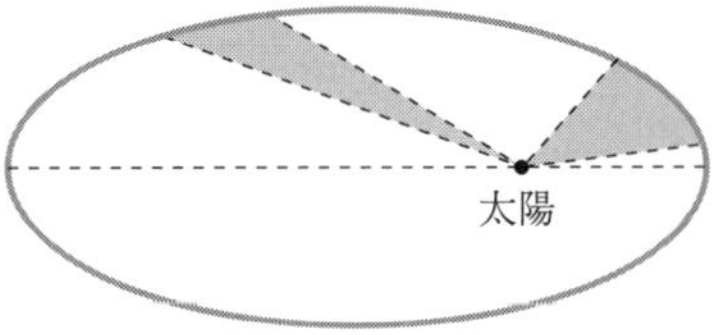

図 6-6　近日点および遠日点

ε は，太陽から近日点までの距離 $r_{\min}$ および遠日点までの距離 $r_{\max}$ (図 6-5(b)) と

$$r_{\min} = \frac{l}{1+\varepsilon}, \qquad r_{\max} = \frac{l}{1-\varepsilon} \tag{6.50}$$

の関係にある．また**長半径**，**短半径**をそれぞれ a, b とすると

$$a = \frac{l}{1-\varepsilon^2}, \quad b^2 = al \tag{6.51}$$

であり，上の式を用いると

$$a = -\frac{GMm}{2E}, \quad b^2 = -\frac{h^2}{2Em} \tag{6.52}$$

が見出される．中心力のもとで面積速度は保存し (ケプラーの第 2 法則，図 6-6 参照)，その値は $\dfrac{1}{2}r^2\dot{\theta} = \dfrac{h}{2m}$ で与えられる．

惑星が太陽のまわりを 1 周する間に，太陽と惑星を結ぶ動径は楕円の全面積 πab を描く．すなわち，全面積は周期 T に面積速度を乗じた値に等しいから，

$$T = \frac{\pi ab}{h/2m}$$

また，(6.52) より E を消去して得た式 $b = \dfrac{h/m}{\sqrt{GM}}a^{1/2}$ を T の式に代入すると

$$T = \frac{2\pi a^{3/2}}{\sqrt{GM}} \tag{6.53}$$

となり，「軌道の長半径の 3 乗は周期の 2 乗に比例する」というケプラーの第 3 法則が成り立つ．

問題　理科年表を参照して，ケプラーの第 3 法則を確かめよ．

特別な場合として，$\varepsilon = 0$ のときすなわち $a = b$ の場合は円軌道に対応す

る．このときのエネルギーは $E=-G^2M^2m^3/2h^2$ であり，図 6-5(b) に示された U_{eff} の最小値である．

(ii)　$\varepsilon>1$ すなわち $E>0$ のとき，**双曲線** (hyperbola) 軌道が得られる．これは無限の遠方から飛来した天体が太陽に接近し，近日点を過ぎてまた無限の遠方に飛び去っていく運動に対応している．図 6-7 のように，x 軸と $t\to+\infty$ の漸近線がなす角度を θ_0 とするとき，$1+\varepsilon\cos\theta_0=0$ すなわち，$\cos\theta_0=-1/\varepsilon$ で $r=\infty$ となる．また x 軸と $t\to-\infty$ の漸近線がなす角度を φ とすれば，$\theta_0=\pi-\varphi$, $\cos\varphi=-\cos\theta_0=1/\varepsilon$．このときの**方向角**の変化は $(\pi-\varphi)-\varphi=\pi-2\varphi$ で

$$\tan\varphi=\sqrt{\frac{1}{\cos^2\varphi}-1}=\sqrt{\varepsilon^2-1}=\sqrt{\frac{2Eh^2}{G^2M^2m^3}} \tag{6.54}$$

無限遠 $r=\infty$ での速度を v_∞，太陽から漸近線に下ろした垂線の長さを s とすると，

$$h=mv_\infty s \tag{6.55}$$

である．s を**衝突パラメータ** (impact parameter) という．$r=\infty$ では位置エネルギーが 0 となるので，$E=m{v_\infty}^2/2$ より，

$$\tan\varphi=\frac{s{v_\infty}^2}{GM} \tag{6.56}$$

と表される．

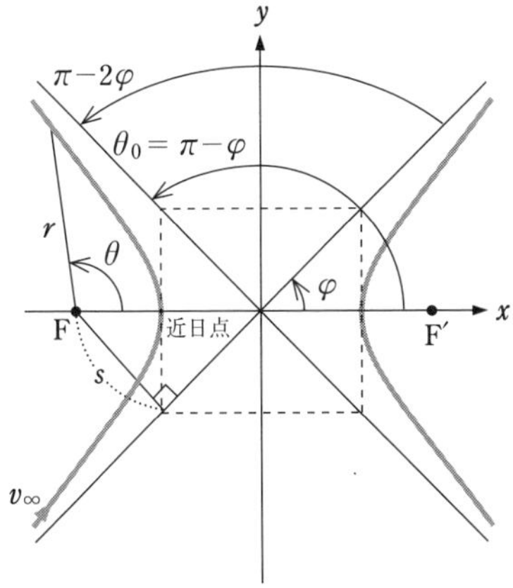

図 6-7　天体の双曲線軌道

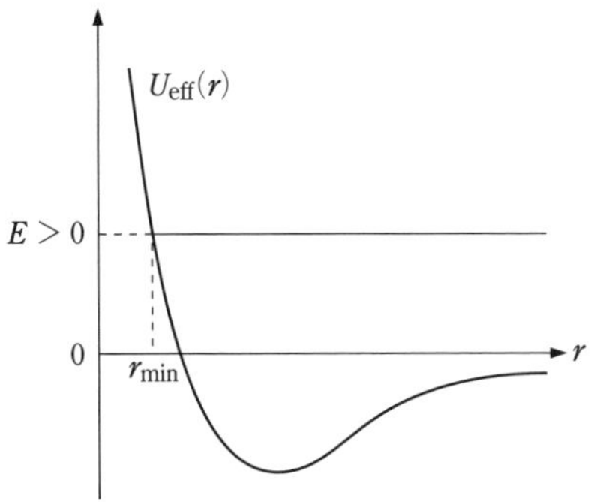

図 6-8　有効ポテンシャルと双曲線軌道

(iii)　最後に $\varepsilon = 1$ すなわち $E = 0$ のとき，**放物線** (parabola) 軌道が得られる．この場合，$r = \infty$ で $\theta = \pm\pi$ になる．

2 次曲線の極座標表示

楕円，双曲線，放物線を総称して，円錐曲線と呼ぶ．これは，円錐を平面で切ると，切り方によって，楕円 (円を含む)，放物線，双曲線などの曲線が切り口に現れることによる．紀元前 3 世紀ごろ，アポロニウスによって円錐曲線論が展開された．

楕円は 2 つの定点からの距離の和が一定の曲線として定義される．また，**双曲線**は 2 つの定点からの距離の差が一定の曲線として定義される．さらに，**放**

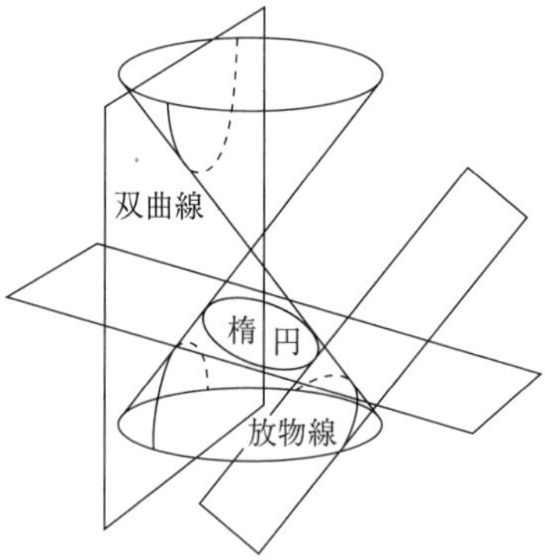

図 6-9　円錐曲線

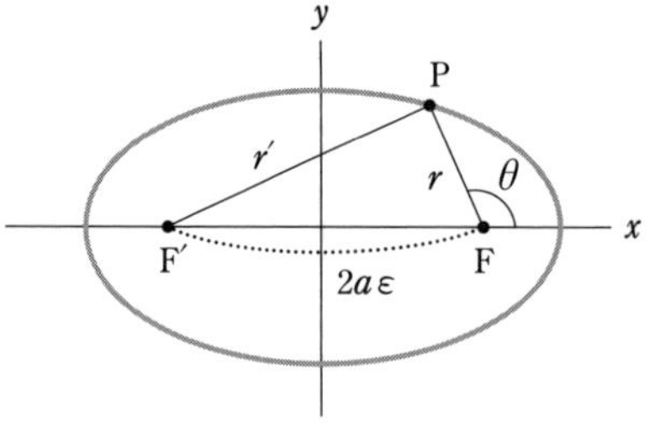

図 6-10　楕円

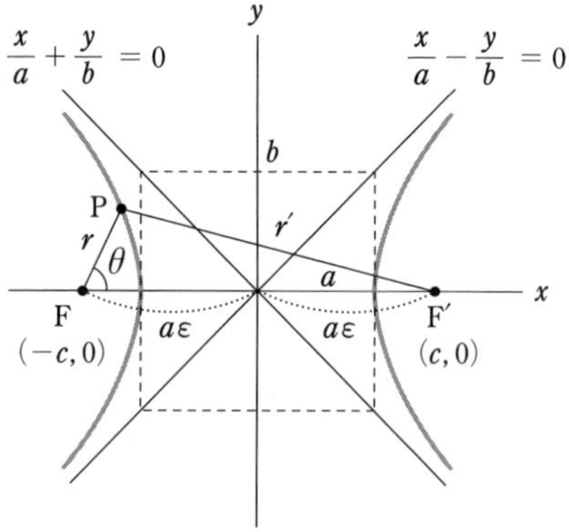

図 6-11　双曲線

物線は 1 本の直線とその上にない 1 つの定点からの距離が等しい点の集まりとして定義される．いずれもこれらの定点のことを**焦点**という．

まず楕円の場合の極座標表示を求める．FP を r, F′P を r' とすると，$r+r' =$ 一定 $\equiv 2a$．$\mathrm{FF'} = 2a\varepsilon\ (0 < \varepsilon < 1)$．FF′ の延長線と FP がなす角度を θ とし，三角形 FPF′ に余弦定理を適用すると

$$r'^2 = r^2 + (2a\varepsilon)^2 + 2r \cdot 2a\varepsilon\cos\theta \tag{6.57}$$

一方，$r' = 2a - r$ の両辺を 2 乗して

$$r'^2 = 4a^2 - 4ar + r^2 \tag{6.58}$$

r' を消去して

$$4a^2(1-\varepsilon^2) = 4ar(1+\varepsilon\cos\theta) \tag{6.59}$$

すなわち

$$r = \frac{a(1-\varepsilon^2)}{1+\varepsilon\cos\theta} = \frac{l}{1+\varepsilon\cos\theta} \tag{6.60}$$

を得る．また，$a\varepsilon = c$ として $a^2 - c^2 = b^2$ とおくと直角座標では

$$\sqrt{(x-c)^2+y^2} + \sqrt{(x+c)^2+y^2} = 2a \tag{6.61}$$

これより楕円の標準形の式

$$\frac{x^2}{a^2} + \frac{y^2}{b^2} = 1 \tag{6.62}$$

が導かれる．a を長半径，b を短半径と呼ぶ．

双曲線のときは，焦点 $\mathrm{F}(-c, 0)$ および $\mathrm{F'}(c, 0)$ で $c = a\varepsilon\ (\varepsilon > 1)$．FP を r, F′P を r' とすると $r' - r =$ 一定 $\equiv 2a$．三角形 FPF′ に余弦定理を適用し，r' を消去すれば，

$$r = \frac{a(\varepsilon^2-1)}{1+\varepsilon\cos\theta} = \frac{l}{1+\varepsilon\cos\theta} \tag{6.63}$$

が得られる．$c^2 - a^2 = b^2$ を導入すれば直角座標での双曲線の標準形は

$$\frac{x^2}{a^2} - \frac{y^2}{b^2} = 1 \tag{6.64}$$

で，漸近線は

$$\frac{x}{a} \pm \frac{y}{b} = 0 \tag{6.65}$$

となる．

放物線は定点 $\mathrm{F}(-p,0)$ と定直線 $x=p$ からの距離が等しい点の軌跡で

$$r=\frac{l}{1+\cos\theta},\quad y^2=-4px,\quad l=2p \tag{6.66}$$

となる.

話 題：暦と地球の軌道

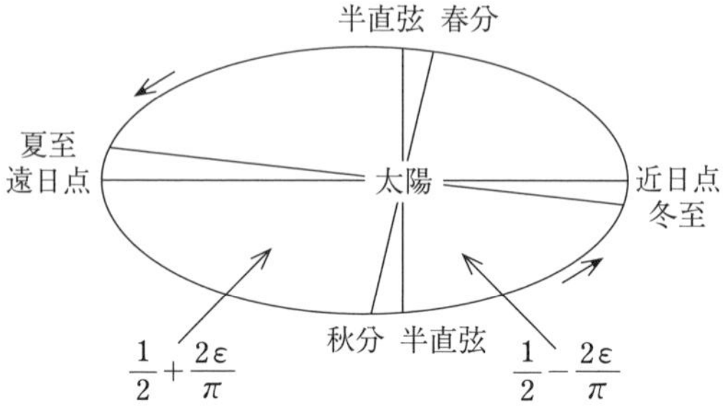

図 6-a

太陽のまわりを運行する地球の軌道が楕円軌道であるのは，春分から秋分までの日数と，秋分から春分までの日数の違いに現れている．2022 年から 2023 年にかけての，1 年間の暦では

2022 年	春分の日	3 月 21 日
2022 年	秋分の日	9 月 23 日
2023 年	春分の日	3 月 21 日

これより，春分→秋分は 186 日，秋分→春分は 179 日である (年によって異なりその前の年は 187 日と 179 日)．この違いは地球の軌道が楕円軌道であることによる．またこの日数の比から離心率の大まかな値も求まる．図 6-a のように，上記の期間中，冬至 (12 月 22 日) は近日点 (1 月 5 日) に近く，夏至 (6 月 21 日) は遠日点 (7 月 4 日) に近い．いずれもその間隔は 13 日ないし 14 日である．そこで大まかにいって，春分→秋分までに掃過される面積と，秋分→春分までのそれとの比は，半直弦によって，楕円が切り取られる左右の面積の比すなわち

$$\frac{\dfrac{1}{2}+\dfrac{2\varepsilon}{\pi}}{\dfrac{1}{2}-\dfrac{2\varepsilon}{\pi}}=1.0433\cdots \tag{6.67}$$

(第 6 章演習問題問 2 参照) に近いとみなせる (春分点と秋分点を結ぶ直線が太陽を通ることの証明は，勝木渥著「物理が好きになる本」(共立出版) を参照のこと．)

面積速度一定の法則より，これは日数の比に等しく，実際上で求めた値：186 日/179 日 $=1.0391\cdots$ にほぼ等しい！

ケプラーの法則はどの程度よく成り立っているか？
(理科年表で調べると)

惑星	英語名	a	T	ε	a^3/T^2
水星	Mercury	0.3871	0.2409	0.2056	0.99953
金星	Venus	0.7233	0.6152	0.0068	0.999822
地球	Earth	1.0000	1.0000	0.0167	1.000000
火星	Mars	1.5237	1.8809	0.0934	0.999924
木星	Jupiter	5.2026	11.862	0.0485	1.000796
土星	Saturn	9.5549	29.458	0.0555	1.005245
天王星	Uranus	19.2184	84.022	0.0463	1.005462
海王星	Neptune	30.1104	164.774	0.0090	1.005477
冥王星 *)	Pluto	39.5404	247.796	0.2490	1.00678

*) 2006 年に開催された国際天文学連合総会で「惑星 (planet)」から「準惑星 (dwarf planet)」に分類し直された.

3.3　惑星の位置の時間的変化

前節 3.2 の軌道の方程式は $r = r(\theta)$ すなわち r を θ の関数とした関係式であった．こんどは $r = r(t)$ という関係を見よう．まず，エネルギー保存則

$$\frac{1}{2}m\dot{r}^2 + U_{\text{eff}}(r) = E \tag{6.68}$$

より

$$\frac{\mathrm{d}r}{\mathrm{d}t} = \pm\sqrt{\frac{2}{m}\left(E - U_{\text{eff}}(r)\right)} \tag{6.69}$$

この微分方程式を解くにあたって，運動が可能な領域を考えると，

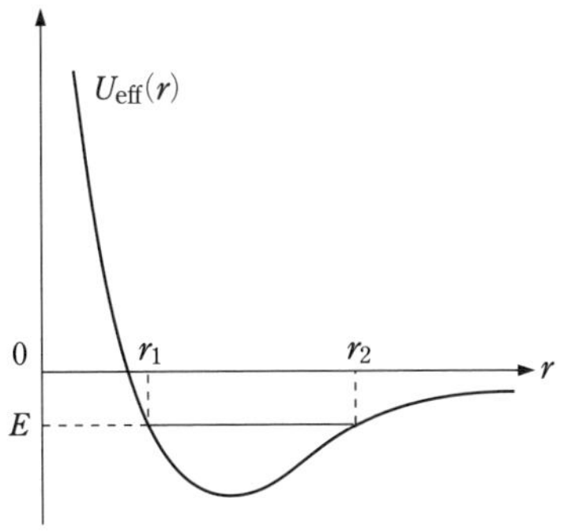

図 6-12　惑星の運動可能領域

$$E - U_{\text{eff}} \geqq 0 \tag{6.70}$$

が満たされる領域で，図 6-12 に示されるように

$$r_1 \leqq r \leqq r_2 \tag{6.71}$$

となる.

ここで

$$r_1 = r_{\min} = \frac{l}{1+\varepsilon} = a(1-\varepsilon)$$

$$r_2 = r_{\max} = \frac{l}{1-\varepsilon} = a(1+\varepsilon)$$

だから

$$2(E - U_{\mathrm{eff}}(r)) = \frac{(-2E)(r-r_1)(r_2-r)}{r^2} \tag{6.72}$$

となるので，微分方程式に代入して

$$\mathrm{d}t = \frac{\pm 1}{\sqrt{-2E/m}} \frac{r\,\mathrm{d}r}{\sqrt{(r-r_1)(r_2-r)}} \tag{6.73}$$

図6-13のように，楕円の媒介変数表示 $x = a\cos\alpha$, $y = b\sin\alpha$ を用いると，

$$\begin{aligned} r^2 &= (a\cos\alpha - a\varepsilon)^2 + (b\sin\alpha)^2 \\ &= (a^2-b^2)\cos^2\alpha + b^2 - 2a^2\varepsilon\cos\alpha + a^2\varepsilon^2 \end{aligned}$$

となり，$b^2 = a^2(1-\varepsilon^2)$ に注意すれば $r = a(1-\varepsilon\cos\alpha)$ と書ける．よって

$$\mathrm{d}t = \pm\sqrt{-\frac{m}{2E}}\,a(1-\varepsilon\cos\alpha)\,\mathrm{d}\alpha \tag{6.74}$$

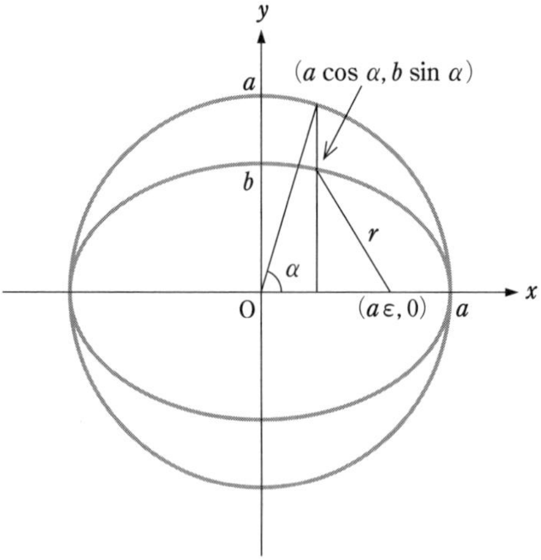

図6-13　楕円軌道の媒介変数表示

両辺の積分を実行して

$$t = \sqrt{-\frac{m}{2E}}a(\alpha - \varepsilon \sin \alpha) \tag{6.75}$$

θ すなわち α が 0 から π まで変わるのは，周期 T の半分の時間なので

$$\frac{T}{2} = \pi \sqrt{-\frac{m}{2E}}a \tag{6.76}$$

平均の角速度 $\omega = 2\pi/T = \sqrt{-2E/m}/a$ を用いると

$$\omega t = \alpha - \varepsilon \sin \alpha \tag{6.77}$$

が導かれる．これを**ケプラーの方程式**という．惑星の軌道の離心率 ε が十分小さいとき，$\alpha \simeq \omega t$ と書けるので軌道の動径 r の時間的変化は近似的に

$$r = a(1 - \varepsilon \cos \omega t) \tag{6.78}$$

で与えられる．実際，$t = 0$ で $r = a(1 - \varepsilon)$ で近日点，$t = T/4$ で $r = a$ で $(0, b)$ を通り，さらに $t = T/2$ では $r = a(1 + \varepsilon)$ となり，遠日点に一致する．

話 題：ニュートンの法則と惑星の発見

1781 年にハーシェルによって発見された天王星はその後の長年にわたる観測でニュートンの法則から予想される軌道を辿っていないことが明らかになった．ある学者は太陽から遠く離れたところではニュートンの運動法則が適用できなくなるのではないかと考えた．しかし一方，フランスの天文学者ルヴェリエは未知の惑星が存在することを仮定すれば，その摂動によって天王星の軌道がニュートン力学から説明できることを示した．実はルヴェリエとは独立にイギリスのアダムズも新しい惑星を予言していた．1846 年，ガレ (J.Galle) によってルヴェリエの予想した場所に海王星が発見された．これはある意味でニュートン力学の輝かしい成果である．ルヴェリエは水星の近日点移動も「ヴァルカン」と呼ばれる新たな惑星によって説明できるのではと考えた．しかし残念ながらこれは正しくなく，その後アインシュタインの一般相対性理論によって初めて説明されることになる．

3.4 もうひとつの保存量—Laplace-Runge-Lenz ベクトル—

万有引力や以下に述べるクーロン力のように，逆 2 乗則に従う中心力にはエネルギー保存則と角運動量保存則の他に，もうひとつの保存量がある．この逆 2 乗則の力のポテンシャルを $-\dfrac{mk_{\mathrm{s}}}{r}$ と書くことにする ($k_{\mathrm{s}} = GM$：万有引力，

$k_\mathrm{s} = e^2/m$：水素原子のクーロン力，m：中心力のもとで運動する物体の質量).

このとき，次式で定義されるベクトル $\boldsymbol{M}$ を導入する．

$$\boldsymbol{M} = \frac{\boldsymbol{p} \times \boldsymbol{L}}{m} - \frac{mk_\mathrm{s}}{r}\boldsymbol{r} \tag{6.79}$$

このベクトルの時間微分を計算すると，

$$\frac{\mathrm{d}\boldsymbol{M}}{\mathrm{d}t} = \frac{1}{m}\frac{\mathrm{d}\boldsymbol{p}}{\mathrm{d}t} \times \boldsymbol{L} - mk_\mathrm{s}\frac{\mathrm{d}}{\mathrm{d}t}\left(\frac{\boldsymbol{r}}{r}\right) \tag{6.80}$$

ここで，運動方程式

$$\frac{\mathrm{d}\boldsymbol{p}}{\mathrm{d}t} = -\frac{mk_\mathrm{s}}{r^2}\frac{\boldsymbol{r}}{r} \tag{6.81}$$

と

$$\frac{\mathrm{d}}{\mathrm{d}t}\left(\frac{\boldsymbol{r}}{r}\right) = \frac{1}{r}\frac{\mathrm{d}\boldsymbol{r}}{\mathrm{d}t} - \frac{\boldsymbol{r}}{r^2}\frac{\mathrm{d}r}{\mathrm{d}t} = \frac{1}{r^3}(r^2\boldsymbol{v} - r\boldsymbol{r}v_r) \tag{6.82}$$

$$\boldsymbol{r} \times \boldsymbol{L} = \boldsymbol{r} \times (\boldsymbol{r} \times \boldsymbol{p}) = (\boldsymbol{r} \cdot \boldsymbol{p})\boldsymbol{r} - \boldsymbol{r}^2\boldsymbol{p} = m(v_r r\boldsymbol{r} - r^2\boldsymbol{v}) \tag{6.83}$$

すなわち

$$\frac{\mathrm{d}}{\mathrm{d}t}\left(\frac{\boldsymbol{r}}{r}\right) = -\frac{1}{mr^3}\boldsymbol{r} \times \boldsymbol{L} \tag{6.84}$$

が成り立つ．(6.80) に (6.81), (6.84) を代入すると

$$\frac{\mathrm{d}\boldsymbol{M}}{\mathrm{d}t} = -\frac{k_\mathrm{s}}{r^2}\frac{\boldsymbol{r} \times \boldsymbol{L}}{r} - mk_\mathrm{s}\left(-\frac{1}{mr^3}\boldsymbol{r} \times \boldsymbol{L}\right) = 0$$

すなわち

$$\boldsymbol{M} = \text{一定} \tag{6.85}$$

で，$\boldsymbol{M}$ は保存するベクトルとなる．このベクトルを**ラプラス-ルンゲ-レンツ・ベクトル** (Laplace-Runge-Lenz vector) といい，このような保存するベクトルの存在は，逆2乗則の力に特徴的な対称性を示している．

太陽のまわりの惑星の運動を考えると，楕円軌道の中心Oから焦点Fに向かうベクトル $\overrightarrow{\mathrm{OF}}$ を $a\boldsymbol{\varepsilon}$ と書くことにすると (図6-14(a))，

$$\boldsymbol{\varepsilon} = \frac{1}{mk_\mathrm{s}}\boldsymbol{M} = \frac{\boldsymbol{p} \times \boldsymbol{L}}{m^2 k_\mathrm{s}} - \frac{\boldsymbol{r}}{r}, \quad |\boldsymbol{\varepsilon}| = \varepsilon \quad \text{離心率} \tag{6.86}$$

このベクトル $\boldsymbol{\varepsilon}$ を**離心率ベクトル**という．この $\boldsymbol{\varepsilon}$ が $\boldsymbol{M}$ に比例するということは，離心率ベクトルも保存することになり，楕円軌道の長軸の向きが時間的に一定であることを示している．また，このことから逆2乗則のもとでは，軌道が閉じることになる．

問題 (6.79) で $\boldsymbol{M}^2$ を計算して，$(mk_\mathrm{s}\varepsilon)^2$ に等しいことを確かめよ．すなわち，

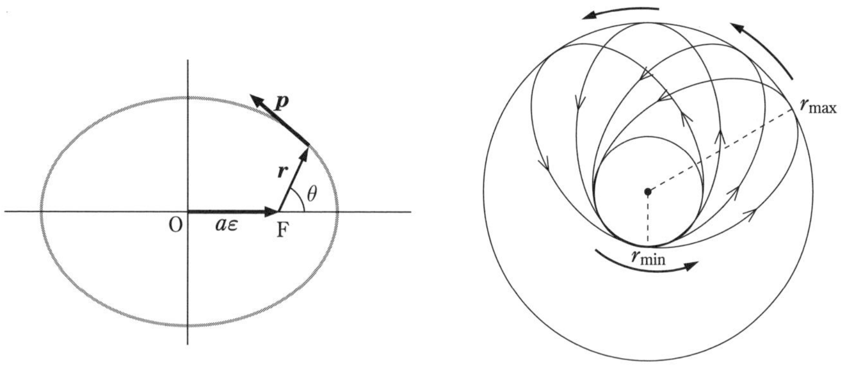

(a) 離心率ベクトル　　(b) 閉じない軌道

図 6-14

$|\boldsymbol{M}| = mk_\mathrm{s}\varepsilon$ を示せ．（ヒント：$(\boldsymbol{p}\times\boldsymbol{L})\cdot(\boldsymbol{p}\times\boldsymbol{L}) = \boldsymbol{L}^2\boldsymbol{p}^2$，$(\boldsymbol{p}\times\boldsymbol{L})\cdot\boldsymbol{r} = \boldsymbol{L}^2$ となることに注意せよ．）

例 題　離心率ベクトルの式 (6.86) より軌道の方程式を導け．

解　(6.86) の両辺と位置ベクトル $\boldsymbol{r}$ のスカラー積をとると，

$$\boldsymbol{\varepsilon}\cdot\boldsymbol{r} = \frac{\boldsymbol{p}\times\boldsymbol{L}}{m^2k_\mathrm{s}}\cdot\boldsymbol{r} - \frac{\boldsymbol{r}}{r}\cdot\boldsymbol{r}$$

が得られる．ここで $\boldsymbol{\varepsilon}\cdot\boldsymbol{r} = \varepsilon r\cos\theta$，$(\boldsymbol{p}\times\boldsymbol{L})\cdot\boldsymbol{r} = (\boldsymbol{r}\times\boldsymbol{p})\cdot\boldsymbol{L} = \boldsymbol{L}^2 = h^2$ であることに注意すると

$$r = \frac{h^2/m^2k_\mathrm{s}}{1+\varepsilon\cos\theta} \tag{6.87}$$

が導かれる．

一方，$F(r) = -kr^{n-1}$ $(k>0)$ で $n=-1,2$ 以外は動径方向の 1 周期で軌道が閉じないことが知られている．すなわち，図 6-14(b) のように運動は動径方向には r_min と r_max の間で行われるが，ある r_min の点から出発して r_max に到達し，また r_min に帰ってきても，元の出発点には戻らない．すなわち軌道は閉じず近日点が移動することがわかる．

話 題：惑星グランド・ツアー計画 (Planetary Grand Tour)

1970 年代に，木星より外側の惑星（これを外惑星という），すなわち木星，土星，天王星，海王星を惑星探査船「ボイジャー」で無人探査したのが NASA の「**惑星グランド・ツアー計画**」である．これは 176 年に 1 回，木星，土星，天王星，海王星が，地球から見てほぼ同じ方向に並ぶ，いわゆる**惑星直列**が起きる

が，1970 年代にそのチャンスが巡ってきたためである．地球から探査船を打ち上げて海王星に達するのに飛行時間が非常に長くなるので，その解決策として，探査船が惑星の近くを通過する際に惑星の重力をうまく利用する「**スウィングバイ**」(Swing-by) という航法で，飛行時間を短縮する．すなわち，木星の近くを通過する重力の影響を加速に利用すれば 4 つの惑星のグランド・ツアーは 12 年間で完了する (図 6-b)．これは，地球から直接，海王星に向かう場合の飛行時間が 30 年を要するのに比べて，著しい飛行時間の短縮になるというわけである．この計画の 2 つの探査船ボイジャー 1 号，2 号とも，既に太陽系を脱出している．

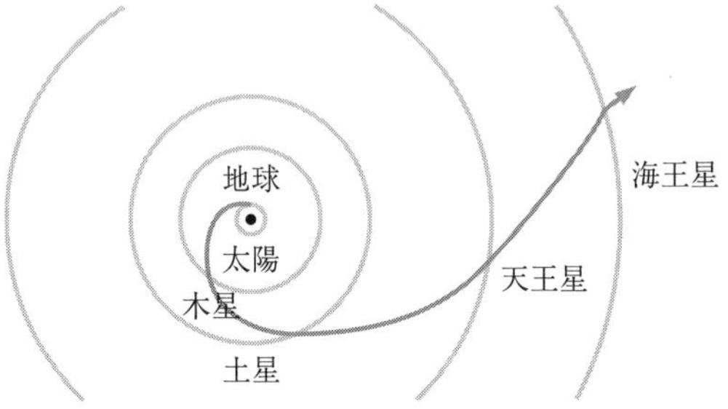

図 6-b　ボイジャーの航跡

3.5　惑星探査機のスウィングバイ航法

惑星や小惑星を調査する探査機は，地球から打ち上げられて目標に達する途中の航路で，惑星の重力をうまく利用して速度を上げることができる．この航法を**スウィングバイ** (Swing-by) という．図 6-15 に示されたように，探査機がある惑星に双曲線の軌道を描いて近づくとき，惑星の静止系では，侵入するときの探査機の速さと惑星から遠ざかるときの速さは同じである．ところでこれを太陽の静止系でみると，惑星は公転速度をもっているので，これを最初の惑星系での侵入速度と退出速度に合成してみると，惑星に近づく前よりも後の方が図のように速度の大きさすなわち速さが増すことになる．ボイジャーは木星でスウィングバイを行って速度を得て土星，天王星，海王星，冥王星へと向かった．また，最近では JAXA の探査機，はやぶさ 2 が小惑星「りゅうぐう」から石を持ち帰ったが，りゅうぐうに向かう途中，地球の重力でスウィングバイを行った．

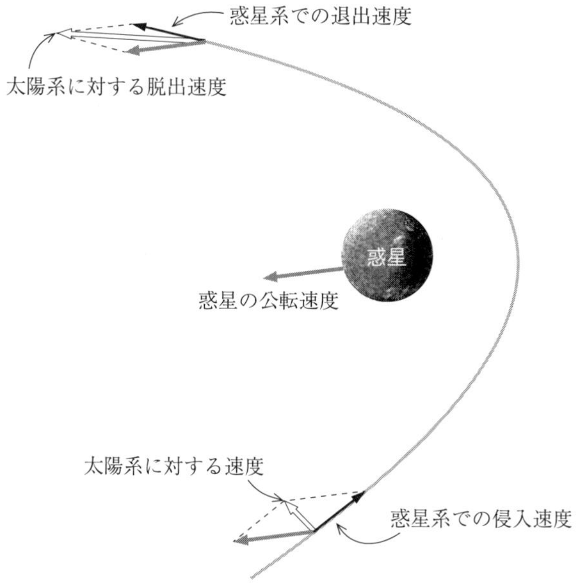

図 6-15　スウィングバイ航法．探査機の速度は黒色の矢印で，惑星の公転速度をアミの矢印，合成した探査機の太陽系に対する速度を白抜きの矢印で示す．

§4　クーロン力による散乱

4.1　ラザフォード散乱

1911 年，ラザフォード (Ernest Rutherford) は α 粒子を薄い金属箔に衝突させたところ予想外に高い頻度で大角度散乱が起きることを見出し，これから原子の中央に重い中心核すなわち**原子核**が存在することを推論した．図のように質量 m_2 電荷 q_2 の標的原子核に向けて，質量 m_1 電荷 q_1 の粒子が衝突するものとしよう．このとき入射粒子は**クーロン (Coulomb) 力**

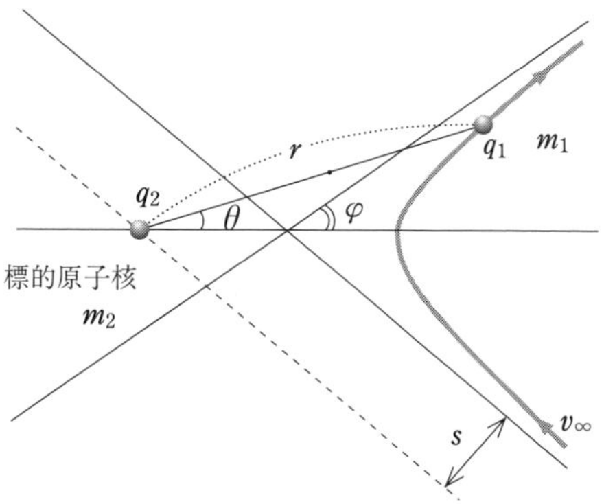

図 6-16　クーロン力による散乱

$$F = \frac{kq_1q_2}{r^2} \qquad (k > 0 : \text{定数，単位系による}) \tag{6.88}$$

による反発力のため入射方向と異なる方向に跳ね飛ばされる (図 6-16).

このような現象を**散乱** (scattering) という．$m_2 \gg m_1$ で $\mu \to m_1$ としてよい場合，位置エネルギーは正だから軌道は双曲線となる．万有引力との違いは引力が斥力になることであり，惑星の軌道の場合の結果で $GMm_1 \to -kq_1q_2$ なる置き換えを行えば，この場合の軌道の方程式が得られる．

$$\pm\cos^{-1}\frac{u+\dfrac{kq_1q_2m_1}{h^2}}{\sqrt{\dfrac{2m_1E}{h^2}+\dfrac{k^2{q_1}^2{q_2}^2{m_1}^2}{h^4}}}=\theta \tag{6.89}$$

すなわち

$$u+\frac{kq_1q_2m_1}{h^2}=\sqrt{\frac{2m_1E}{h^2}+\frac{k^2{q_1}^2{q_2}^2{m_1}^2}{h^4}}\cos\theta \tag{6.90}$$

$u = 1/r$ に注意すると，

$$r=\frac{h^2/kq_1q_2m_1}{\sqrt{1+\dfrac{2Eh^2}{k^2{q_1}^2{q_2}^2m_1}}\cos\theta-1} \tag{6.91}$$

これは，一般形

$$r=\frac{l}{\varepsilon\cos\theta-1} \tag{6.92}$$

で

$$l=\frac{h^2}{kq_1q_2m_1},\quad \varepsilon=\sqrt{1+\frac{2Eh^2}{k^2{q_1}^2{q_2}^2m_1}} \tag{6.93}$$

で $\varepsilon > 1$ となり，図 6-16 のような双曲線を表す．この図にあるように，散乱角を $\pi - 2\varphi$ とすると，

$$\tan\varphi=\frac{b}{a}=\sqrt{\varepsilon^2-1}=\sqrt{\frac{2Eh^2}{k^2{q_1}^2{q_2}^2m_1}} \tag{6.94}$$

また，入射粒子の無限遠での速度の大きさを v_∞, s を衝突パラメータとすると角運動量 h，エネルギー E はそれぞれ

$$h=m_1sv_\infty,\quad E=\frac{1}{2}m_1{v_\infty}^2 \tag{6.95}$$

これらを (6.94) に代入して

$$\tan\varphi=\frac{m_1{v_\infty}^2s}{kq_1q_2} \tag{6.96}$$

となる．

4.2　散乱断面積

ラザフォード散乱を最初の例として，物質の奥深い構造を探るには，粒子を標的に衝突させる実験が行われる．このとき，どの角度にどれくらいの割合の粒子が散乱されるかを示すのに**断面積** (cross section) という物理量が用いられる．

図 6-17 のように一様な粒子線が左の方向から標的に向かって入射するとき，単位時間内に粒子線に直角な面積 A を通過する粒子の個数が n であるならば，入射粒子の流れの密度 (flux) は $j = n/A$ で定義される．図 6-18 から明らかなように θ と $\theta + \mathrm{d}\theta$ の範囲に単位時間に散乱される粒子の個数 $\mathrm{d}n$ は

$$\mathrm{d}n = j \times \mathrm{d}\sigma = \frac{n}{A} \times \mathrm{d}\sigma \tag{6.97}$$

よって

$$\mathrm{d}\sigma = \frac{\mathrm{d}n}{n/A} \tag{6.98}$$

は面積の次元をもつ量で，これを**微分散乱断面積**という．図に示されているように，衝突パラメータが s と $s + \mathrm{d}s$ の間にある微小な円環の面積 ($\mathrm{d}s < 0$) は

$$\mathrm{d}\sigma = 2\pi s|\,\mathrm{d}s| \tag{6.99}$$

で，これを通過した粒子が立体角 $\mathrm{d}\Omega = 2\pi \sin\theta \,\mathrm{d}\theta$ の中へ散乱される．

クーロン力による散乱の場合，散乱角 θ は双曲線軌道の漸近線の角度 φ と $\theta = \pi - 2\varphi$ の関係にあるので

$$\tan\frac{\theta}{2} = \tan\left(\frac{\pi}{2} - \varphi\right) = \frac{1}{\tan\varphi} = \frac{kq_1q_2}{m_1 s {v_\infty}^2} \tag{6.100}$$

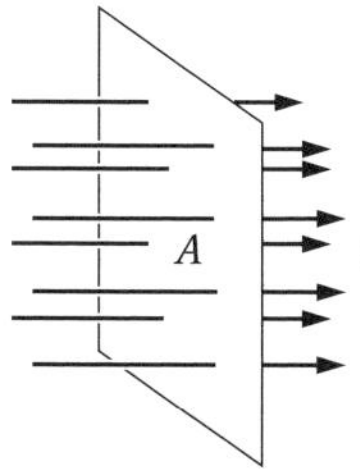

図 6-17　入射粒子の流れの密度

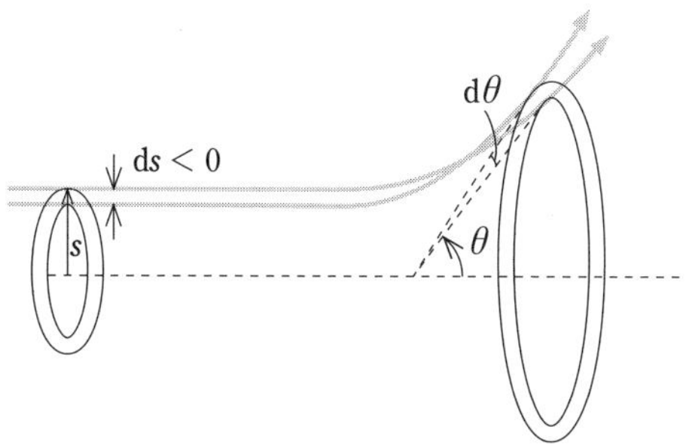

図 6-18　微分散乱断面積

逆に

$$s = \frac{kq_1q_2}{m_1{v_\infty}^2}\frac{1}{\tan\frac{\theta}{2}} \tag{6.101}$$

この微分は

$$\mathrm{d}s = -\frac{kq_1q_2}{2m_1{v_\infty}^2}\frac{1}{\sin^2\frac{\theta}{2}}\,\mathrm{d}\theta \tag{6.102}$$

で与えられるので，微分断面積 $\mathrm{d}\sigma$ は

$$\mathrm{d}\sigma = 2\pi s|\,\mathrm{d}s| = \pi\left(\frac{kq_1q_2}{2m_1{v_\infty}^2}\right)^2\frac{\cos\frac{\theta}{2}\sin\frac{\theta}{2}}{\sin^4\frac{\theta}{2}}\,\mathrm{d}\theta \tag{6.103}$$

軸対称性から，立体角要素は $2\pi\sin\theta\,\mathrm{d}\theta = \mathrm{d}\Omega$，よって

$$\frac{\mathrm{d}\sigma}{\mathrm{d}\Omega} = \frac{1}{4}\left(\frac{kq_1q_2}{2m_1{v_\infty}^2}\right)^2\frac{1}{\sin^4\frac{\theta}{2}} \tag{6.104}$$

これが有名なラザフォードの**微分断面積** (differential cross section) の公式である．**全断面積** (total cross section) は一般に

$$\sigma = \int\frac{\mathrm{d}\sigma}{\mathrm{d}\Omega}\,\mathrm{d}\Omega \tag{6.105}$$

で与えられる．

例 題　半径 R の剛体球 (ポテンシャルが $r < R$ で $U = \infty$，$r > R$ で $U = 0$) による微分および全断面積を求めよ．

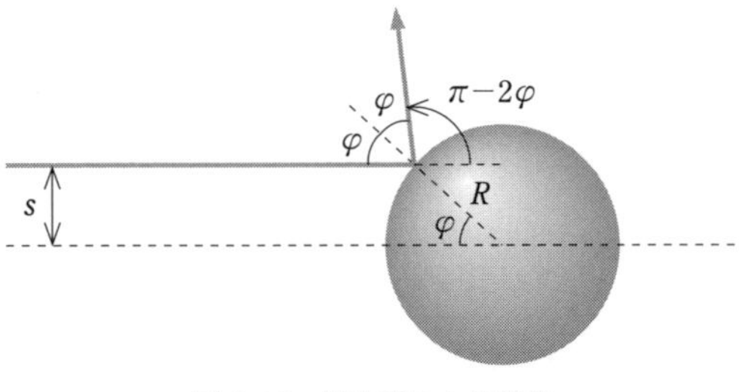

図 6-19　剛体球による散乱

解　図 6-19 より，散乱角は $\theta = \pi - 2\varphi$．よって $\varphi = (\pi - \theta)/2$．また，衝突パラメータは $s = R\sin\varphi = R\sin[(\pi-\theta)/2] = R\cos(\theta/2)$．したがって微分断面積は

$$\mathrm{d}\sigma = 2\pi s|ds| = 2\pi\left(R\cos\frac{\theta}{2}\right)\left(R\sin\frac{\theta}{2}\,\mathrm{d}\theta\right) = \frac{R^2}{4}2\pi\sin\theta\,\mathrm{d}\theta = \frac{R^2}{4}\,\mathrm{d}\Omega$$

すなわち $\dfrac{d\sigma}{d\Omega} = \dfrac{R^2}{4}$ で，全断面積は $\sigma = \displaystyle\int \frac{d\sigma}{d\Omega}\,d\Omega = \frac{R^2}{4}\cdot 4\pi = \pi R^2$．$s \leqq R$ で散乱され，$s > R$ で散乱されないことから，この値は直観的描像に一致する．

演 習 問 題

1. 地球の軌道の離心率 ε は約 1/60 である．軌道上における最大の速さと最小の速さの比を求めよ．

2. 地球の楕円軌道と半直弦の 2 つの交点の 1 つから近日点を通ってもう一方の交点に達する日数と，その交点から遠日点を通ってもとの交点に戻るまでの日数の比を求めよ．ただし，離心率を 1/60 とする．

3. 地球と太陽の間の距離が，楕円軌道の長半径より長い期間の日数を求めよ．

4. 遠地点が地表から 7200 km，近地点が地表から 200 km の気象衛星が描く楕円軌道の離心率 ε および周期 T を求めよ．ただし，地球の半径を 6370 km とする．

5. 力の中心から距離の 3 乗に逆比例する引力 $F = -k/r^3$ を受けている質点の軌跡を求めよ．

6. なめらかな水平な板に小さな穴をあけ，この穴に通した糸の先に質量 m の小球を取り付け板の上に置き，他方の端に質量 M のおもりをぶら下げる．このとき，小球の運動を論ぜよ．初期条件として，$t = 0$ で，穴から距離 r_0 の点にある小球を糸に垂直に速さ v_0 で投射するものとする．

7. 地球 (質量 M) のまわりを楕円軌道を描いて運動している人工衛星 (質量 m) が，遠地点で突然 Δv だけ速度を増せば，近地点で地球からの距離は

$$4\,\Delta v\left(\frac{a^3(1-\varepsilon)}{GM(1+\varepsilon)}\right)^{1/2}$$

だけ増加することを示せ．

8. 質点が固定点からの距離に比例する斥力を受けているとき，軌道が双曲線の 1 つの分枝であることを示せ．

9. 質点が万有引力による楕円軌道を描くとき，動径 r の時間平均は

$$a\left(1 + \frac{1}{2}\varepsilon^2\right)$$

であることを示せ．

10. ケプラーの方程式を

$$\omega t = \alpha - \varepsilon \sin\alpha$$

楕円軌道の方程式を

$$r = \frac{l}{1 + \varepsilon \cos\theta}$$

とするとき，

$$\tan\frac{\alpha}{2} = \left(\frac{1-\varepsilon}{1+\varepsilon}\right)^{1/2} \tan\frac{\theta}{2}$$

が成り立つことを示せ．

7 質点系の運動

いくつかの質点が互いに力を及ぼしあいながら運動する系の法則を考察する．2粒子の衝突の法則と重心系と実験室系での記述のしかた，さらに質点が集まった系としての剛体と慣性モーメントおよびその運動を扱う．

Leonhard Euler (レオンハルト・オイラー) (1707–1783)
質点および質点系の力学の体系的でかつ解析的な記述を与え，剛体の姿勢を表す3つの角，オイラーの角を導入し，剛体の運動に対する方程式を与えた．

§1 質点系の運動法則

2個以上の質点の集まった系を**質点系**という (図 7-1).

考えている質点系に属する他の質点の働きによって起こる力を**内力**，系に属さないものの働きによる力を**外力**という．内力には作用・反作用の法則が成り立つ．i 番目の質点 (質量 m_i) に j 番目の質点 (質量 m_j) が及ぼす内力を $\boldsymbol{F}_{ij}$，また i 番目の質点に働く外力を $\boldsymbol{F}_i$ とする (図 7-2).

このとき，i 番目の質点に対する運動方程式は

$$\frac{\mathrm{d}}{\mathrm{d}t}(m_i \boldsymbol{v}_i) = m_i \frac{\mathrm{d}^2 \boldsymbol{r}_i}{\mathrm{d}t^2} = \boldsymbol{F}_i + \sum_{j \neq i} \boldsymbol{F}_{ij} \quad (i = 1, 2, \cdots, n) \qquad (7.1)$$

となる．ここで $\sum_{j \neq i}$ は $j = i$ を除いた $j = 1$ から n までの和を表す．これから質点系の運動量と角運動量についての法則が導かれ，これらを用いて質量中心の運動とそれに相対的な運動への分離を行う．

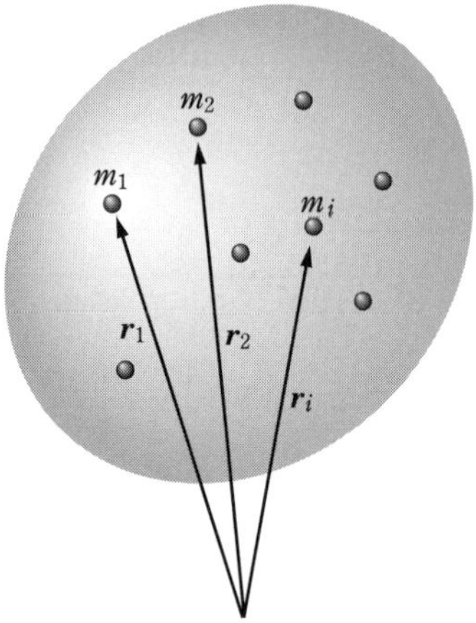

図 7-1　質点系

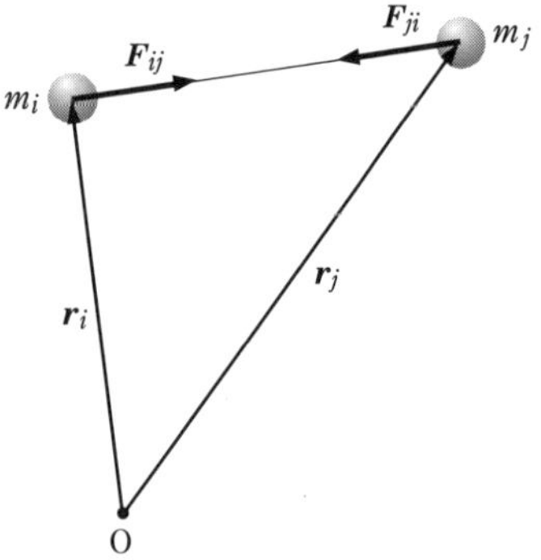

図 7-2　内力の作用・反作用

1.1　運動量の法則

まず，運動量に関する法則を求めよう．$\boldsymbol{p}_i = m_i \boldsymbol{v}_i$ と書くと

$$\frac{\mathrm{d}\boldsymbol{p}_i}{\mathrm{d}t} = \boldsymbol{F}_i + \sum_{j \neq i} \boldsymbol{F}_{ij} \qquad (i = 1, 2, \cdots, n) \tag{7.2}$$

すべての質点についてベクトル和をとると

$$\frac{\mathrm{d}}{\mathrm{d}t}\Big(\sum_{i=1}^{n} \boldsymbol{p}_i\Big) = \sum_{i=1}^{n} \boldsymbol{F}_i + \sum_{i=1}^{n} \sum_{j \neq i} \boldsymbol{F}_{ij} \tag{7.3}$$

ここで右辺の第 2 項は $j = i$ を除いた j についての和とすべての i についての和の 2 重和を表す．作用・反作用の法則 $\boldsymbol{F}_{ji} = -\boldsymbol{F}_{ij}$ を用いると

$$\sum_{i=1}^{n} \sum_{j \neq i} \boldsymbol{F}_{ij} = \sum_{j=1}^{n} \sum_{i \neq j} \boldsymbol{F}_{ji} = \sum_{i=1}^{n} \sum_{j \neq i} \boldsymbol{F}_{ji} \tag{7.4}$$

$$= \frac{1}{2} \sum_{i=1}^{n} \sum_{j \neq i} (\boldsymbol{F}_{ij} + \boldsymbol{F}_{ji}) = 0 \tag{7.5}$$

質点系の運動量を

$$\boldsymbol{P} = \sum_{i=1}^{n} \boldsymbol{p}_i \tag{7.6}$$

と定義すると，

$$\frac{\mathrm{d}\boldsymbol{P}}{\mathrm{d}t} = \sum_i \boldsymbol{F}_i \tag{7.7}$$

すなわち，「質点系の運動量の時間変化は外力のベクトル和に等しい」.

一方，次の位置ベクトルで与えられる点を質点系の**質量中心** (center of mass) または**重心** (center of gravity) という.

$$\boldsymbol{r}_\mathrm{c} = \frac{\displaystyle\sum_i m_i \boldsymbol{r}_i}{\displaystyle\sum_i m_i} \tag{7.8}$$

英語では，一般に center of mass (質量中心) が使われるが，日本語では簡単に重心ということが多い．以下では両方を用いる．質点系の全質量を $M = \displaystyle\sum_i m_i$ と表すと，

$$M\frac{\mathrm{d}^2\boldsymbol{r}_\mathrm{c}}{\mathrm{d}t^2} = \sum_i \boldsymbol{F}_i \tag{7.9}$$

という質量中心に対する運動方程式が導かれる．これは仮想的な質量中心の位置に全質量が集まったとしてその運動を記述する方程式である.

外力のベクトル和がゼロのとき，

$$\frac{\mathrm{d}\boldsymbol{P}}{\mathrm{d}t} = 0 \qquad \text{すなわち} \quad \boldsymbol{P} = \text{一定} \tag{7.10}$$

これが**質点系に対する運動量保存則**である．また，このとき，$\mathrm{d}^2\boldsymbol{r}_\mathrm{c}/\,\mathrm{d}t^2 = 0$ で質量中心は等速度運動か静止の状態を続ける.

1.2　角運動量の法則

次に質点系の角運動量の法則を求める.

原点 O に関する質点 m_i (位置ベクトル $\boldsymbol{r}_i$) の角運動量は $\boldsymbol{L}_i = \boldsymbol{r}_i \times m_i\boldsymbol{v}_i$ でその時間変化は

$$\frac{\mathrm{d}\boldsymbol{L}_i}{\mathrm{d}t} = \boldsymbol{r}_i \times \frac{\mathrm{d}}{\mathrm{d}t}(m_i\boldsymbol{v}_i) = \boldsymbol{r}_i \times \left(\boldsymbol{F}_i + \sum_{j\neq i}\boldsymbol{F}_{ij}\right) \tag{7.11}$$

すべての質点についてベクトル和をとる．ここで質点系の角運動量ベクトルを

$$\boldsymbol{L} = \sum_i \boldsymbol{L}_i \tag{7.12}$$

と定義すると，この $\boldsymbol{L}$ の時間微分は

$$\frac{\mathrm{d}\boldsymbol{L}}{\mathrm{d}t} = \sum_i \boldsymbol{r}_i \times \boldsymbol{F}_i + \sum_i \sum_{j \neq i} \boldsymbol{r}_i \times \boldsymbol{F}_{ij} \tag{7.13}$$

となる．ここで

$$\sum_i \sum_{j \neq i} \boldsymbol{r}_i \times \boldsymbol{F}_{ij} = \frac{1}{2} \sum_i \sum_{j \neq i} (\boldsymbol{r}_i \times \boldsymbol{F}_{ij} + \boldsymbol{r}_j \times \boldsymbol{F}_{ji}) \tag{7.14}$$

$$= \frac{1}{2} \sum_i \sum_{j \neq i} (\boldsymbol{r}_i - \boldsymbol{r}_j) \times \boldsymbol{F}_{ij} = 0 \tag{7.15}$$

となる．ここで $\boldsymbol{r}_i - \boldsymbol{r}_j \parallel \boldsymbol{F}_{ij}$ を用いた．よって次式が導かれる．

$$\frac{\mathrm{d}\boldsymbol{L}}{\mathrm{d}t} = \sum_i \boldsymbol{r}_i \times \boldsymbol{F}_i = \sum_i \boldsymbol{N}_i \tag{7.16}$$

すなわち，「質点系の角運動量の時間変化は外力のモーメントの和に等しい」．もし外力のモーメントの和が0，すなわち $\displaystyle\sum_i \boldsymbol{N}_i = 0$ なら

$$\frac{\mathrm{d}\boldsymbol{L}}{\mathrm{d}t} = 0 \qquad \text{すなわち} \quad \boldsymbol{L} = \text{一定} \tag{7.17}$$

これが**質点系の角運動量保存則**である．

1.3　質量中心に関する定理

各質点の位置ベクトルを質量中心の位置ベクトル $\boldsymbol{r}_\mathrm{c}$ とそれに相対的な位置ベクトルの和に分解する (図7-3).

$$\boldsymbol{r}_i = \boldsymbol{r}_\mathrm{c} + \boldsymbol{r}_i{}' \tag{7.18}$$

$\boldsymbol{v}_i = \dot{\boldsymbol{r}}_i$，$\boldsymbol{v}_\mathrm{c} = \dot{\boldsymbol{r}}_\mathrm{c}$ だから速度も同様に分解される：

$$\boldsymbol{v}_i = \boldsymbol{v}_\mathrm{c} + \boldsymbol{v}_i{}' \tag{7.19}$$

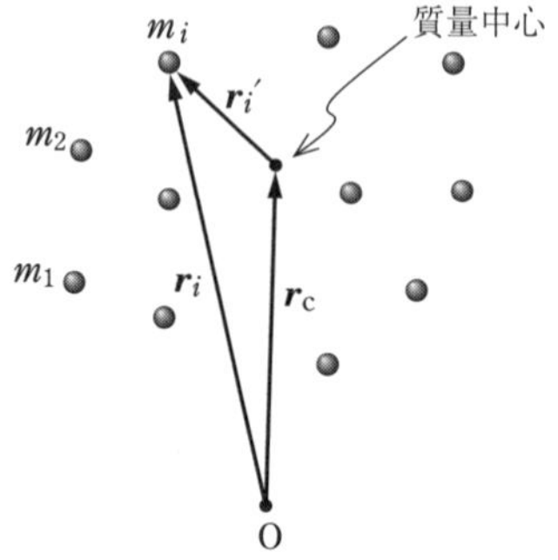

図7-3　質量中心(重心)

$\displaystyle\sum_i m_i \boldsymbol{r}_i = \left(\sum_i m_i\right) \boldsymbol{r}_\mathrm{c}$，$\displaystyle\sum_i m_i \boldsymbol{v}_i = \left(\sum_i m_i\right) \boldsymbol{v}_\mathrm{c}$ だから次式が成り立つ：

$$\sum_i m_i \boldsymbol{r}_i{}' = 0 \qquad \sum_i m_i \boldsymbol{v}_i{}' = 0 \tag{7.20}$$

これを**質量中心に関する定理**という．(7.20) を用いれば質点系の角運動量 $\boldsymbol{L}$ は

$$\boldsymbol{L} = \sum_i m_i \left(\boldsymbol{r}_{\mathrm{c}} + \boldsymbol{r}_i{}'\right) \times \left(\frac{\mathrm{d}\boldsymbol{r}_{\mathrm{c}}}{\mathrm{d}t} + \frac{\mathrm{d}\boldsymbol{r}_i{}'}{\mathrm{d}t}\right) \tag{7.21}$$

$$= \left(\sum_i m_i\right) \boldsymbol{r}_{\mathrm{c}} \times \frac{\mathrm{d}\boldsymbol{r}_{\mathrm{c}}}{\mathrm{d}t} + \sum_i m_i \boldsymbol{r}_i{}' \times \frac{\mathrm{d}\boldsymbol{r}_i{}'}{\mathrm{d}t} \tag{7.22}$$

すなわち，質点系の角運動量 $\boldsymbol{L}$ は次の 2 項に分解される．

$$\boldsymbol{L} = \boldsymbol{L}_{\mathrm{c}} + \boldsymbol{L}' \tag{7.23}$$

$$\boldsymbol{L}_{\mathrm{c}} = M\boldsymbol{r}_{\mathrm{c}} \times \frac{\mathrm{d}\boldsymbol{r}_{\mathrm{c}}}{\mathrm{d}t} \quad \text{：原点に関する質量中心の角運動量} \tag{7.24}$$

$$\boldsymbol{L}' = \sum_i m_i \boldsymbol{r}_i{}' \times \frac{\mathrm{d}\boldsymbol{r}_i{}'}{\mathrm{d}t} \quad \text{：質量中心のまわりの角運動量} \tag{7.25}$$

また，$\boldsymbol{L}'$ の時間変化は質量中心に関する外力のモーメントの和に等しい

$$\frac{\mathrm{d}\boldsymbol{L}'}{\mathrm{d}t} = \sum_i \boldsymbol{r}_i{}' \times \boldsymbol{F}_i = \sum_i \boldsymbol{N}_i{}' \tag{7.26}$$

運動エネルギーについても同様に次のように分解される

$$K = \frac{1}{2}\sum_i m_i {\boldsymbol{v}_i}^2 = \frac{1}{2}\sum_i m_i (\boldsymbol{v}_{\mathrm{c}} + \boldsymbol{v}_i{}')^2 \tag{7.27}$$

$$= \frac{1}{2}\left(\sum_i m_i\right){\boldsymbol{v}_{\mathrm{c}}}^2 + \sum_i \frac{1}{2} m_i {\boldsymbol{v}_i{}'}^2 \tag{7.28}$$

すなわち

$$K = K_{\mathrm{c}} + K' \tag{7.29}$$

$$K_{\mathrm{c}} = \frac{1}{2} M {\boldsymbol{v}_{\mathrm{c}}}^2 \quad \text{：質量中心の運動エネルギー} \tag{7.30}$$

$$K' = \sum_i \frac{1}{2} m_i {\boldsymbol{v}_i{}'}^2 \quad \text{：質量中心に相対的な運動エネルギー} \tag{7.31}$$

となる．このように質点系の運動を質量中心の運動と質量中心のまわりの運動に分解することが運動を解く鍵となる．

§2　重心系と実験室系

2.1　2個の粒子の衝突

2個の粒子の衝突を考える．粒子がお互いに及ぼす衝撃力は内力なので系の運動量は一定である．系の運動を重心 (質量中心) 運動と相対運動に分離する．重心運動は衝突によって変化しない．重心とともに一定の速度で移動する座標系を**重心系 (CM-系)** という．重心の位置ベクトルは

$$\boldsymbol{r}_{\mathrm{c}} = \frac{m_1\boldsymbol{r}_1 + m_2\boldsymbol{r}_2}{m_1 + m_2} \tag{7.32}$$

相対位置ベクトルは

$$\boldsymbol{r} = \boldsymbol{r}_1 - \boldsymbol{r}_2 \tag{7.33}$$

(7.32) および (7.33) より

$$m_1\boldsymbol{r}_1 + m_2\boldsymbol{r}_2 = (m_1 + m_2)\boldsymbol{r}_{\mathrm{c}}, \qquad m_2\boldsymbol{r}_1 - m_2\boldsymbol{r}_2 = m_2\boldsymbol{r} \tag{7.34}$$

両者を足したり引いたりして $m_1 + m_2$ で割ると

$$\boldsymbol{r}_1 = \boldsymbol{r}_{\mathrm{c}} + \frac{m_2}{m_1 + m_2}\boldsymbol{r}, \quad \boldsymbol{r}_2 = \boldsymbol{r}_{\mathrm{c}} - \frac{m_1}{m_1 + m_2}\boldsymbol{r} \tag{7.35}$$

t で微分すると

$$\boldsymbol{v}_1 = \boldsymbol{v}_{\mathrm{c}} + \frac{m_2}{m_1 + m_2}\boldsymbol{v}, \quad \boldsymbol{v}_2 = \boldsymbol{v}_{\mathrm{c}} - \frac{m_1}{m_1 + m_2}\boldsymbol{v} \tag{7.36}$$

ここで $\boldsymbol{v}_{\mathrm{c}}$ は重心の速度で，$\boldsymbol{v}$ は相対速度である．

実験室に固定した座標系を**実験室系 (L-系)** という．

いま，実験室に静止している質量 m_2 の粒子へ，質量 m_1 の粒子を速度 $\boldsymbol{v}_0$ で入射させ，衝突させる．ここでは，弾性衝突を考える (図 7-4).

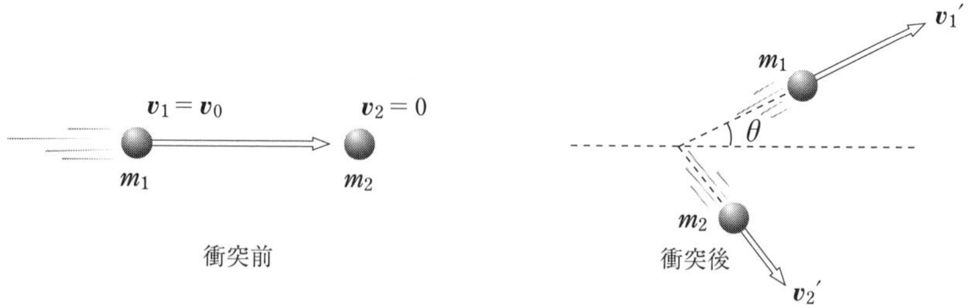

図 7-4　実験室系での2粒子衝突

全運動量は，$\boldsymbol{v}_1 = \boldsymbol{v}_0$, $\boldsymbol{v}_2 = 0$ より

$$m_1 \boldsymbol{v}_0 = (m_1 + m_2)\boldsymbol{v}_{\mathrm{c}} \tag{7.37}$$

なので，重心の速度は

$$\boldsymbol{v}_{\mathrm{c}} = \frac{m_1}{m_1 + m_2}\boldsymbol{v}_0 \tag{7.38}$$

となり，また相対速度は $\boldsymbol{v} = \boldsymbol{v}_0$ である．

実験室系よりも，重心系の方が運動が対称に見えるので計算が容易である．重心系にいったん移って計算し，その後実験室系へ引き戻す．重心系での速度を $\boldsymbol{u}_1$, $\boldsymbol{u}_2$ と書くと (図 7-5)

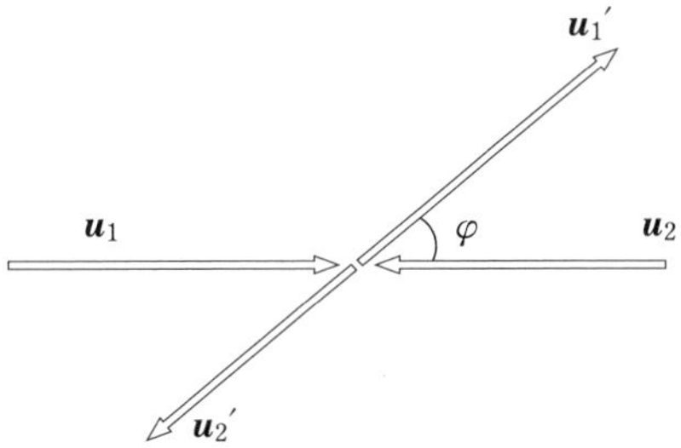

図 7-5　重心系での 2 粒子衝突

$$\boldsymbol{u}_1 = \boldsymbol{v}_1 - \boldsymbol{v}_{\mathrm{c}} = \frac{m_2}{m_1 + m_2}\boldsymbol{v}_0,$$
$$\boldsymbol{u}_2 = \boldsymbol{v}_2 - \boldsymbol{v}_{\mathrm{c}} = -\frac{m_1}{m_1 + m_2}\boldsymbol{v}_0 \tag{7.39}$$

重心系では重心は衝突前に静止している．

$$m_1 \boldsymbol{u}_1 + m_2 \boldsymbol{u}_2 = 0 \tag{7.40}$$

衝突後の重心系での 2 粒子の速度をそれぞれ $\boldsymbol{u}_1{}'$, $\boldsymbol{u}_2{}'$ とすると，衝突後も重心は静止しているので

$$m_1 \boldsymbol{u}_1{}' + m_2 \boldsymbol{u}_2{}' = 0 \tag{7.41}$$

重心系でのエネルギー保存則は

$$\frac{m_1}{2}\boldsymbol{u}_1{}'^2 + \frac{m_2}{2}\boldsymbol{u}_2{}'^2 = \frac{m_1}{2}\boldsymbol{u}_1{}^2 + \frac{m_2}{2}\boldsymbol{u}_2{}^2 \tag{7.42}$$

$$= \frac{m_1}{2}\left(\frac{m_2}{m_1 + m_2}\right)^2 \boldsymbol{v}_0{}^2 + \frac{m_2}{2}\left(-\frac{m_1}{m_1 + m_2}\right)^2 \boldsymbol{v}_0{}^2 \tag{7.43}$$

$$= \frac{m_1 m_2}{2(m_1 + m_2)}\boldsymbol{v}_0{}^2 \tag{7.44}$$

ところで (7.41) より $\boldsymbol{u}_2{}' = -(m_1/m_2)\boldsymbol{u}_1{}'$，これを上式へ代入して $\boldsymbol{u}_1{}'^2$，$\boldsymbol{u}_2{}'^2$

について解くと

$$\boldsymbol{u}_1{}'^2 = \frac{m_2{}^2}{(m_1+m_2)^2}\boldsymbol{v}_0{}^2, \quad \boldsymbol{u}_2{}'^2 = \frac{m_1{}^2}{(m_1+m_2)^2}\boldsymbol{v}_0{}^2 \tag{7.45}$$

$|\boldsymbol{u}_1| = u_1$, $|\boldsymbol{u}_2| = u_2$, $|\boldsymbol{u}_1{}'| = u_1{}'$, $|\boldsymbol{u}_2{}'| = u_2{}'$, $|\boldsymbol{v}_0| = v_0$ と書くと

$$u_1{}' = u_1 = \frac{m_2}{m_1+m_2}v_0, \qquad u_2{}' = u_2 = \frac{m_1}{m_1+m_2}v_0 \tag{7.46}$$

すなわち，重心系では衝突前の速さと衝突後の速さが等しい．

2.2　実験室系と重心系での散乱角の関係

重心系から実験室系に戻るには重心系での速度に $-\boldsymbol{u}_2 = \boldsymbol{v}_\mathrm{c}$ を加える．

図 7-6 より次の関係が得られる．

$$\tan\theta = \frac{u_1{}'\sin\varphi}{u_1{}'\cos\varphi + u_2} \tag{7.47}$$

ここで $u_2/u_1 = u_2{}'/u_1{}' = m_1/m_2$ に注意すると

$$\tan\theta = \frac{\sin\varphi}{\cos\varphi + m_1/m_2} \tag{7.48}$$

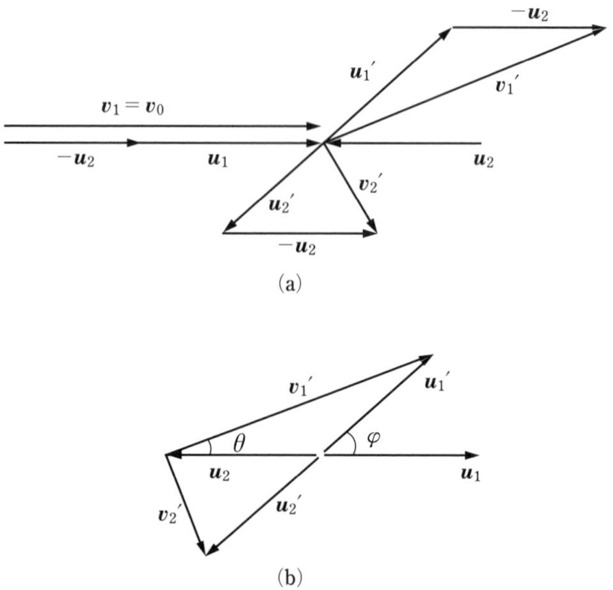

図 7-6　重心系から実験室系への移行

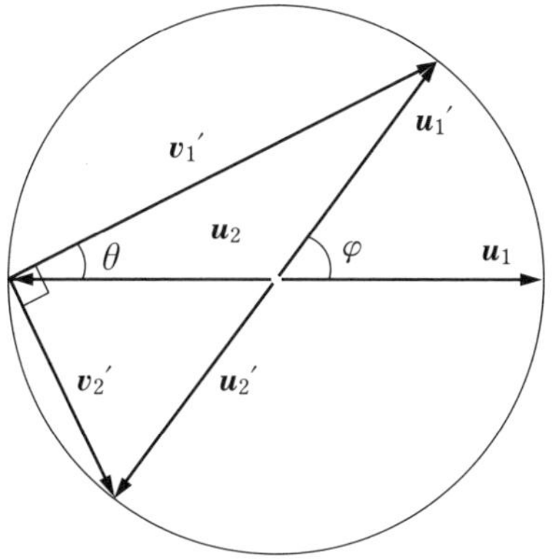

図 7-7　同一質量の場合の散乱角の関係

同一質量 $m_1 = m_2$ の場合

$$\tan\theta = \frac{\sin\varphi}{\cos\varphi + 1} = \tan(\varphi/2) \tag{7.49}$$

$$\text{すなわち}\quad \theta = \frac{\varphi}{2} \tag{7.50}$$

図のように衝突後の 2 粒子の方向は直交する (図 7-7).

2.3　一直線上の 2 粒子の衝突

今度は一直線上を運動する 2 粒子の衝突を考える．力学的エネルギーが保存しない一般の場合を考察する (図 7-8).

運動量の保存則は

$$m_1v_1 + m_2v_2 = m_1v_1' + m_2v_2' \tag{7.51}$$

で v_1，v_2 を与えても，v_1'，v_2' を求めるには関係式が足りない．これを補う関

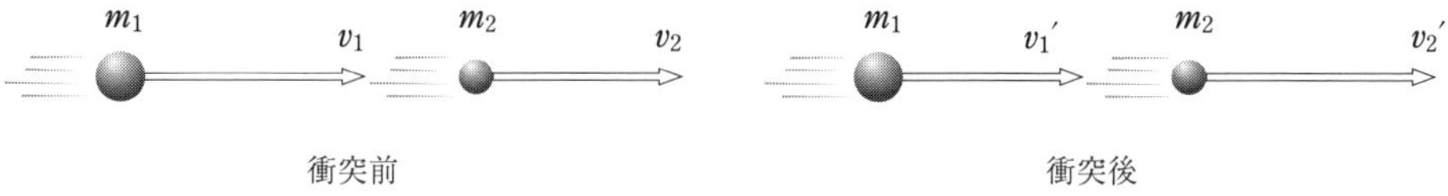

図 7-8　実験室系で見た 2 粒子の衝突

係式として経験則として見出されたニュートンの衝突の法則

$$\frac{v_2{}' - v_1{}'}{v_1 - v_2} = e \qquad (0 \leqq e \leqq 1) \tag{7.52}$$

を用いる．e を反発係数という．これは衝突後の相対速度の大きさが衝突前の e 倍になるという関係である．すなわち

$$v_2{}' - v_1{}' = e(v_1 - v_2) \tag{7.53}$$

(7.51), (7.53) を連立させると

$$v_1{}' = v_1 + \frac{m_2(1+e)}{m_1+m_2}(v_2 - v_1), \quad v_2{}' = v_2 + \frac{m_1(1+e)}{m_1+m_2}(v_1 - v_2) \tag{7.54}$$

運動エネルギーの変化は

$$\begin{aligned}\Delta E &= \left(\frac{1}{2}m_1 v_1{}'^2 + \frac{1}{2}m_2 v_2{}'^2\right) - \left(\frac{1}{2}m_1 v_1{}^2 + \frac{1}{2}m_2 v_2{}^2\right) \\ &= -\frac{1}{2}\frac{m_1 m_2}{m_1+m_2}(1-e^2)(v_1 - v_2)^2 \leqq 0 \end{aligned} \tag{7.55}$$

となる．$e = 1$ の場合以外，エネルギーは減少する．$e = 1$ のとき $\Delta E = 0$ で完全弾性衝突．逆に $e = 0$ のとき完全非弾性衝突といい，$v_1{}' = v_2{}' = (m_1 v_1 + m_2 v_2)/(m_1 + m_2)$ で衝突後くっついて運動する．$0 < e < 1$ のとき非弾性衝突で $\Delta E < 0$.

これを重心系で見ると, 図 7-9 のように重心の速度は $v_{\mathrm{c}} = (m_1 v_1 + m_2 v_2)/(m_1 + m_2)$ で

$$u_1 = v_1 - v_{\mathrm{c}} = \frac{m_2}{m_1+m_2}(v_1 - v_2), \tag{7.56}$$

$$u_2 = v_2 - v_{\mathrm{c}} = -\frac{m_1}{m_1+m_2}(v_1 - v_2) \tag{7.57}$$

また $m_1 u_1{}' + m_2 u_2{}' = 0$, $u_2{}' - u_1{}' = e(u_1 - u_2)$ より

$$u_1{}' = -\frac{m_2}{m_1+m_2}e(v_1 - v_2), \quad u_2{}' = \frac{m_1}{m_1+m_2}e(v_1 - v_2) \tag{7.58}$$

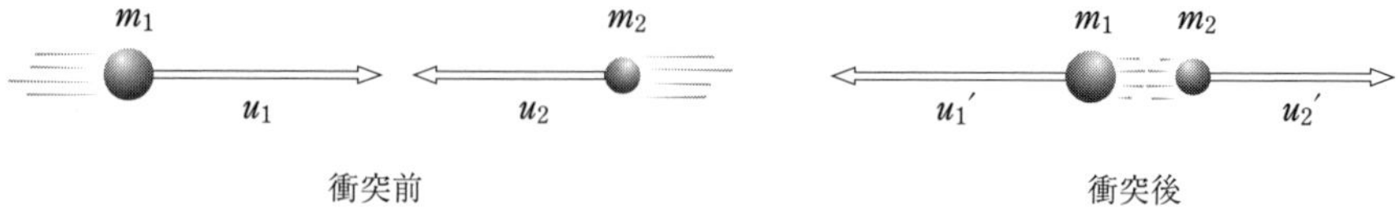

図 7-9　重心系で見た 2 粒子の衝突

$$E = \frac{1}{2}m_1{u_1}^2 + \frac{1}{2}m_2{u_2}^2 = \frac{1}{2}\frac{m_1 m_2}{m_1+m_2}(v_1 - v_2)^2 \tag{7.59}$$

$$E' = \left(\frac{1}{2}m_1{u_1}'^2 + \frac{1}{2}m_2{u_2}'^2\right) = \frac{1}{2}\frac{m_1 m_2}{m_1+m_2}e^2(v_1 - v_2)^2 \tag{7.60}$$

これより ΔE の式 (7.55) がずっと容易に導かれる．

§3　剛体と慣性モーメント

点とみなせない物体や大きさが無視できない物体を力学で扱うにはこれを多くの (あるいは無数の) 質点の集まり，すなわち質点系と考える．上で述べた質点系の力学の応用として，大きさや形を考慮した物体の運動を考えることが可能である．ここで注意すべきは，物体は一般に多かれ少なかれ変形可能であるということである．それでも，固体は気体や液体に比べると変形されにくいといえる．そこで，理想化された概念として，大きさはあるものの，外からどんな力を加えても物体を構成している各質点間の距離が変わらない物体を**剛体** (rigid body) と名づける．もちろん，現実の物体は剛体ではない．しかし，固体を考えその変形が十分小さく，これを無視できるとき，近似的に剛体として扱える．

3.1　剛体の自由度

さてそれでは剛体の姿勢を含めた位置を指定するには幾つの座標が必要であろうか．剛体の定義として，構成質点の距離は不変だから構成質点の位置座標を全部指定する必要はない．このような数を**自由度**といい，剛体の場合は **6** であることがわかる．実際，剛体の質量中心 (重心) を G とすると，これは 3 つの座標 (x_c, y_c, z_c) で表される．次にこの重心を通る軸を考えこの軸の空間内での方向を (θ, φ) とし，さらにこの軸のまわりの回転角を ψ とするなら，この 3 つの角 (θ, φ, ψ) で剛体の姿勢が指定され得る (図 7-10)．このようにして剛体の自由度が 6 であることがわかる．3 次元空間を運動する質点の自由度は 3 であるから剛体はこれに剛体としての姿勢を指定する 3 つの角座標が加わったわけである．3 つの角を**オイラーの角**という．これについては第 9 章で詳しく述べる．

剛体の運動は**並進** (translation) と**回転** (rotation) からなる．

点のまわりの回転変位は，その点を通る 1 つの軸のまわりの回転で表される．有限の大きさの回転変位は交換法則が成り立たず，一般に行列で表される．これに対して微小回転は交換則を満たし，ベクトルで表される．

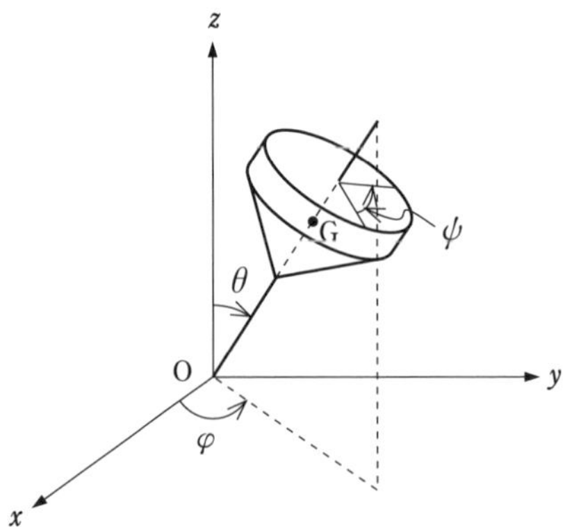

図 7-10　剛体の位置の指定

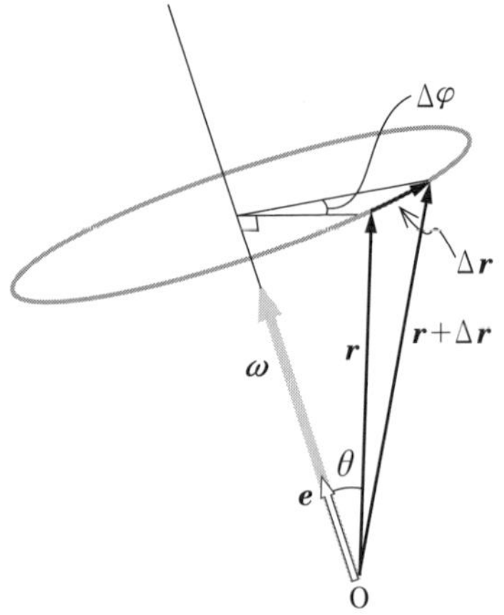

図 7-11　剛体の回転と角速度ベクトル

図 7-11 のように剛体が Δt の時間に，その瞬間回転軸のまわりに $\Delta\varphi$ だけ回転したとすると，位置ベクトル $\boldsymbol{r}$ の変位 $\Delta\boldsymbol{r}$ は

$$|\Delta\boldsymbol{r}| = \Delta\varphi \cdot r\sin\theta \tag{7.61}$$

角速度 $\lim_{\Delta t\to 0} \Delta\varphi/\Delta t = \mathrm{d}\varphi/\mathrm{d}t = \omega$ の大きさをもち，回転によって右ネジが進む軸方向のベクトルを $\boldsymbol{\omega}$ とすると

$$\left|\frac{\Delta\boldsymbol{r}}{\Delta t}\right| = \frac{\Delta\varphi}{\Delta t} r\sin\theta \tag{7.62}$$

より速度 $\boldsymbol{v} = \mathrm{d}\boldsymbol{r}/\mathrm{d}t$ は

$$\boldsymbol{v} = \boldsymbol{\omega}\times\boldsymbol{r} \tag{7.63}$$

となる．剛体の運動方程式は自由度 6 に対応し，並進運動 (自由度 3) については重心 $\boldsymbol{r}_\mathrm{c}$ の運動方程式

$$M\frac{\mathrm{d}^2\boldsymbol{r}_\mathrm{c}}{\mathrm{d}t^2} = \sum_i \boldsymbol{F}_i \tag{7.64}$$

と重心のまわりの回転運動 (自由度 3) の方程式

$$\frac{\mathrm{d}\boldsymbol{L}'}{\mathrm{d}t} = \sum_i \boldsymbol{N}_i{}' \tag{7.65}$$

を連立方程式とし，これを解くことによって運動が決定する．

コラム：剛体の回転に伴う速度と角速度ベクトル

慣性系 O-xyz に対して回転している座標系 O-$x'y'z'$ を考え，この座標系に対して静止し，一緒に運動している剛体上の１点の位置ベクトルを $\boldsymbol{r}$ とすると，x'，y'，z' の各座標軸方向の単位ベクトル $\boldsymbol{e}_{x'}$，$\boldsymbol{e}_{y'}$，$\boldsymbol{e}_{z'}$ を用いて

$$\boldsymbol{r} = x'\boldsymbol{e}_{x'} + y'\boldsymbol{e}_{y'} + z'\boldsymbol{e}_{z'}$$

と表せる．このとき，x'，y'，z' は時間変数 t によらない．よって上式の両辺を t で微分すると

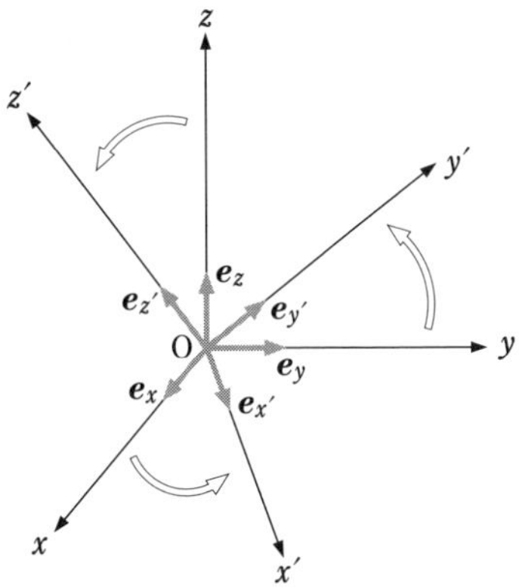

$$\frac{\mathrm{d}\boldsymbol{r}}{\mathrm{d}t} = x'\frac{\mathrm{d}\boldsymbol{e}_{x'}}{\mathrm{d}t} + y'\frac{\mathrm{d}\boldsymbol{e}_{y'}}{\mathrm{d}t} + z'\frac{\mathrm{d}\boldsymbol{e}_{z'}}{\mathrm{d}t}$$

ここで，単位ベクトルの時間微分はこれらの１次結合で表せるから

$$\frac{\mathrm{d}\boldsymbol{e}_{x'}}{\mathrm{d}t} = a_{11}\boldsymbol{e}_{x'} + a_{12}\boldsymbol{e}_{y'} + a_{13}\boldsymbol{e}_{z'}$$
$$\frac{\mathrm{d}\boldsymbol{e}_{y'}}{\mathrm{d}t} = a_{21}\boldsymbol{e}_{x'} + a_{22}\boldsymbol{e}_{y'} + a_{23}\boldsymbol{e}_{z'}$$
$$\frac{\mathrm{d}\boldsymbol{e}_{z'}}{\mathrm{d}t} = a_{31}\boldsymbol{e}_{x'} + a_{32}\boldsymbol{e}_{y'} + a_{33}\boldsymbol{e}_{z'}$$

と書ける．これらの係数 a_{ij}（$i, j = 1, 2, 3$）を要素とする行列を A と表せば

$$\frac{\mathrm{d}}{\mathrm{d}t}\begin{pmatrix} \boldsymbol{e}_{x'} \\ \boldsymbol{e}_{y'} \\ \boldsymbol{e}_{z'} \end{pmatrix} = \begin{pmatrix} a_{11} & a_{12} & a_{13} \\ a_{21} & a_{22} & a_{23} \\ a_{31} & a_{32} & a_{33} \end{pmatrix}\begin{pmatrix} \boldsymbol{e}_{x'} \\ \boldsymbol{e}_{y'} \\ \boldsymbol{e}_{z'} \end{pmatrix} = A\begin{pmatrix} \boldsymbol{e}_{x'} \\ \boldsymbol{e}_{y'} \\ \boldsymbol{e}_{z'} \end{pmatrix}$$

今，${\boldsymbol{e}_{x'}}^2 = 1$ の両辺を t で微分して，$\boldsymbol{e}_{x'} \cdot (\mathrm{d}\boldsymbol{e}_{x'}/\mathrm{d}t) = 0$，よって $a_{11} = 0$ となる．同様に，${\boldsymbol{e}_{y'}}^2 = {\boldsymbol{e}_{z'}}^2 = 1$ より $a_{22} = a_{33} = 0$．さらに $\boldsymbol{e}_{x'} \cdot \boldsymbol{e}_{y'} = 0$ より，$(\mathrm{d}\boldsymbol{e}_{x'}/\mathrm{d}t) \cdot \boldsymbol{e}_{y'} + \boldsymbol{e}_{x'} \cdot (\mathrm{d}\boldsymbol{e}_{y'}/\mathrm{d}t) = 0$ すなわち $a_{12} + a_{21} = 0$．同様にして，$a_{23} + a_{32} = 0$，$a_{31} + a_{13} = 0$ となる．言い換えれば，行列 A は反対称行列となる．このとき行列 A の独立な成分は３つで，それらを

$$a_{23} = -a_{32} \equiv \omega_1,\ a_{31} = -a_{13} \equiv \omega_2,\ a_{12} = -a_{21} \equiv \omega_3$$

と表す．すなわち３つの独立な成分を ω_1，ω_2，ω_3 として

$$\frac{\mathrm{d}}{\mathrm{d}t}\begin{pmatrix} \boldsymbol{e}_{x'} \\ \boldsymbol{e}_{y'} \\ \boldsymbol{e}_{z'} \end{pmatrix} = \begin{pmatrix} 0 & \omega_3 & -\omega_2 \\ -\omega_3 & 0 & \omega_1 \\ \omega_2 & -\omega_1 & 0 \end{pmatrix}\begin{pmatrix} \boldsymbol{e}_{x'} \\ \boldsymbol{e}_{y'} \\ \boldsymbol{e}_{z'} \end{pmatrix}$$

この関係式を速度 $\mathrm{d}\boldsymbol{r}/\mathrm{d}t$ の式へ代入すれば

$$\frac{\mathrm{d}\boldsymbol{r}}{\mathrm{d}t} = (\omega_2 z' - \omega_3 y')\boldsymbol{e}_{x'} + (\omega_3 x' - \omega_1 z')\boldsymbol{e}_{y'} + (\omega_1 y' - \omega_2 z')\boldsymbol{e}_{z'}$$

となり，ここで角速度ベクトルを $\boldsymbol{\omega} = \omega_1 \boldsymbol{e}_{x'} + \omega_2 \boldsymbol{e}_{y'} + \omega_3 \boldsymbol{e}_{z'}$ で定義すれば

$$\boldsymbol{v} = \frac{\mathrm{d}\boldsymbol{r}}{\mathrm{d}t} = \boldsymbol{\omega} \times \boldsymbol{r}$$

と剛体の回転に伴う速度ベクトルが角速度ベクトルで表される．

3.2　固定軸のまわりの回転と慣性モーメント

図 7-12 のような平面板の形の剛体が固定軸のまわりに回転している．角速度ベクトル $\boldsymbol{\omega}$ の方向を z 軸としよう．

平面板の任意の点の極座標を (r_i, θ_i) として，

$$\dot{\theta}_i = \dot{\theta} = \omega_z \tag{7.66}$$

であるので，剛体の角運動量の z 成分は

$$L_z = \sum_i m_i r_i (r_i \dot{\theta}_i) = \Big(\sum_i m_i {r_i}^2\Big)\dot{\theta} \tag{7.67}$$

ここで**慣性モーメント** I を次式

$$I = \sum_i m_i {r_i}^2 \tag{7.68}$$

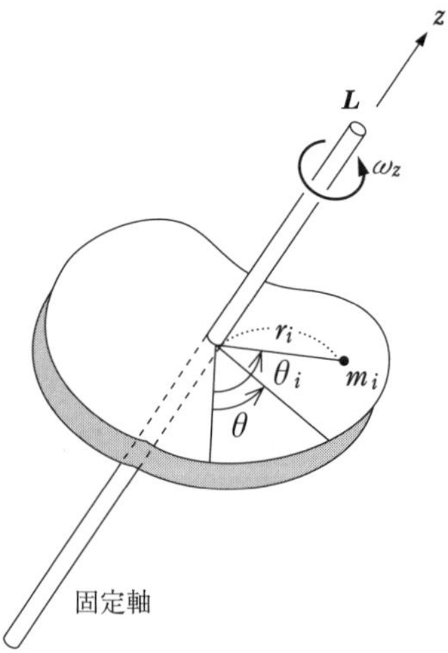

図 7-12　固定軸のまわりの剛体の回転

で定義すると，角運動量と角速度は

$$L_z = I\omega_z \tag{7.69}$$

で関係づけられる．剛体の回転運動の方程式は，力のモーメントを N_z として

$$\frac{\mathrm{d}L_z}{\mathrm{d}t} = N_z \tag{7.70}$$

で与えられる．よって

$$I\frac{\mathrm{d}\omega}{\mathrm{d}t} = N, \quad \text{または} \quad I\frac{\mathrm{d}^2\theta}{\mathrm{d}t^2} = N \tag{7.71}$$

ここで簡単のため ω_z, N_z を ω, N と書いた．この方程式は，1 次元の質点の運動方程式に極めて類似している．すなわち，質点の質量 m に対応するのが慣性モーメント I で，質点の位置を表す座標 x に対して回転角 θ，力 F に対しては力のモーメント N である．

次にこの剛体の運動エネルギーを求めよう．構成質点の回転による速度の大きさは $r_i\dot{\theta}_i$ なので

$$K = \frac{1}{2}\sum_i m_i(r_i\dot{\theta}_i)^2 = \frac{1}{2}\sum_i m_i{r_i}^2\dot{\theta}^2 \tag{7.72}$$

$$= \frac{1}{2}I\dot{\theta}^2 = \frac{1}{2}I\omega^2 \tag{7.73}$$

これは質点の運動エネルギーの式 $K = \dfrac{1}{2}mv^2$ に類似している．

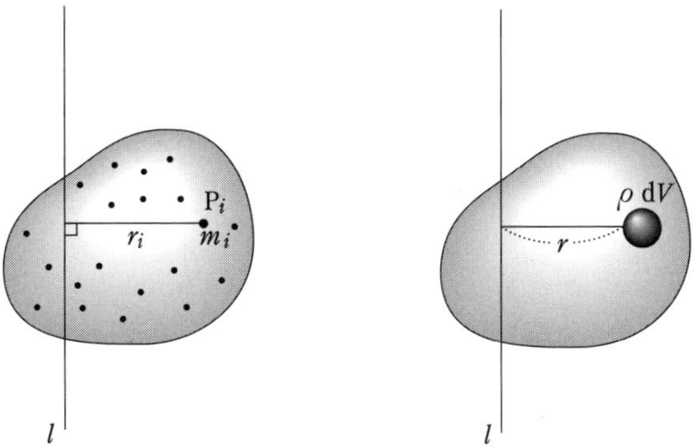

(a)　(b)

図 7-13　剛体の慣性モーメント

図 7-13(a) に示したように，剛体の直線 l に関する慣性モーメントは

$$I = \sum_i m_i {r_i}^2 \quad (\text{は構成質点についての和}) \tag{7.74}$$

で与えられるが，質量の分布が連続のとき (図 7-13(b)) は，密度を ρ として微小体積 $\mathrm{d}V$ の質量が $\rho\,\mathrm{d}V$ であることから

$$I = \int \rho r^2 \,\mathrm{d}V \tag{7.75}$$

となる．ここで剛体の質量は

$$M = \int \rho \,\mathrm{d}V \tag{7.76}$$

で与えられる．そこで，慣性モーメントを

$$I = Mk^2 \tag{7.77}$$

と書くとき，k を直線 l に関する剛体の**回転半径**という．

3.3　慣性モーメントに関する 2 つの定理

a.　平行軸の定理

ある直線 l に関する慣性モーメントを I とするとき，重心 G を通って l に平行な直線 l' (l と l' の距離 h，図 7-14(a)) に関する慣性モーメント I_{G} は I と

$$I = I_{\mathrm{G}} + Mh^2 \tag{7.78}$$

の関係にある．

証 明

$$I = \sum_i m_i {\boldsymbol{r}_i}^2, \quad I_{\mathrm{G}} = \sum_i m_i {\boldsymbol{r}'_i}^2 \tag{7.79}$$

ここで，剛体の構成質点の位置を xy-平面に射影した座標を $\boldsymbol{r}_i = (x_i, y_i)$，$\boldsymbol{r}'_i = (x'_i, y'_i)$ とし，$\boldsymbol{r}_{\mathrm{c}} = (x_{\mathrm{c}}, y_{\mathrm{c}}, 0)$ ととる．$\boldsymbol{r}_i = \boldsymbol{r}_{\mathrm{c}} + \boldsymbol{r}'_i$ かつ ${\boldsymbol{r}_{\mathrm{c}}}^2 = h^2$ だから

$$\begin{aligned} I &= \sum_i m_i {\boldsymbol{r}_i}^2 = \sum_i m_i \left(\boldsymbol{r}_{\mathrm{c}} + \boldsymbol{r}'_i\right)^2 \\ &= \sum_i m_i h^2 + 2\sum_i m_i \boldsymbol{r}'_i \cdot \boldsymbol{r}_{\mathrm{c}} + \sum_i m_i {\boldsymbol{r}'_i}^2 \end{aligned} \tag{7.80}$$

$\displaystyle\sum_i m_i \boldsymbol{r}'_i = 0, \sum_i m_i = M$ だから

$$I = I_{\mathrm{G}} + Mh^2 \tag{7.81}$$

を得る．

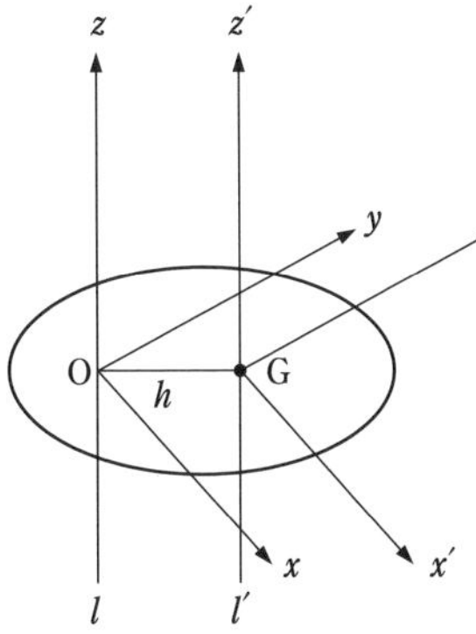

(a) 平行軸の定理

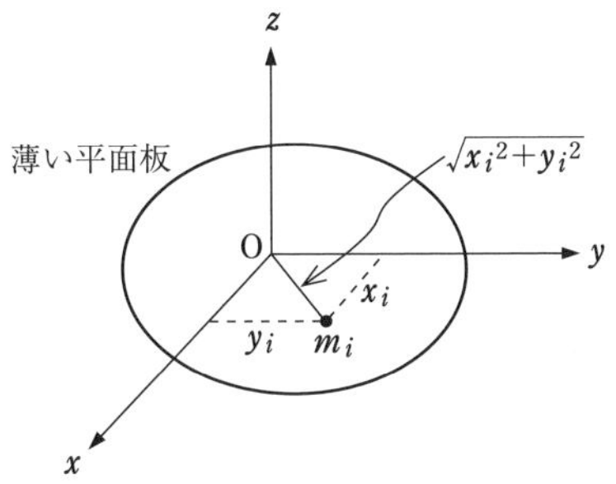

(b) 平面板の慣性モーメント

図 7-14 慣性モーメントに関する 2 つの定理

b. 平面板の定理

薄い平面板を考え (図 7-14(b)), x 軸, y 軸に関する慣性モーメントをそれぞれ I_x, I_y とすると, z 軸に関する慣性モーメント I_z は

$$I_z = I_x + I_y \tag{7.82}$$

証 明 $I_x = \sum_i m_i {y_i}^2$, $I_y = \sum_i m_i {x_i}^2$, $I_z = \sum_i m_i({x_i}^2 + {y_i}^2)$ より $I_z = I_x + I_y$.

3.4 慣性モーメントの計算例

a. 細長い棒 (長さ $2a$)

長さ $2a$, 質量 M の細長い棒の中心を通って棒に垂直な軸のまわりの慣性モーメントを求めよう. 線密度 (単位長さあたりの質量) は $\lambda = M/(2a)$. よって

$$I = \int_{-a}^{a} x^2 \cdot \lambda \, dx = 2 \cdot \frac{\lambda}{3} a^3 = \frac{1}{3} M a^2 \tag{7.83}$$

b. 円板 (半径 a)

質量が M, 厚さは一様で, 面密度 (単位面積あたりの質量) が σ の円板の中心 (重心) を通って円板に垂直な軸 (z 軸) のまわりの慣性モーメントを求める.

$$M = \int_0^a dm = \int_0^a \sigma \cdot 2\pi r \, dr = \pi \sigma a^2 \tag{7.84}$$

$$I = \int_0^a r^2 \, \mathrm{d}m = \int_0^a r^2 \sigma \cdot 2\pi r \, \mathrm{d}r = \frac{1}{2}\pi\sigma a^4 = \frac{1}{2}Ma^2 \tag{7.85}$$

これは次の方法でも導かれる．円板の中心を通って，円板に含まれる x 軸，y 軸に関する慣性モーメントは例題 2 で示すように $I_x = I_y = \dfrac{1}{4}Ma^2$ で与えられる．平面板の定理より，$I_z = I_x + I_y = \dfrac{1}{2}Ma^2$

c.　球 (半径 a)

一様な密度を ρ とすると，質量と z 軸に関する慣性モーメントはそれぞれ

$$M = \int_0^a \rho \cdot 4\pi r^2 \, \mathrm{d}r = \frac{4\pi}{3}\rho a^3 \tag{7.86}$$

$$I = \iiint (x^2 + y^2)\rho \, \mathrm{d}x \, \mathrm{d}y \, \mathrm{d}z \tag{7.87}$$

球の対称性を用いると，x, y, z 方向を取り替えても等しいから

$$\iiint x^2 \rho \, \mathrm{d}x \, \mathrm{d}y \, \mathrm{d}z = \iiint y^2 \rho \, \mathrm{d}x \, \mathrm{d}y \, \mathrm{d}z \tag{7.88}$$

$$= \iiint z^2 \rho \, \mathrm{d}x \, \mathrm{d}y \, \mathrm{d}z \tag{7.89}$$

$$= \frac{1}{3} \iiint (x^2 + y^2 + z^2)\rho \, \mathrm{d}x \, \mathrm{d}y \, \mathrm{d}z \tag{7.90}$$

$x^2 + y^2 + z^2 = r^2$ だから

$$I = \frac{2}{3} \int_0^a r^2 \rho 4\pi r^2 \, \mathrm{d}r = \frac{2}{3} \cdot 4\pi \cdot \frac{\rho}{5} a^5 = \frac{8\pi}{15}\rho a^5 \tag{7.91}$$

よって

$$I = \frac{2}{5}Ma^2 \tag{7.92}$$

例題 1　薄い球殻 (半径 a，質量 M，面密度 σ) の慣性モーメント
図 7-15 の円環部分 (半径：$r = a\sin\theta$) の質量は

$$\mathrm{d}m = \sigma \cdot 2\pi r \cdot a \, \mathrm{d}\theta = 2\pi a^2 \sigma \sin\theta \, \mathrm{d}\theta \tag{7.93}$$

全質量は

$$M = \int_0^\pi 2\pi a^2 \sigma \sin\theta \, \mathrm{d}\theta = 4\pi a^2 \cdot \sigma \tag{7.94}$$

よって慣性モーメントは

$$I = \int r^2 \, \mathrm{d}m \tag{7.95}$$

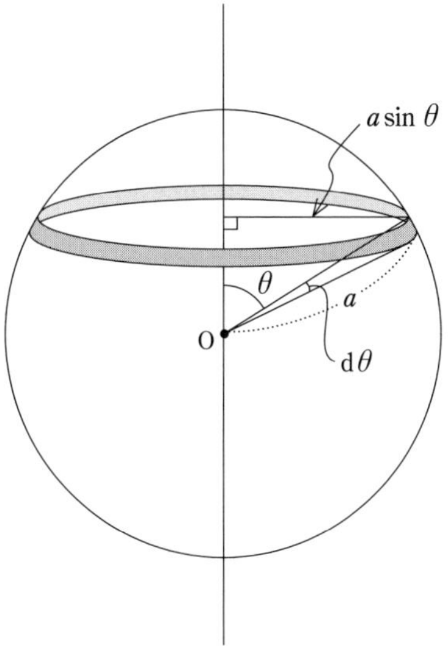

図 7-15　薄い球殻の慣性モーメント

$$= \int_0^\pi a^2 \sin^2\theta \cdot 2\pi a^2 \sigma \sin\theta \, \mathrm{d}\theta \tag{7.96}$$

$$= 2\pi a^4 \sigma \cdot \frac{4}{3} \tag{7.97}$$

したがって，

$$I = \frac{2}{3} M a^2 \tag{7.98}$$

この結果を用いれば，薄い球殻の慣性モーメントから球の慣性モーメントが求められる．体積密度が一様で ρ として，球を無数の球殻に分割する．半径が $r \sim r + \mathrm{d}r$ の間の球殻の慣性モーメントは

$$\mathrm{d}I = \frac{2}{3} (\rho \cdot 4\pi r^2 \, \mathrm{d}r) \, r^2 = \frac{8\pi\rho}{3} r^4 \, \mathrm{d}r \tag{7.99}$$

よって，全慣性モーメントは

$$I = \int \mathrm{d}I = \int_0^a \frac{8\pi\rho}{3} r^4 \, \mathrm{d}r = \frac{8}{15} \pi \rho a^5 \tag{7.100}$$

全質量は $(4\pi/3)\rho a^3$ であるので

$$I = \frac{2}{5} M a^2 \tag{7.101}$$

例題 2　円板 (半径 a, 質量 M) の中心 (重心) を通って円板に含まれる x 軸, y 軸に関するモーメントを求めよ.

$$I_x = I_y = \int_{-a}^{a} \frac{1}{3}(a^2 - x^2)\sigma \cdot 2\sqrt{a^2 - x^2}\,\mathrm{d}x = \frac{4}{3}\sigma a^4 \int_0^{\pi/2} \cos^4\theta\,\mathrm{d}\theta$$

$$= \frac{\pi\sigma}{4}a^4 = \frac{1}{4}Ma^2$$

3.5　剛体の静力学

剛体の運動は, (7.64) と (7.65) からわかるように, 剛体に作用する外力の和 $\boldsymbol{F} = \sum_i \boldsymbol{F}_i$ と任意の点に関する外力のモーメントの和 $\boldsymbol{N} = \sum_i \boldsymbol{r}_i \times \boldsymbol{F}_i$ で決まる. よって剛体に働く 2 つの力の組 ($\boldsymbol{F}_1$, $\boldsymbol{F}_2$, $\cdots$, $\boldsymbol{F}_n$) と ($\boldsymbol{F}'_1$, $\boldsymbol{F}'_2$, $\cdots$, $\boldsymbol{F}'_n$) がお互いに同じ効果を与えるのは

$$\sum_i \boldsymbol{F}_i = \sum_i \boldsymbol{F}'_i, \quad \sum_i \boldsymbol{r}_i \times \boldsymbol{F}_i = \sum_i \boldsymbol{r}'_i \times \boldsymbol{F}'_i \tag{7.102}$$

が成り立つときで, この場合, 2 つの力の組は等価であるという.

a.　剛体に働く力の性質

(1) 力の移動性の法則

剛体に働く力は, その**作用点**を**作用線**上の任意の点に移動させても, 剛体に対する効果は変わらない (図 7-16(a)). 仮に, 点 P に作用する $\boldsymbol{F}$ を作用線上の P′ に作用する力 $\boldsymbol{F}' = \boldsymbol{F}$ に移しても (図 7-16(b)), $(\boldsymbol{r} - \boldsymbol{r}') \times \boldsymbol{F} = 0$ なので $\boldsymbol{r} \times \boldsymbol{F} = \boldsymbol{r}' \times \boldsymbol{F}'$. よって同じ効果を与える.

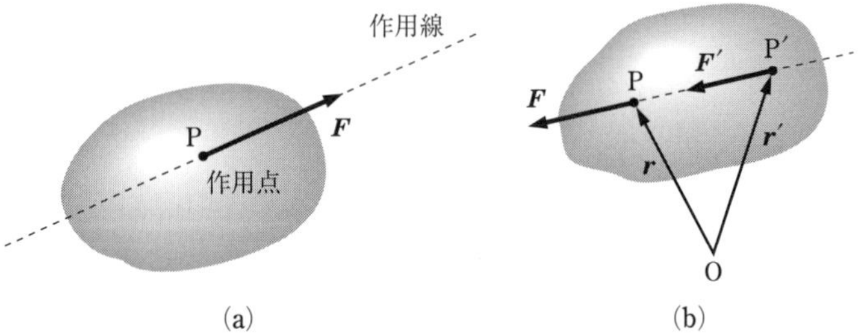

図 7-16　力の移動性

(2) 偶力

剛体に作用する 2 つの力 $\boldsymbol{F}_1$，$\boldsymbol{F}_2$ が同一直線上になく $\boldsymbol{F}_1 = -\boldsymbol{F}_2$ の場合，このように平行で逆向きの 2 つの力の組を**偶力** (couple) という．このときのモーメントの和

$$\boldsymbol{N} = \boldsymbol{r}_1 \times \boldsymbol{F}_1 + \boldsymbol{r}_2 \times \boldsymbol{F}_2 = (\boldsymbol{r}_1 - \boldsymbol{r}_2) \times \boldsymbol{F}_1 \tag{7.103}$$

を**偶力のモーメント**という．その大きさは $N = |\boldsymbol{N}| = lF_1$，$l$ は 2 つの作用線の間の垂直距離で**偶力の腕の長さ**という．

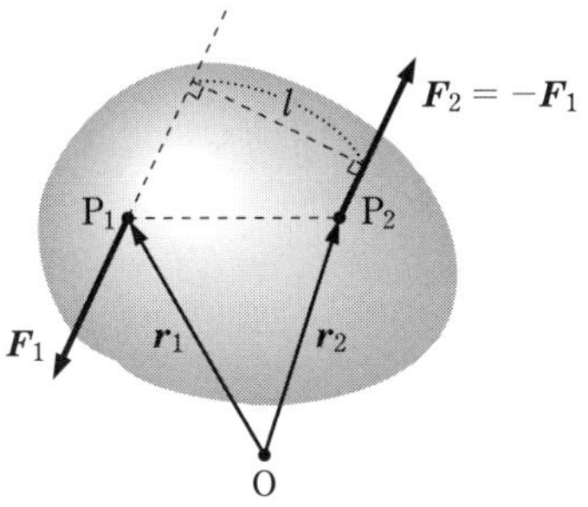

図 **7-17**　偶力

b.　剛体に働く力のつりあい

剛体に作用する力のつりあいの条件は，剛体の自由度 6 に対応して，成分で数えて以下の 6 つの条件となる．

$$\sum_i \boldsymbol{F}_i = 0 \tag{7.104}$$

$$\sum_i \boldsymbol{r}_i \times \boldsymbol{F}_i = 0 \tag{7.105}$$

後者のモーメントのつりあい条件は任意の点に関するモーメントについて成り立てばよい．実際，図 7-18 で O と O$'$ に関する力のモーメントは等しい．なぜなら，(7.104) が成り立つから，OO$'$ 間の一定の相対ベクトルを $\boldsymbol{a}$ とすると

$$\sum_i \boldsymbol{r}'_i \times \boldsymbol{F}_i = \sum_i (\boldsymbol{a} + \boldsymbol{r}_i) \times \boldsymbol{F}_i$$

$$= \boldsymbol{a} \times \sum_i \boldsymbol{F}_i + \sum_i \boldsymbol{r}_i \times \boldsymbol{F}_i = \sum_i \boldsymbol{r}_i \times \boldsymbol{F}_i \tag{7.106}$$

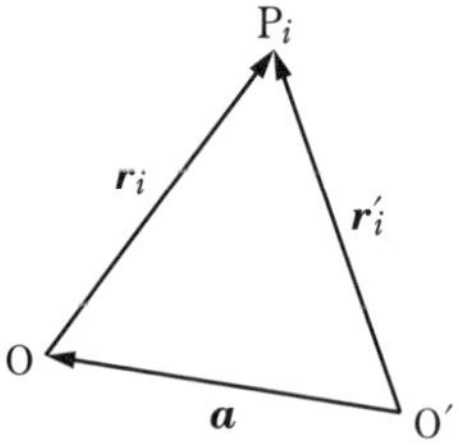

図 7-18　任意の点でのモーメントのつりあい

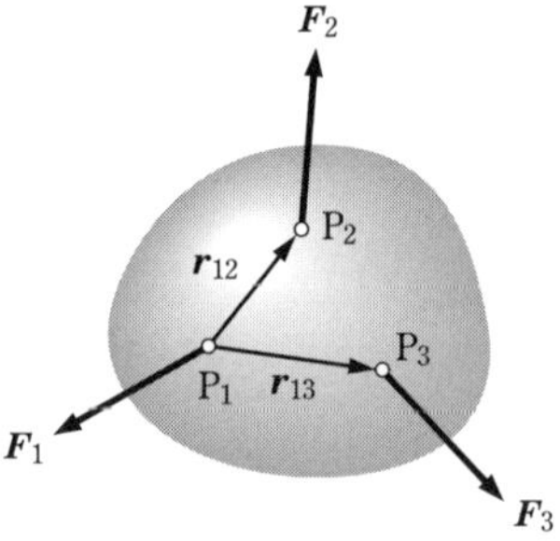

図 7-19　3 力のつりあい

だからである．

(1) 2 力によるつりあい

剛体に働く 2 力がつりあうのは，2 つの力の大きさが等しく，向きは逆で作用線が一致するときである．

(2) 3 力によるつりあい

3 つの力は同一平面内にあり，3 つの力の作用線は同一点で交わるかまたは互いに平行のときつりあう．

なぜなら，図 7-19 において，点 P_1 に関するモーメントのつりあいの条件は

$$\boldsymbol{r}_{12} \times \boldsymbol{F}_2 + \boldsymbol{r}_{13} \times \boldsymbol{F}_3 = 0 \tag{7.107}$$

であるが，これは $\boldsymbol{r}_{12}$ と $\boldsymbol{F}_2$ を含む平面が $\boldsymbol{r}_{13}$ と $\boldsymbol{F}_3$ を含む平面に平行であることを意味する．一方，両方の平面は点 P_1 を共有するから，実は両者は同一平面である．ゆえに，点 P_1 と $\boldsymbol{F}_2$, $\boldsymbol{F}_3$ は同一平面内にある．さらに，$\boldsymbol{F}_1+\boldsymbol{F}_2+\boldsymbol{F}_3 = 0$ だから，$\boldsymbol{F}_1$ も同一平面内にある．$\boldsymbol{F}_1$ と $\boldsymbol{F}_2$ は同一平面内にあるので，その作用線は，(i) 1 点で交わるか，(ii) 平行である．交わる場合，図 7-20 のように $\boldsymbol{F}_1$

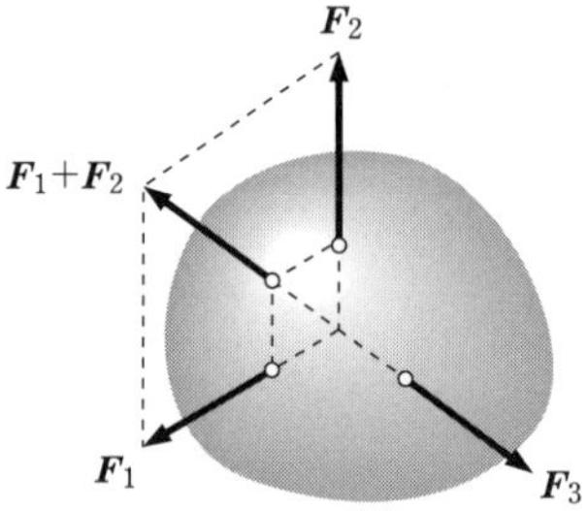

図 7-20　1 点で交わる場合

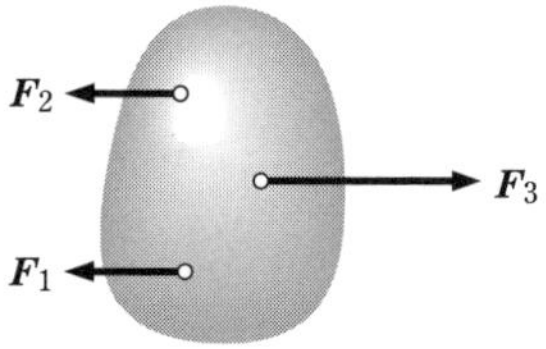

図 7-21　平行の場合

と $\boldsymbol{F}_2$ の合力の作用線はその交点を通る．これが $\boldsymbol{F}_3$ とつりあうためには，$\boldsymbol{F}_3$ の作用線もこの交点を通る．一方平行の場合は，図 7-21 のように $\boldsymbol{F}_3$ も $\boldsymbol{F}_1$ と $\boldsymbol{F}_2$ に平行となる．

問題　ラミ (Lami) の定理　作用線が 1 点で交わる 3 力 $\boldsymbol{F}_1$, $\boldsymbol{F}_2$, $\boldsymbol{F}_3$ がつりあうとき，図で $\dfrac{F_1}{\sin\alpha} = \dfrac{F_2}{\sin\beta} = \dfrac{F_3}{\sin\gamma}$ が成り立つことを示せ．

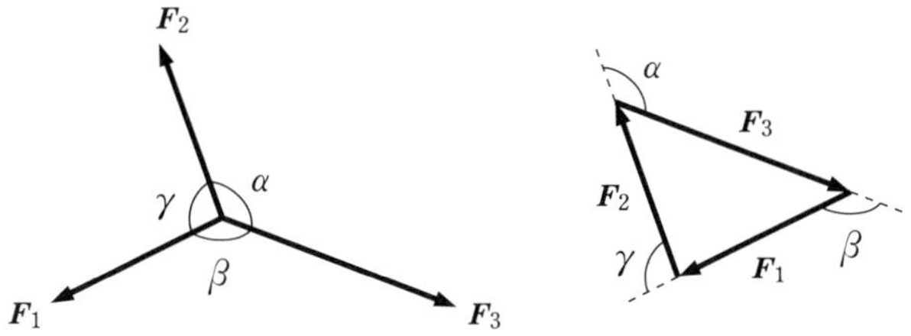

図 7-22　Lami の定理

解　$\boldsymbol{F}_1$, $\boldsymbol{F}_2$, $\boldsymbol{F}_3$ は閉三角形を作り，これに正弦定理 $\dfrac{F_1}{\sin(\pi-\alpha)} = \dfrac{F_2}{\sin(\pi-\beta)} = \dfrac{F_3}{\sin(\pi-\gamma)}$ を適用すれば示すことができる．

例 題　図のように，一様な棒 (長さ $2l$，重さ W) の下の端 A をなめらかな「ちょうつがい」で支え，なめらかな鉛直の壁によりかけたとき，棒は水平線と角 θ をなして静止した．棒が壁および「ちょうつがい」から受ける抗力 R_{A}，R_{B} を求めよ．ここで「ちょうつがい」は円柱状の穴にはめられた軸のまわりに自由に回転できる装置で，軸と穴の接触点によって抗力の方向が決まるが，その方向の角度 α は未知としてつりあいの式から求めよ．

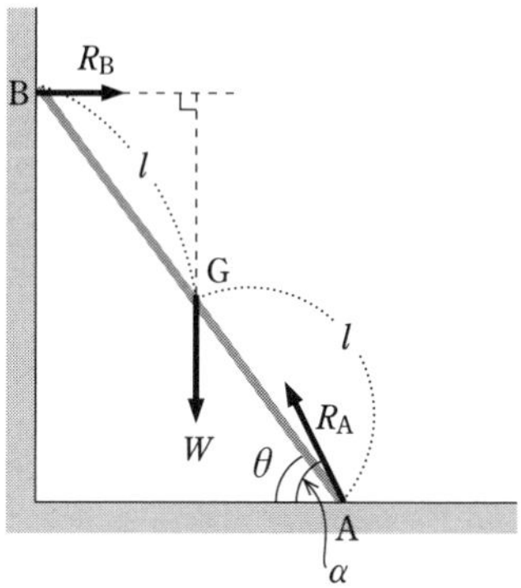

図 7-23　壁に立てかけた棒

解　棒に働く力のつりあいは，水平向きに

$$R_{\mathrm{B}} - R_{\mathrm{A}}\cos\alpha = 0$$

鉛直上向きに

$$R_{\mathrm{A}}\sin\alpha - W = 0$$

A に関するモーメント

$$l\cos\theta\cdot W - 2l\sin\theta\cdot R_{\mathrm{B}} = 0$$

R_{A}, R_{B}, α について解くと

$$\tan\alpha = 2\tan\theta,\quad R_{\mathrm{B}} = \frac{1}{2}W\cot\theta,\quad R_{\mathrm{A}} = \frac{1}{2}W\sqrt{4+\cot^2\theta}$$

§4　簡単な剛体の運動

まず固定軸のまわりの剛体の運動の典型的な例を考察しよう．これは上述の自由度が1の最も単純な剛体の運動に対応する．

4.1　剛体振り子

図7-24のように剛体を水平な軸のまわりに自由に回転できるように支えて，重力の作用で振動させる振り子を**剛体振り子** (physical pendulum) という．水平軸が通る支点Oと剛体の重心Gを結ぶ線分OGが鉛直線となす角を θ，OG間の距離を h，剛体の質量を M とする．回転軸のまわりの慣性モーメントを I とすれば，運動方程式は

$$I\frac{\mathrm{d}^2\theta}{\mathrm{d}t^2} = -Mgh\sin\theta \tag{7.108}$$

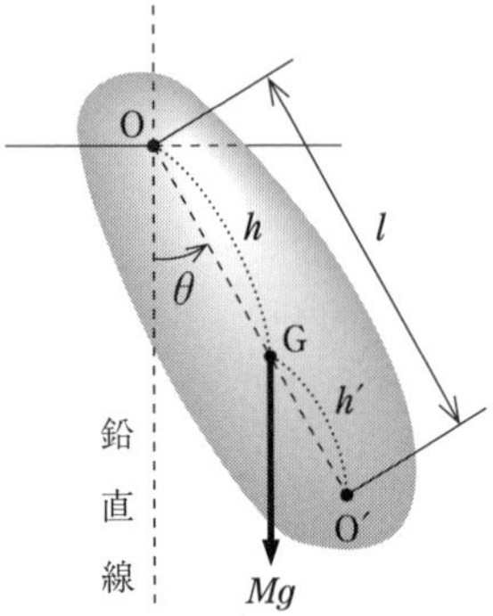

図7-24　剛体振り子

この式を単振り子の方程式 (3.90) と比較するとひもの長さ l が

$$l = I/Mh = k^2/h \qquad (k : \text{O のまわりの回転半径}) \tag{7.109}$$

で与えられる単振り子と同等の運動を行うことがわかる．l を**相当単振り子の長さ**という．振幅が小さい場合は単振動となってその周期は

$$T = 2\pi\sqrt{I/Mgh} = 2\pi\sqrt{k^2/gh} \tag{7.110}$$

となる．OGの延長線上でOから距離 l の点 O' を**振動の中心**という．仮に全質量 M が点 O' に集まったとすると，この仮想的な単振り子は剛体振り子と等価な運動を行う．$\mathrm{O}'\mathrm{G} = h'$ とすると $l = h + h'$ だから

$$h' = l - h = k^2/h - h \quad \text{すなわち} \quad hh' = k^2 - h^2 \tag{7.111}$$

が成り立つ．重心Gを通る回転軸のまわりの慣性モーメントを $I_\mathrm{G} = Mk_\mathrm{G}^2$ とすると，平行軸の定理より

$$I = I_\mathrm{G} + Mh^2 \quad \text{すなわち} \quad k^2 = k_\mathrm{G}^2 + h^2 \tag{7.112}$$

となるので，結局次の関係式

$$hh' = k_\mathrm{G}^2 \tag{7.113}$$

が得られる．この式は h と h' の入れ替えに対して不変だから，O と O′ の役割を入れ替えて，O′ を通る平行軸を回転軸として，振動させると，振動の中心は O となり，同じ周期で振動する．この原理を利用して g の値を正確に測定する装置として**可逆振り子**がある．

問題　上の剛体振り子で O′ を通る平行軸のまわりの慣性モーメントを $I' = Mk'^2$ としたとき相当単振り子の長さ l' が l に等しくなることを示せ．

解　$l' = k'^2/h' = (k_{\mathrm{G}}^2 + h'^2)/h' = h + h' = l.$

今度は平面内の剛体の運動を考えよう．剛体に働く力が 1 つの平面 (xy 平面) にあり，重心がこの平面内を運動し，剛体がこの xy 平面に垂直な軸のまわりに回転する場合．重心の座標を (x, y) とし，回転の角速度を ω とする．重心を通り xy 平面に垂直な軸 (z 軸に平行) に関する慣性モーメントを I とする．重心の並進運動の方程式

$$M\ddot{x} = F_x, \quad M\ddot{y} = F_y \tag{7.114}$$

と，重心のまわりの回転運動の方程式

$$I\frac{\mathrm{d}\omega}{\mathrm{d}t} = N_z \tag{7.115}$$

から運動が決まる．

4.2　天井から糸で吊り下げられた円板の運動

図 7-25 のように，一様な円板 (半径：a，質量：M) のまわりに糸を巻き，糸の一端を天井に固定して放すときの運動を調べよう．

重心 G を通り，鉛直下向きに x 軸をとる．時刻 $t = 0$ での重心の位置を $x = 0$，また GA が水平で，時刻 t で重心の位置が x また GB が水平としよう．GA から GB までの回転角を θ とする．糸の張力を T，重力加速度を g として，運動方程式を書き下すと，

$$M\ddot{x} = Mg - T \tag{7.116}$$

$$I\ddot{\theta} = Ta \tag{7.117}$$

糸が円板に対して滑らない条件から $a\theta = x$，また $I = Ma^2/2$ を用いると

$$\frac{3}{2}Ma^2\ddot{\theta} = Mga \quad \text{よって} \quad \ddot{\theta} = \frac{2g}{3a}, \qquad \ddot{x} = \frac{2}{3}g \tag{7.118}$$

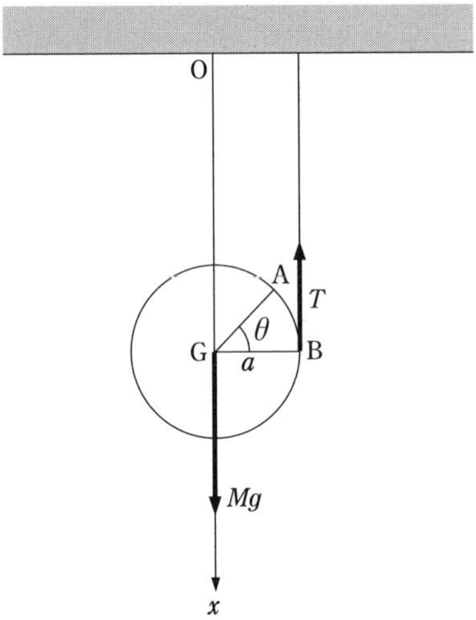

図 7-25　吊り下げられた円板の運動

これらを t で積分して，

$$x = \frac{g}{3}t^2, \qquad \theta = \frac{g}{3a}t^2 \tag{7.119}$$

また，糸の張力は

$$T = Mg - M \cdot \frac{2}{3}g = \frac{1}{3}Mg \tag{7.120}$$

4.3　斜面を転がる球の運動

図 7-26 のように，一様な球 (半径：a，質量：m) が傾き α の粗い斜面を転がり落ちるときの運動を調べよう．図のように斜面に沿って下向きに x 軸，斜面

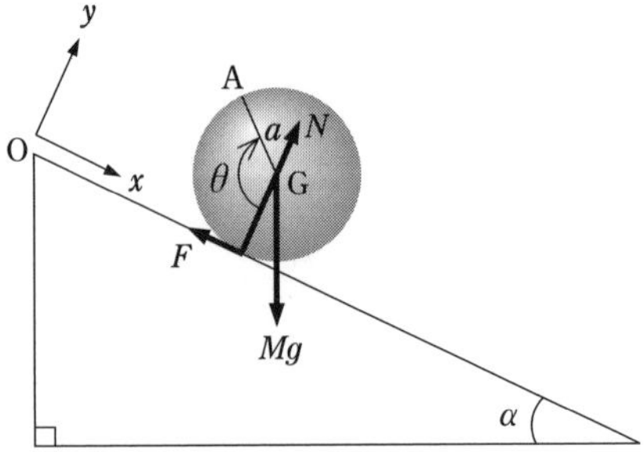

図 7-26　斜面を転がる球の運動

に垂直に上向きに y 軸をとる.

時刻 $t=0$ で球の重心は $x=0$ にあり，時刻 t での座標が x，回転角が θ とすると，球の並進と回転の方程式は

$$M\ddot{x} = Mg\sin\alpha - F \tag{7.121}$$

$$0 = N - Mg\cos\alpha \tag{7.122}$$

$$I\ddot{\theta} = Fa \tag{7.123}$$

ただし，F は斜面から受ける摩擦力．以下では球が滑らずに転がり落ちる場合を考察する．このときは条件式

$$x = a\theta \tag{7.124}$$

が付け加わり，4 つの未知数 N, F, x, θ に対して，4 つの方程式が得られ，これらを解くことにより運動が決定する．まず，$I\ddot{\theta} = Fa$ より，

$$I\ddot{x} = Fa^2 \qquad \text{すなわち} \qquad F = \frac{I}{a^2}\ddot{x} \tag{7.125}$$

(7.121) に代入して

$$\left(M + \frac{I}{a^2}\right)\ddot{x} = Mg\sin\alpha \tag{7.126}$$

球の慣性モーメント $I = 2Ma^2/5$ を使って

$$\ddot{x} = \frac{5}{7}g\sin\alpha \tag{7.127}$$

また，摩擦力は

$$F = \frac{1}{a^2}\cdot\frac{2}{5}Ma^2\cdot\frac{5}{7}g\sin\alpha = \frac{2}{7}Mg\sin\alpha \tag{7.128}$$

ただし，静止摩擦力は最大静止摩擦力を越えられないので

$$\frac{F}{N} = \frac{2}{7}\frac{Mg\sin\alpha}{Mg\cos\alpha} = \frac{2}{7}\tan\alpha \leqq \mu \tag{7.129}$$

という条件を満たさなければならない.

問題　上の問題で，エネルギー保存則を用いて，斜面を転がる球の加速度を求めよ.

解　静止摩擦力は仕事をしないので次のエネルギー保存則が成り立つ.

$$\frac{1}{2}M\dot{x}^2 + \frac{1}{2}I\dot{\theta}^2 - Mgx\sin\alpha = \text{一定} = E$$

$I = \dfrac{2}{5}Ma^2,\ \theta = \dfrac{x}{a}$ をこの式に代入して，両辺を t で微分すると $\ddot{x} = \dfrac{5}{7}g\sin\alpha$ が得られる.

今度は球が滑りながら転がり落ちる場合を考えよう．$\tan\alpha_0 = \dfrac{7}{2}\mu$ とすると，$\alpha > \alpha_0$ では球の斜面との接触点は瞬間的に静止することができなくなり，球は斜面を滑り出す．その結果，次の運動摩擦力が働く．

$$F = \mu' N \tag{7.130}$$

今度は，(7.124) の代わりに，この式 (7.130) と (7.121)，(7.122)，(7.123) を連立させて運動を解くことになる．

4.4　ビリヤードの問題

剛体に衝撃力が働いたときの運動の例として，球突き (ビリヤード) の問題を考えよう．まず，一般に剛体に対する方程式

$$\frac{\mathrm{d}\boldsymbol{P}}{\mathrm{d}t} = \sum_i \boldsymbol{F}_i \tag{7.131}$$

$$\frac{\mathrm{d}\boldsymbol{L}}{\mathrm{d}t} = \sum_i \boldsymbol{r}_i \times \boldsymbol{F}_i \tag{7.132}$$

で剛体に作用する力が衝撃力だとすると，この微小時間で積分して (第4章 §6 参照)

$$\boldsymbol{P}(t_2) - \boldsymbol{P}(t_1) = \int_{t_1}^{t_2} \sum_i \boldsymbol{F}_i \,\mathrm{d}t = \sum_i \boldsymbol{\Phi}_i \tag{7.133}$$

$$\boldsymbol{L}(t_2) - \boldsymbol{L}(t_1) = \int_{t_1}^{t_2} \sum_i \boldsymbol{r}_i \times \boldsymbol{F}_i \,\mathrm{d}t = \sum_i \boldsymbol{r}_i \times \boldsymbol{\Phi}_i \tag{7.134}$$

(7.133) の最後の表式を得るのに，衝撃力の働く微小な時間内に剛体の位置は変化しないことを用いた．このとき得られた

$$\boldsymbol{\Psi} \equiv \sum_i \boldsymbol{r}_i \times \boldsymbol{\Phi}_i \tag{7.135}$$

を**力積モーメント**または**角力積**という．(7.133)，(7.134) は，剛体の運動量の変化が力積に，また角運動量の変化が力積モーメントに等しいことを示している．

剛体に1つの衝撃力が作用する場合は，(7.133)，(7.134) は簡単になり

$$\Delta\boldsymbol{P} = M\boldsymbol{v}_0 = \boldsymbol{\Phi} \tag{7.136}$$

$$\Delta\boldsymbol{L} = \boldsymbol{r} \times \boldsymbol{\Phi} \tag{7.137}$$

である．ただし，$\boldsymbol{v}_0$ は衝撃力で剛体の質量中心の得る速度である．

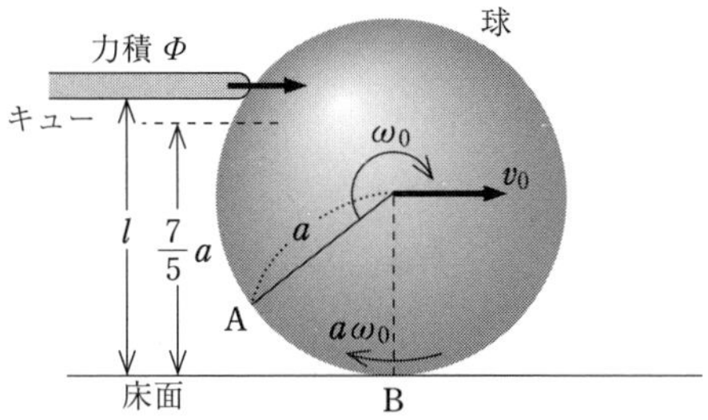

図 7-27 ビリヤードのキューによる衝撃力

いま，図 7-27 のように，水平な床に質量 M，半径 a のビリヤードの球が置かれているとする．この球の中心を含む鉛直面内で，床からの高さが l の点を，ビリヤードの棒 (キュー) で突いて衝撃力を与えたときの運動を調べる．

運動量および角運動量の変化は

$$Mv_0 = \Phi \tag{7.138}$$

$$I\omega_0 = (l-a)\Phi \tag{7.139}$$

ここで，v_0 と ω_0 はそれぞれ，衝撃力で球が得る速度と角速度で，また慣性モーメントは $I = (2/5)Ma^2$ である．よって v_0 と ω_0 について解くと

$$v_0 = \frac{\Phi}{M} \tag{7.140}$$

$$\omega_0 = \frac{5(l-a)}{2Ma^2}\Phi \tag{7.141}$$

となる．球が床と接している点 B の速度は

$$u_0 = v_0 - a\omega_0 = \frac{\Phi}{M} - \frac{5(l-a)}{2Ma}\Phi = \frac{7a-5l}{2aM}\Phi \tag{7.142}$$

で，これが球が床面に対して滑る速さである．

(1) $l = \frac{7}{5}a$ のとき $u_0 = 0$ となり，球は滑らず転がる．よって滑りの摩擦力はなく，転がりの静止摩擦力だけがある (図 7-28(a))．

(2) $l > \frac{7}{5}a$ のとき (高球) $u_0 < 0$ で，滑りの摩擦力は回転を減速する向きに働く．滑りがなくなるまで，直進運動が加速され，それからほぼ一定の速さで進む．接触点の速度が負のあいだに静止していた同じ質量の球にあたると，これを押し動かした後もなお前進しようとする (ビリヤードの押し球，図 7-28(b))．

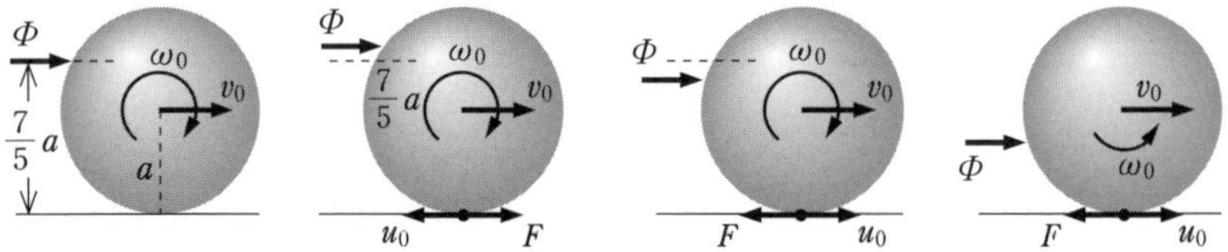

図 7-28　ビリヤード球の運動

(3) $a < l < \dfrac{7}{5}a$ のとき (低球) $u_0 > 0$ で，滑りの摩擦力は球の進行を減速し，回転を加速する．実際，滑りの摩擦力を $\mu' Mg$ とすると，運動方程式は

$$M\frac{\mathrm{d}v}{\mathrm{d}t} = -\mu' Mg, \quad I\frac{\mathrm{d}\omega}{\mathrm{d}t} = \mu' Mga \tag{7.143}$$

これらを解いて

$$v = v_0 - \mu' gt = \frac{\Phi}{M} - \mu' gt$$

$$a\omega = a\omega_0 + \frac{5}{2}\mu' gt = \frac{5(l-a)}{2a}\frac{\Phi}{M} + \frac{5}{2}\mu' gt \tag{7.144}$$

$v = a\omega$ となるのは

$$t_0 = \frac{(7a-5l)\Phi}{7\mu' gaM} \tag{7.145}$$

で，これ以後，一定の速さ $v_\infty = (5l/7a)(\Phi/M)$ で滑らず転がる (図 7-28(c))．この場合，静止している質量の等しい他の球と衝突すると，直進運動は止まり回転運動は保存される．回転運動は $\omega_0 \leqq \omega \leqq \omega_\infty = v_\infty/a$ を満たすので，接触点の速度は負となり，滑り摩擦力で前方へ進む．すなわちこの場合も押し球となる．

(4) $0 < l < a$ のとき，球は逆方向の回転 ($\omega_0 < 0$) で運動を始めるが，その他の点では $l < \dfrac{7}{5}a$ の場合と同じ．(7.144) より $\omega = 0$ となるのは，$t_1 = (a-l)\Phi/(\mu' gaM)$ である．$0 < t < t_1$ では $\omega < 0$ なので，この間に他の球と衝突すると衝突の瞬間に直進運動は止まり，負の回転で接触点の速度は正となり，滑り摩擦力によって，逆方向に加速され戻ってくる (玉突きの引き球，図 7-28(d))．

4.5　こまの歳差運動

回転軸について対称なこま (図 7-29)，すなわち**対称こま**を考えよう．最初，こまを軸のまわりに大きい加速度 ω で回転させ，軸の一端 O を動かないようにして，軸を鉛直線から θ だけ傾け静かに放す．この場合，こまは鉛直線に対して一定の傾きを保ちながら鉛直線のまわりをゆっくりと角速度 Ω で回転する．この運動を**歳差運動** (precession) という．

時刻 t でこまの角運動量 $\boldsymbol{L}$ とし，微小な時間 $\mathrm{d}t$ の後にこの角運動量が $\mathrm{d}\boldsymbol{L}$ だけ変化して $\boldsymbol{L}+\mathrm{d}\boldsymbol{L}$ となったとすると，$\mathrm{d}\boldsymbol{L}$ は固定点 O のまわりの重力による力のモーメント $\boldsymbol{N}$ と

$$\mathrm{d}\boldsymbol{L} = \boldsymbol{N}\,\mathrm{d}t \tag{7.146}$$

の関係にある．O から重心 G までの長さを h とすると，こまの質量を M としてモーメントは

$$|\boldsymbol{N}| = N = Mgh\sin\theta \tag{7.147}$$

で与えられる．

一般には，このこまの運動は複雑であるが (第 9 章参照)，上で述べたようにこまの軸のまわりの自転の角運動量が歳差運動の角運動量より十分大きいときは以下のように扱ってよい．すなわち，図 7-30 より $\mathrm{d}\boldsymbol{L}$ の大きさ $\mathrm{d}L$ は

$$\mathrm{d}L = L\sin\theta\cdot\mathrm{d}\varphi = L\sin\theta\cdot\Omega\,\mathrm{d}t \tag{7.148}$$

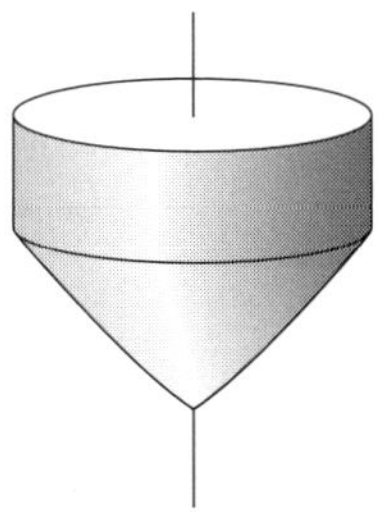

図 7-29　対称こま

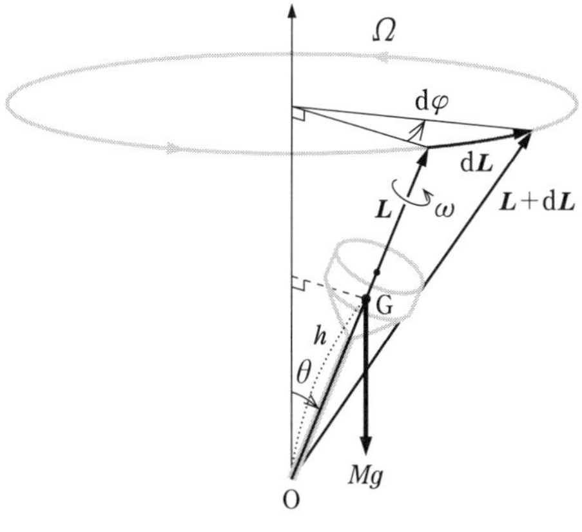

図 7-30　こまの歳差運動

で，(7.146) と (7.147) より

$$L \sin\theta \cdot \Omega \, \mathrm{d}t = Mgh \sin\theta \, \mathrm{d}t \tag{7.149}$$

よって，歳差運動の角速度の大きさは

$$\frac{\mathrm{d}\varphi}{\mathrm{d}t} = \Omega = \frac{Mgh}{L} = \frac{Mgh}{I\omega} \tag{7.150}$$

となる．ただし，ここで，こまの対称軸に関する慣性モーメントを I としたので，$L = I\omega$ の関係が成り立つ．こまの自転が速ければ，L は大きく，よって Ω は小さくなり，歳差運動はゆっくりで，$\omega \gg \Omega$ となり，ここでの近似の前提と矛盾しない．このように，高速で回転しているこまは重力が働いても，鉛直線と一定の角度を保ちながら倒れずに歳差運動を行う．一般に，高速で回転している物体は力の方向に倒れないで，力に対して垂直な向きに回転軸が移動する．これを**ジャイロ現象**という．

話 題：地球の歳差運動

よく知られているように，地軸は地球の公転面すなわち黄道面に垂直な軸である黄道軸に対して約 23.5° 傾いている (図 7-a)．地球は少し扁平な回転楕円体と見なすことができるので，黄道面で地球を 2 等分すると，太陽に近い上部の受ける引力の方が，太陽に遠い下部の受ける引力よりも大となって，引力のモーメントは地軸を立たせる向きに働く．その結果，地球は自転と反対向きに，すなわち北極の上方より見下ろしたとき，時計のまわる向きに歳差運動することになる．周期は約 26000 年であり，現在，地軸は北極星を指しているが，歳差運動によりその方向は少しずつずれている．

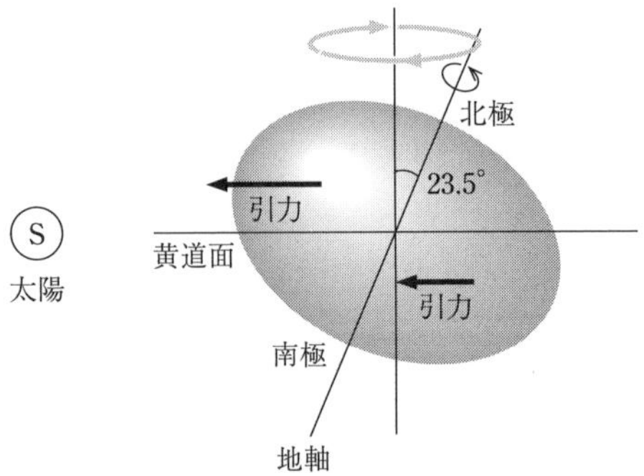

図 7-a

このジャイロ現象による効果，すなわち**ジャイロ効果**をもとに自転車や一輪車の回転している車輪はなぜ倒れないかを考えよう．図 7-31 のように車輪が角速度 ω で回転していて，車軸に関する慣性モーメントを I とする．いま，車軸の一方に $F = mg$ の力を加えるとどうなるだろうか．もちろん，車輪が回転していなければ，その方向に倒れることになる．車輪が回転している場合,車軸に沿って，大きさが $L = I\omega$ の角運動量 $\boldsymbol{L}$ が存在する．このとき，力 $\boldsymbol{F} = m\boldsymbol{g}$ の車輪の中心に関するモーメントは $\boldsymbol{N} = \boldsymbol{r} \times \boldsymbol{F}$ となる．これによって，角運動量は $\mathrm{d}t$ 時間に $\mathrm{d}\boldsymbol{L} = \boldsymbol{N}\,\mathrm{d}t$ だけ変化して $\boldsymbol{L} + \mathrm{d}\boldsymbol{L}$ となる．$\boldsymbol{L}$ と $\boldsymbol{L} + \mathrm{d}\boldsymbol{L}$ のなす角度を $\mathrm{d}\varphi$ とすると

$$\mathrm{d}\varphi = \frac{\mathrm{d}L}{L} = \frac{mgr}{I\omega}\,\mathrm{d}t \tag{7.151}$$

ただし，ここで $N = |\boldsymbol{N}| = mgr$ を用いた．よって車輪は倒れることなく，その向きは，角速度

$$\Omega = \frac{\mathrm{d}\varphi}{\mathrm{d}t} = \frac{mgr}{I\omega} \tag{7.152}$$

でゆっくりと回転する．すなわち，回転している車輪は倒れずに方向を変えることになる．

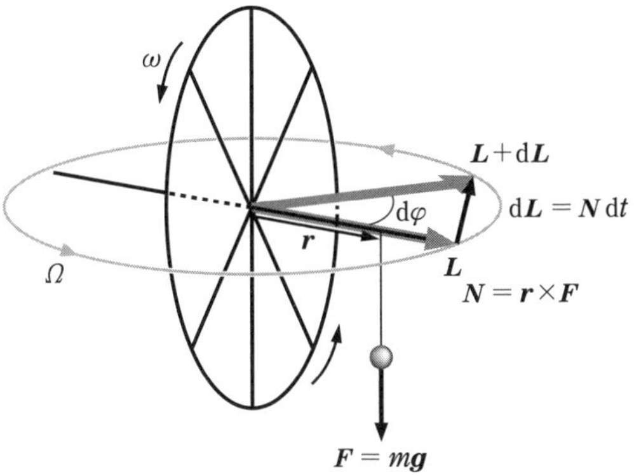

図 7-31　回転する車輪の方向を変える力のモーメント

演　習　問　題

1. 単位時間に ρ の割合で，後方に一定質量の燃料ガスを相対速度 u で噴出しつつ，一様な重力場中を鉛直に上昇するロケットの運動を調べよう．時刻 t でのロケットの質量を $m(t)$，速度を v としたとき運動方程式を書き下せ．また，$t=0$ でのロケットの速度がゼロで質量が m_0 で地上から打ち上げられるとき，時刻 t でのロケットの速度および高さを求めよ．

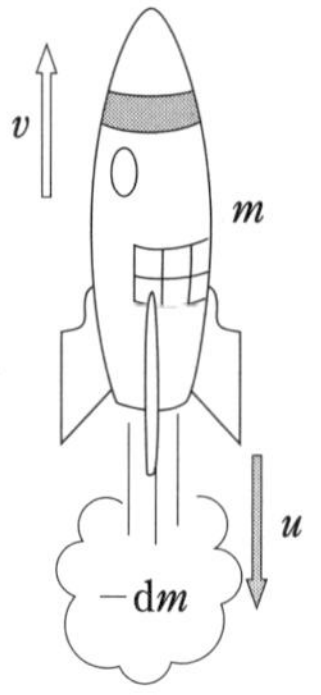

図 7-32　ロケットの推進力

2. 雨滴が落下中に，まわりの静止している水滴と合わさって，質量を増していくものとしたとき，単位時間あたりの質量の増加量を ρ とすると時間が t だけ経過するとどれだけ落ちているか．ただし，落ちはじめの質量を m_0 とし，空気の抵抗は無視する．

3. 一定の速度で飛んできたある物体が破裂して，質量が等しい3つの破片にこわれた．そのうちの1つはもとの飛行方向に，残りの2つはその方向と 60° をなす方向にそれぞれ飛び散った．破裂の際に放出されたエネルギーが直前の運動エネルギーの2倍であったとすると，各破片がもつ運動エネルギーを求めよ．

4. 机にあけられた小さな穴を通して全長 l のひもを，最初 l_0 だけ垂れ下げて静止しさせていたとき，ひもを静かにはなすと，ひもの端が穴をすり抜けるときの速さ v を求め，また通過した部分の長さを時間 t の関数として求めよ．

5. 一様な弾性体の球がなめらかな水平な面に沿って，これとは垂直に立てられた平らな固定面に速さ v，投射角 θ で衝突した．衝突後の速さ v' および方向 φ を求めよ．ただし，反発係数を e とする．

6. 一様な薄い三角形の板 (質量 M，3辺の長さ a,b,c) の質量中心 (重心) を通り，板に垂直な軸に関する慣性モーメントを求めよ．

7. 半径 a，質量 M の一様な円板がその中心から距離 h にある点を通って円板に垂直な水平軸のまわりに微小振動を行うとき，運動方程式を書き下し，周期を求めよ．また，このとき，振動の周期が最小になる h の値を求めよ．

8. 本文の斜面を転がる球の運動について，球のかわりに一様な円板 (半径 a，質量 M)

にするとどうなるか.

9. 第 3 章演習問題 3.の Atwood の装置で，定滑車の慣性モーメントを考慮したときの加速度と左右のひもの張力を求めよ．ただし，定滑車の半径を r とし，また慣性モーメントを I とする.

10. 自動車が道路を走行するときのトルク (力のモーメント) を考える．図 7-33 のように，前輪，後輪の半径は同じで r とし，エンジンの駆動力は後輪に伝わる (後輪駆動) ものとする．道路面との摩擦力および垂直抗力を，それぞれ F_1, F_2 および N_1, N_2 とする．重心の位置を G とするとき，道路面からの高さを h，前輪 (後輪) の接地位置と G から下ろした垂線の足との距離を d_1 (d_2) とする．また，車の質量を M，加速度を a とする．運動方程式は

$$\text{水平方向：}\quad Ma = F_1 + F_2 \tag{7.153}$$

$$\text{鉛直方向：}\quad Mg = N_1 + N_2 \tag{7.154}$$

であり，重心 G のまわりの力のモーメントのつりあいは

$$N_2 d_2 - N_1 d_1 - F_1 h - F_2 h = 0 \tag{7.155}$$

である．車の駆動力が後輪にトルク (力のモーメント) T を及ぼすとし，また車輪の質量および慣性モーメントを無視できるとしてゼロとおいて回転運動の方程式を書き下し，加速度 a の最大値 $a_{\max}$ を求めよ．ただし，車輪と道路面との静止摩擦係数を μ とする.

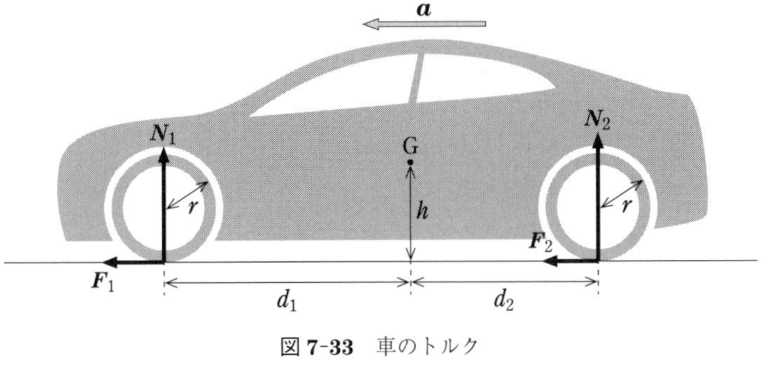

図 **7-33** 車のトルク

8 非慣性系における運動

これまでは，ニュートンの運動法則がそのままの形で成り立つ慣性系での運動を論じてきた．この章では，慣性系に対して並進の加速度や回転による加速度をもつ非慣性系での運動を考察しよう．

J. B. L. Foucault (ジャン・ベルナール・L・フーコー)
(1819–1868)
地球の自転の影響により，単振り子の振動面が徐々に回転するいわゆるフーコー振り子を研究した．

§1　並進加速系

いま，座標軸の傾きを変えずに相対的に加速度運動している2つの座標系，S(O-xyz)，S$'$(O$'$-$x'y'z'$) を考える (図8-1)．座標系S$'$の座標軸は座標系Sの座標軸に対して傾きをもってもよいが，その角度は常に一定に保たれる場合を考える．すなわち，**並進運動 (translation)** を考察する．

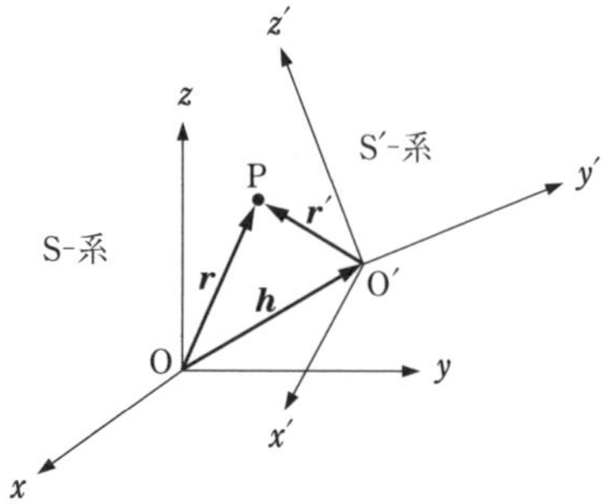

図 8-1　相対的に並進加速度運動している2つの座標系

質点のS系およびS$'$系での，位置ベクトルをそれぞれ，$\boldsymbol{r}$ および $\boldsymbol{r}'$ とする．OとO$'$の相対位置ベクトルを $\boldsymbol{h}$ とすると

$$\boldsymbol{r} = \boldsymbol{r}' + \boldsymbol{h} \tag{8.1}$$

となる．

時間変数を両系で共通に，t ととる．上式をこの t で微分して

$$\frac{\mathrm{d}\boldsymbol{r}}{\mathrm{d}t} = \frac{\mathrm{d}\boldsymbol{r}'}{\mathrm{d}t} + \frac{\mathrm{d}\boldsymbol{h}}{\mathrm{d}t} \tag{8.2}$$

右辺第 2 項は，S 系に相対的な S′ 系の並進速度を表す．この式をさらに t で微分して

$$\frac{\mathrm{d}^2\boldsymbol{r}}{\mathrm{d}t^2} = \frac{\mathrm{d}^2\boldsymbol{r}'}{\mathrm{d}t^2} + \frac{\mathrm{d}^2\boldsymbol{h}}{\mathrm{d}t^2} \tag{8.3}$$

右辺第 2 項は，並進加速度を表す．

第 3 章でみたようにニュートンの運動法則がそのまま成り立つ座標系を慣性系というが，いま，S 系を慣性系にとる．S 系での運動方程式は

$$m\frac{\mathrm{d}^2\boldsymbol{r}}{\mathrm{d}t^2} = \boldsymbol{F} \tag{8.4}$$

と書け，(8.3) をこの式に代入すると

$$m\frac{\mathrm{d}^2\boldsymbol{r}'}{\mathrm{d}t^2} + m\frac{\mathrm{d}^2\boldsymbol{h}}{\mathrm{d}t^2} = \boldsymbol{F} \tag{8.5}$$

よって，慣性系に対し並進加速度運動している S′ 系では次の方程式が成立する．

$$m\frac{\mathrm{d}^2\boldsymbol{r}'}{\mathrm{d}t^2} = \boldsymbol{F} + \boldsymbol{F}', \quad \boldsymbol{F}' = -m\frac{\mathrm{d}^2\boldsymbol{h}}{\mathrm{d}t^2} \tag{8.6}$$

すなわち，並進加速系 S′ における運動方程式には「見かけの力」$\boldsymbol{F}'$ が付け加わる．これを**慣性力**という．まとめると，「慣性系に対して，並進加速度運動している座標系では慣性力が現れる．これを付け加えれば，ニュートンの第 2 法則が成り立つ」．

ダランベール (d'Alembert) の原理　上記の運動を，質点といっしょに動く座標系から見ると，

$$\frac{\mathrm{d}^2\boldsymbol{r}'}{\mathrm{d}t^2} = 0, \quad \text{よって} \quad \frac{\mathrm{d}^2\boldsymbol{r}}{\mathrm{d}t^2} = \frac{\mathrm{d}^2\boldsymbol{h}}{\mathrm{d}t^2} \tag{8.7}$$

このとき

$$\boldsymbol{F} - m\frac{\mathrm{d}^2\boldsymbol{h}}{\mathrm{d}t^2} = 0 \tag{8.8}$$

が成り立ち，この問題は質点に乗ってみれば，見かけの力と真の力のつり合いという静力学の問題に帰着することがわかる．これを**ダランベールの原理**という．

最後に，$\mathrm{d}^2\boldsymbol{h}/\mathrm{d}t^2 = 0$ のときは，$\boldsymbol{F}' = 0$ となり，第 3 章で述べたように，慣性系 S に対して等速度運動している座標系 S′ は慣性系であることがわかる．

§2　回転座標系

S 系と S′ 系を O を原点とする 2 つの座標系とする．S′ 系は図のように，O を通るある軸 l のまわりに S 系に対し角速度 $\boldsymbol{\omega}$ で回転している．

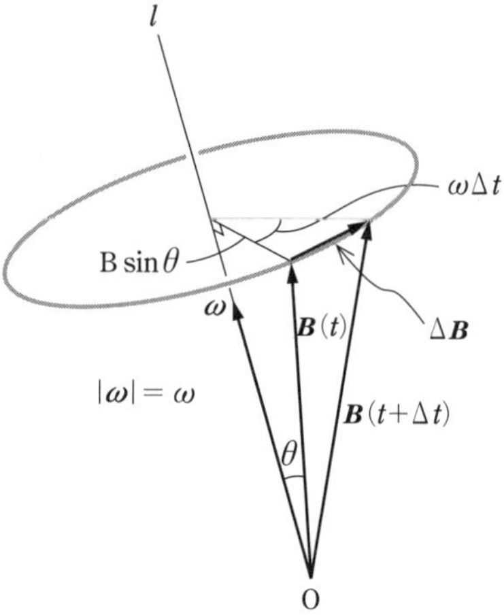

図 8-2　回転座標系のベクトルの時間変化

いま，座標系 S′ に対して静止している，あるベクトルを $\boldsymbol{B}$ としたとき，$\boldsymbol{B}$ は S 系からみると，軸 l のまわりに回転しているので微小時間 Δt の間の変化は

$$|\Delta \boldsymbol{B}| = B\sin\theta\cdot\omega\,\Delta t \tag{8.9}$$

となり，Δt で両辺を割って，$\Delta t\to 0$ の極限をとることにより

$$\left|\frac{\mathrm{d}\boldsymbol{B}}{\mathrm{d}t}\right| = |\boldsymbol{\omega}\times\boldsymbol{B}| \tag{8.10}$$

を得る．図 8-2 より，$\Delta\boldsymbol{B}$ は $\boldsymbol{\omega}$, $\boldsymbol{B}$ に垂直であることに注意すると

$$\frac{\mathrm{d}\boldsymbol{B}}{\mathrm{d}t} = \boldsymbol{\omega}\times\boldsymbol{B} \tag{8.11}$$

と表される．一般のベクトル，$\boldsymbol{A}(t)$ の微小時間 Δt の間の変化を S 系で $\Delta\boldsymbol{A}$，S′ 系で $\Delta'\boldsymbol{A}$ と書くと，回転による時間変化が付け加わって

$$\Delta\boldsymbol{A} = \Delta'\boldsymbol{A} + (\boldsymbol{\omega}\times\boldsymbol{A})\Delta t \tag{8.12}$$

となるので，

$$\frac{\mathrm{d}\boldsymbol{A}}{\mathrm{d}t} = \frac{\mathrm{d}'\boldsymbol{A}}{\mathrm{d}t} + \boldsymbol{\omega}\times\boldsymbol{A} \tag{8.13}$$

が成り立つ．特に，$\boldsymbol{A}=\boldsymbol{\omega}$ ととると，$\boldsymbol{\omega}\times\boldsymbol{\omega}=0$ より

$$\frac{\mathrm{d}\boldsymbol{\omega}}{\mathrm{d}t} = \frac{\mathrm{d}'\boldsymbol{\omega}}{\mathrm{d}t} \equiv \dot{\boldsymbol{\omega}} \tag{8.14}$$

すなわち，$\boldsymbol{\omega}$ の時間変化率は S 系と S′ 系で同じとなる．次に，2 階微分は (8.13) を t で微分すると，

$$\frac{\mathrm{d}^2\boldsymbol{A}}{\mathrm{d}t^2} = \frac{\mathrm{d}}{\mathrm{d}t}\left(\frac{\mathrm{d}'\boldsymbol{A}}{\mathrm{d}t}\right) + \boldsymbol{\omega}\times\frac{\mathrm{d}\boldsymbol{A}}{\mathrm{d}t} + \frac{\mathrm{d}\boldsymbol{\omega}}{\mathrm{d}t}\times\boldsymbol{A}$$

さらに (8.13) で $\boldsymbol{A}$ を $\mathrm{d}'\boldsymbol{A}/\mathrm{d}t$ と置き換えた式

$$\frac{\mathrm{d}}{\mathrm{d}t}\left(\frac{\mathrm{d}'\boldsymbol{A}}{\mathrm{d}t}\right) = \frac{\mathrm{d}'^2\boldsymbol{A}}{\mathrm{d}t^2} + \boldsymbol{\omega}\times\frac{\mathrm{d}'\boldsymbol{A}}{\mathrm{d}t} \tag{8.15}$$

を用いると

$$\frac{\mathrm{d}^2 \boldsymbol{A}}{\mathrm{d}t^2} = \frac{\mathrm{d}'^2 \boldsymbol{A}}{\mathrm{d}t^2} + 2\boldsymbol{\omega} \times \frac{\mathrm{d}' \boldsymbol{A}}{\mathrm{d}t} + \boldsymbol{\omega} \times (\boldsymbol{\omega} \times \boldsymbol{A}) + \dot{\boldsymbol{\omega}} \times \boldsymbol{A} \tag{8.16}$$

を得る.

いま, $\boldsymbol{A}$ を位置ベクトル $\boldsymbol{r}$ に選ぶと,

$$\frac{\mathrm{d}^2 \boldsymbol{r}}{\mathrm{d}t^2} = \frac{\mathrm{d}'^2 \boldsymbol{r}}{\mathrm{d}t^2} + \boldsymbol{\omega} \times (\boldsymbol{\omega} \times \boldsymbol{r}) + 2\boldsymbol{\omega} \times \frac{\mathrm{d}' \boldsymbol{r}}{\mathrm{d}t} + \dot{\boldsymbol{\omega}} \times \boldsymbol{r} \tag{8.17}$$

これを, **コリオリ (Coriolis) の定理**という.

(8.17) の右辺第 1 項は, S′ 系に相対的な加速度, 第 2 項 $\boldsymbol{\omega} \times (\boldsymbol{\omega} \times \boldsymbol{r})$ は求心加速度 (図 8-3), 第 3 項 $2\boldsymbol{\omega} \times d'\boldsymbol{r}/dt$ を**コリオリの加速度**といい最後の項は $\boldsymbol{\omega}$ が一定でない場合に現れる項である.

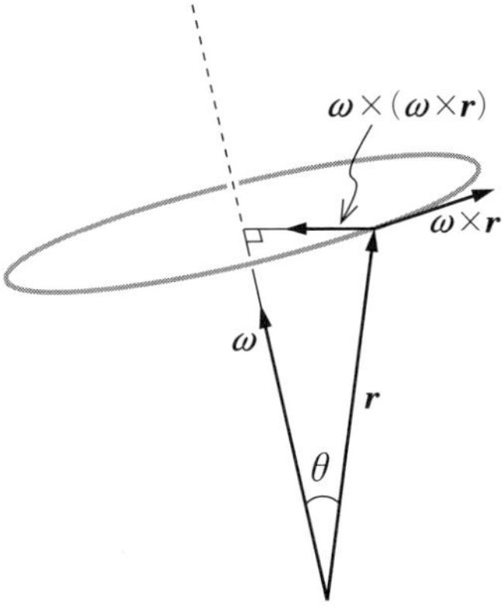

図 8-3 求心加速度

ここで, S 系を慣性系に選ぶと, 運動方程式は

$$m\frac{\mathrm{d}^2 \boldsymbol{r}}{\mathrm{d}t^2} = \boldsymbol{F} \tag{8.18}$$

が成り立ち, $\dot{\boldsymbol{\omega}} = 0$ の場合, 非慣性座標系 S′ では

$$m\frac{\mathrm{d}'^2 \boldsymbol{r}}{\mathrm{d}t^2} = \boldsymbol{F} - m\boldsymbol{\omega} \times (\boldsymbol{\omega} \times \boldsymbol{r}) - 2m\boldsymbol{\omega} \times \frac{\mathrm{d}' \boldsymbol{r}}{\mathrm{d}t} \tag{8.19}$$

となり, 運動方程式には右辺第 2 項の**遠心力**

$$-m\boldsymbol{\omega} \times (\boldsymbol{\omega} \times \boldsymbol{r}) \tag{8.20}$$

と第 3 項の**コリオリ力**

$$-2m\boldsymbol{\omega} \times \frac{\mathrm{d}' \boldsymbol{r}}{\mathrm{d}t} \tag{8.21}$$

が現れる.

2.1 自転する地球上の運動方程式

地球の自転の影響を考察する. 公転運動は, 考えている時間のスケールでは等速度運動と見なせるので無視し得る. 慣性系では, 運動方程式は

$$m\frac{\mathrm{d}^2 \boldsymbol{r}}{\mathrm{d}t^2} = \boldsymbol{F} + m\boldsymbol{g} \tag{8.22}$$

であるが，一定の角速度 $\boldsymbol{\omega}$ で自転している地球上から見るとどうなるか．自転の角速度の大きさは

$$|\boldsymbol{\omega}| = \omega = \frac{2\pi}{24 \times 60 \times 60} = 7.27 \times 10^{-5}\,\mathrm{s}^{-1}, \qquad \dot{\boldsymbol{\omega}} = 0 \tag{8.23}$$

であり，$\boldsymbol{r}$ を地球の中心から測った質点 m の位置ベクトルとすると

$$m\frac{\mathrm{d}'^2\boldsymbol{r}}{\mathrm{d}t^2} = \boldsymbol{F} + m\{\boldsymbol{g} - \boldsymbol{\omega} \times (\boldsymbol{\omega} \times \boldsymbol{r})\} - 2m\boldsymbol{\omega} \times \frac{\mathrm{d}'\boldsymbol{r}}{\mathrm{d}t} \tag{8.24}$$

となる．右辺第 2 項が遠心力が加わった実際に測定される重力加速度すなわち有効重力加速度 $\boldsymbol{g}_{\mathrm{eff}}$ を表し，

$$\boldsymbol{g}_{\mathrm{eff}} = \boldsymbol{g} - \boldsymbol{\omega} \times (\boldsymbol{\omega} \times \boldsymbol{r}) \tag{8.25}$$

で与えられる．速度，加速度は座標原点を地表にある任意の点に移してもかわらない．よって，地表に静止している局所的な座標系から見て

$$m\frac{\mathrm{d}'^2\boldsymbol{r}}{\mathrm{d}t^2} = \boldsymbol{F} + m\boldsymbol{g}_{\mathrm{eff}} - 2m\boldsymbol{\omega} \times \frac{\mathrm{d}'\boldsymbol{r}}{\mathrm{d}t} \tag{8.26}$$

が成り立つ．このように，質点が地球に対して運動するとき，コリオリ力が働く．コリオリ力の向きは図 8-4 のようになる．すなわち，北半球では水平に運動する物体は地球の自転により，絶えず右の方へと運動がずれる．

$\dfrac{\mathrm{d}'\boldsymbol{r}}{\mathrm{d}t}$ の大きさが十分大きくない限りその影響は非常に小さい．コリオリ力の効果が長時間にわたって積み重なると，その結果が目に見えるようになる．たとえば，低気圧下層での風向きは，コリオリ力を考慮しないとき，等圧線に垂直であるが，コリオリ力があると，北 (南) 半球では風の進行方向に対して右 (左) 向

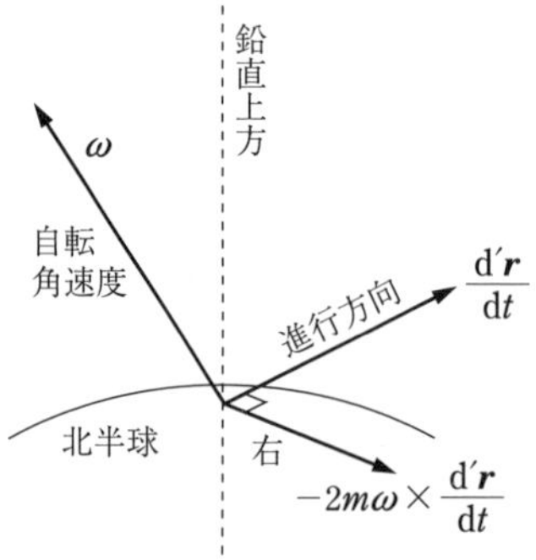

図 8-4　コリオリ力

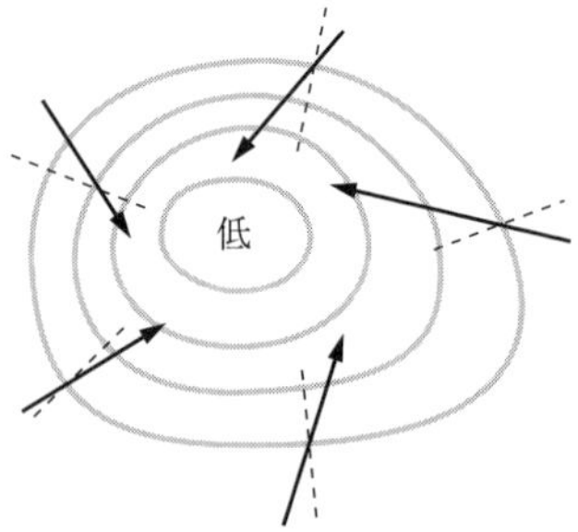

図 8-5　北半球における台風の風向き

きにずれ，風は左 (右) まわりに低気圧の中心をまわりながら吹き込む (図 8-5).

2.2 ナイル (Neil) の放物線

地球の自転が地表付近の落体の運動に及ぼす影響を考えよう．緯度 λ の地点をとり，ここで地球に固定した座標系を図 8-6 のように，南方に x 軸，東方に y 軸，鉛直上方に z 軸をとる．地球の自転の角速度ベクトル $\boldsymbol{\omega}$ のこの座標系での成分は $\boldsymbol{\omega} = (-\omega\cos\lambda, 0, \omega\sin\lambda)$ で，重力加速度は $\boldsymbol{g}_{\text{eff}} = (0, 0, -g)$ と表される．質量 m の質点に対する運動方程式は前出の式で $\boldsymbol{F} = 0$ とおく．(以後，回転座標系の時間微分のダッシュは省略し，ドットで表す．)

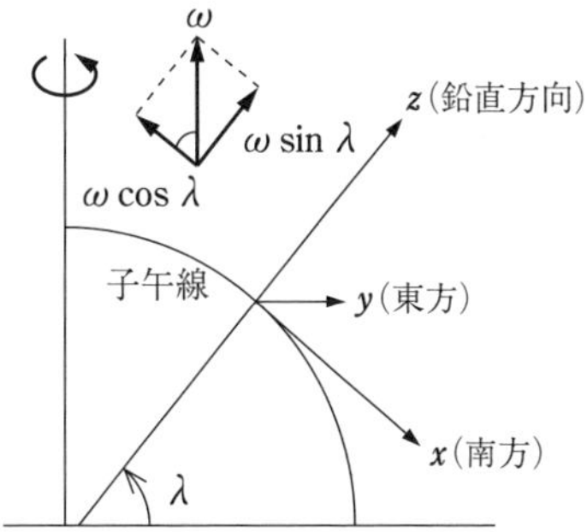

図 8-6 地球の自転と地上の座標系

$$m\ddot{\boldsymbol{r}} = m\boldsymbol{g}_{\text{eff}} - 2m\boldsymbol{\omega} \times \dot{\boldsymbol{r}} \tag{8.27}$$

$\boldsymbol{r} = (x, y, z)$ を代入して各成分に対する方程式を書くと

$$\ddot{x} = 2\omega\dot{y}\sin\lambda \tag{8.28}$$

$$\ddot{y} = -2\omega\dot{x}\sin\lambda - 2\omega\dot{z}\cos\lambda \tag{8.29}$$

$$\ddot{z} = -g + 2\omega\dot{y}\cos\lambda \tag{8.30}$$

いま，質点を高さ h の塔から初速度ゼロで落下させる．塔の高さがあまり高くないときは，$\dot{x}, \dot{y}, \dot{z}$ はいずれも小さいので上式は

$$\ddot{x} = \ddot{y} = 0, \quad \ddot{z} = -g \tag{8.31}$$

となり，地球の自転の影響のない場合になる．一方，塔が高いときは，$\dot{x}, \dot{y}$ は小さいが，$\dot{z}$ は大きくなりうるので $\dot{z}$ を含む項を残して，近似的に上式を解く．すなわち

$$\ddot{x} = 0, \quad \ddot{y} = -2\omega\dot{z}\cos\lambda, \quad \ddot{z} = -g \tag{8.32}$$

より，

$$\dot{z} = -gt, \quad z = h - \frac{1}{2}gt^2 \tag{8.33}$$

$\dot{z}$ の表式を (8.32) の第2式へ代入すると

$$\ddot{y} = 2\omega g t \cos\lambda \quad 2\text{回積分して} \quad y = \frac{1}{3}\omega g t^3 \cos\lambda \tag{8.34}$$

(8.33) と (8.34) から t を消去すると

$$x = 0, \quad y = \frac{\omega\cos\lambda}{3}\sqrt{\frac{8(h-z)^3}{g}} \tag{8.35}$$

これを**ナイル (Neil) の放物線**という (図 8-7). これは質点を高い塔から落とせば, 地球の自転によって, 東の方へかたよって落下することを意味している. たとえば, $\lambda = 45°$, $h = 100\,\mathrm{m}$ とすると, $g = 9.8\,\mathrm{m/s^2}$, $\omega = 7.27 \times 10^{-5}\,\mathrm{s^{-1}}$ を代入して, $y_0 = 1.5\,\mathrm{cm}$ が得られる. 実際には, 風や空気の抵抗などの影響があるので, 確かめるのは難しい.

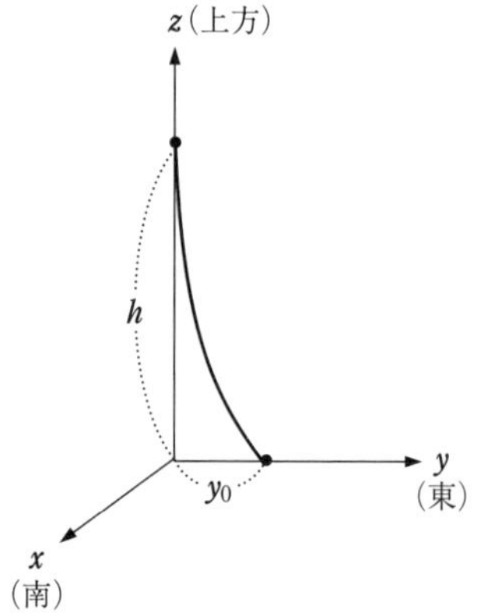

図 **8-7**　ナイルの放物線

2.3　　フーコー (Foucault) 振り子

単振り子に対する地球自転の影響を表すのがフーコー振り子である. 1851年 J. フーコー (Jean Foucault) はパリ (緯度 49°) のパンテオンの天井から吊るした長い振り子の振動面が徐々に地面に対して回転し約32時間で1周することを示し, 地球自転の証拠とした.

図 8-8 のように支点を中心とする球面上で自由に振動できる単振り子を考えよう. 運動方程式は

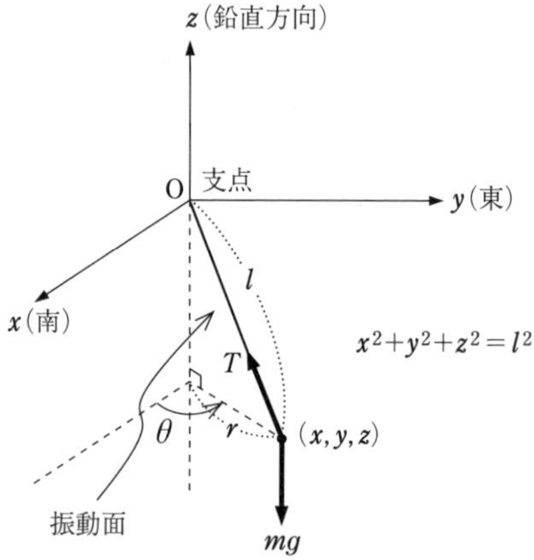

図 **8-8**　フーコー振り子

$$m\ddot{\boldsymbol{r}} = \boldsymbol{T} + m\boldsymbol{g}_{\mathrm{eff}} - 2m\boldsymbol{\omega} \times \dot{\boldsymbol{r}} \tag{8.36}$$

ここで，$\boldsymbol{T}$ は糸の張力で，座標軸を図のようにとり，支点を原点に選んだとき

$$\boldsymbol{T} = \left(-T\frac{x}{l}, -T\frac{y}{l}, -T\frac{z}{l}\right)$$

ただし，$x^2 + y^2 + z^2 = l^2$ で $|\boldsymbol{T}| = T$.

$$m\ddot{x} = -T\frac{x}{l} + 2m\omega\dot{y}\sin\lambda \tag{8.37}$$

$$m\ddot{y} = -T\frac{y}{l} - 2m\omega(\dot{x}\sin\lambda + \dot{z}\cos\lambda) \tag{8.38}$$

$$m\ddot{z} = -T\frac{z}{l} - mg + 2m\omega\dot{y}\cos\lambda \tag{8.39}$$

鉛直真下付近の微小振動を考えることにすると，$z \simeq -l =$ 一定 としてよい．したがって，(8.38) で $\dot{z}$ に比例する項は落とす．(8.37) と (8.38) にそれぞれ $-y$ と x を掛けて足し合わせると

$$\frac{\mathrm{d}}{\mathrm{d}t}(x\dot{y} - y\dot{x}) = -\omega\sin\lambda\frac{\mathrm{d}}{\mathrm{d}t}(x^2 + y^2) \tag{8.40}$$

初期条件を $t = 0$ で $x = y = 0$ として，(8.40) を t で積分すると

$$x\dot{y} - y\dot{x} = -\omega\sin\lambda(x^2 + y^2) \tag{8.41}$$

この系を xy-平面に射影したのが図 8-9 である．ここで，平面極座標

$$x = r\cos\theta, \quad y = r\sin\theta \tag{8.42}$$

に移行すれば，(8.41) は

$$r^2\dot{\theta} = -\omega\sin\lambda r^2 \tag{8.43}$$

すなわち

$$\dot{\theta} = -\omega\sin\lambda \tag{8.44}$$

となり，振動面 θ は $\omega\sin\lambda$ の角速度で方向を変える．よって振動面が 1 周する周期は $T = \dfrac{2\pi}{\omega\sin\lambda} = \dfrac{1\,日}{\sin\lambda}$ となる．たとえば，前述のパリの緯度 $\lambda = 49°$ で，$T = 31.8$ 時間である．北半球では，上から見ると，振動面は時計まわりに移動する (図 8-9).

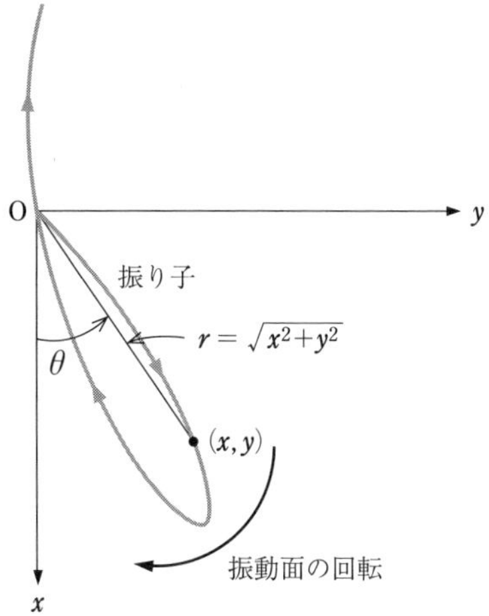

図 8-9 フーコー振り子の振動面の回転（北半球）

演　習　問　題

1. 水平と角度 θ をなすなめらかな斜面に質点をのせたとき，質点が斜面に対して静止するには，斜面を水平方向にどれだけの加速度で動かせばよいか．

2. 粗い水平円板が鉛直方向を向いた中心軸のまわりに角速度 ω で回転している．中心から距離 r の位置においた質点が滑り出す角速度を求めよ．ただし，摩擦係数を μ とする．

3. 半径 a の円環が，鉛直な直径を軸として一定の角速度 ω で回転している．この円環に質点がなめらかに拘束されているとき，平衡の位置を求め，またその安定性を論ぜよ．

4. 北緯 λ の地点で，列車 (質量：m) が一定の速さ v_0 で緯度の方向に沿って走っている．地球の自転 (角速度：ω) の影響を考慮すると，東に向かうときと西に向かうときで，レールに及ぼす圧力が $4\omega m v_0 \cos\lambda$ だけ異なることを示せ．

5. 質点を鉛直上向きに初速 v_0 で投げるとき，地球の自転を考えれば，質点は地上に落下したとき，どの方向にどれだけずれるか．ただし，空気の抵抗は無視するものとする．

6. 北緯 λ において，幅 W の海峡を潮流が速度 V で北方に流れているとき，地球の自転 (角速度：ω) の効果で，東海岸の潮位は西海岸よりどれだけ高くなるか．

7. 赤道，北極，南極での，フーコー振り子の振動面が1周する周期は何か．

9 剛体の一般運動

第7章では，固定軸のまわりの剛体の回転や剛体の平面運動を考察した．この章では，オイラーの方程式に基づく固定点のまわりの剛体の運動，特にこまの運動など，より一般的な剛体の運動を扱う．

S. W. Kowalewskaja (ソーニャ・W・コワレフスカヤ) (1850–1891)
ロシア出身の女性の数学者・物理学者．「コワレフスカヤのこま」と呼ばれる固定点のまわりのこまの回転運動を研究．

§1 剛体の角運動量と慣性テンソル

剛体の角運動量と角速度の関係をみてみよう．固定点Oのまわりの回転を表す角速度ベクトルを $\boldsymbol{\omega}$ とすると，質点系としての剛体の角運動量は

$$\boldsymbol{L} = \sum_i \boldsymbol{r}_i \times m_i \boldsymbol{v}_i = \sum_i m_i \boldsymbol{r}_i \times (\boldsymbol{\omega} \times \boldsymbol{r}_i) = \sum_i m_i \{ {\boldsymbol{r}_i}^2 \boldsymbol{\omega} - (\boldsymbol{\omega} \cdot \boldsymbol{r}_i) \boldsymbol{r}_i \} \quad (9.1)$$

で与えられる．まず L_x に着目すると

$$\begin{aligned} L_x &= \sum_i m_i \{ ({x_i}^2 + {y_i}^2 + {z_i}^2)\omega_x - (\omega_x x_i + \omega_y y_i + \omega_z z_i) x_i \} \\ &= \left\{ \sum_i m_i ({y_i}^2 + {z_i}^2) \right\} \omega_x - \left\{ \sum_i m_i x_i y_i \right\} \omega_y - \left\{ \sum_i m_i x_i z_i \right\} \omega_z \\ &= I_{xx}\omega_x + I_{xy}\omega_y + I_{xz}\omega_z \end{aligned} \quad (9.2)$$

ここで，質量の分布が離散的な場合は i 番目の質点の質量を m_i，また質量が連続的に分布するときは密度を ρ とし，和を積分で置き換えて

$$I_{xx} = \sum_i m_i\ ({y_i}^2 + {z_i}^2) = \int \rho\,(y^2 + z^2)\,\mathrm{d}V$$

$$I_{xy} = -\sum_i m_i x_i y_i = -\int \rho xy\,\mathrm{d}V = I_{yx}$$

$$I_{xz} = -\sum_i m_i x_i z_i = -\int \rho xz\,\mathrm{d}V = I_{zx} \tag{9.3}$$

同様に

$$L_y = I_{yx}\omega_x + I_{yy}\omega_y + I_{yz}\omega_z$$

$$L_z = I_{zx}\omega_x + I_{zy}\omega_y + I_{zz}\omega_z$$

$$I_{yy} = \sum_i m_i({z_i}^2 + {x_i}^2) = \int \rho(z^2 + x^2)\,\mathrm{d}V$$

$$I_{zz} = \sum_i m_i({x_i}^2 + {y_i}^2) = \int \rho(x^2 + y^2)\,\mathrm{d}V$$

$$I_{yz} = -\sum_i m_i y_i z_i = -\int \rho yz\,\mathrm{d}V = I_{zy} \tag{9.4}$$

ここで，I_{xx}, I_{yy}, I_{zz} をそれぞれ x, y, z 軸に関する質点系の**慣性モーメント**，$-I_{xy}$, $-I_{yz}$, $-I_{zx}$ をそれぞれ xy, yz, zx の各2軸に関する**慣性乗積**という．

ここで次のような2階の対称テンソルである**慣性テンソル** $\boldsymbol{I}$

$$\boldsymbol{I} \equiv \begin{pmatrix} I_{xx} & I_{xy} & I_{xz} \\ I_{yx} & I_{yy} & I_{yz} \\ I_{zx} & I_{zy} & I_{zz} \end{pmatrix} \tag{9.5}$$

を導入すれば，角運動量 $\boldsymbol{L} = {}^t(L_x, L_y, L_z)$ は角速度 $\boldsymbol{\omega} = {}^t(\omega_x, \omega_y, \omega_z)$ と

$$\begin{pmatrix} L_x \\ L_y \\ L_z \end{pmatrix} = \begin{pmatrix} I_{xx} & I_{xy} & I_{xz} \\ I_{yx} & I_{yy} & I_{yz} \\ I_{zx} & I_{zy} & I_{zz} \end{pmatrix} \begin{pmatrix} \omega_x \\ \omega_y \\ \omega_z \end{pmatrix} \quad \text{すなわち} \quad \boldsymbol{L} = \boldsymbol{I} \cdot \boldsymbol{\omega} \tag{9.6}$$

という関係にある．一般に $\boldsymbol{L}$ と $\boldsymbol{\omega}$ は平行ではない．

原点Oを通り，方向余弦 (λ, μ, ν) をもつ直線OAに関する慣性モーメントは

$$I = I_{xx}\lambda^2 + I_{yy}\mu^2 + I_{zz}\nu^2 + 2I_{xy}\lambda\mu + 2I_{yz}\mu\nu + 2I_{zx}\nu\lambda \tag{9.7}$$

で与えられる．

問題 上の関係式を導け.

解 i 番目の質点の位置 P_i から直線 OA に下ろした垂線の足を N_i とすると,

$$I = \sum_i m_i \overline{\mathrm{P}_i\mathrm{N}_i}^2 = \sum_i m_i\{\overline{\mathrm{OP}_i}^2 - \overline{\mathrm{ON}_i}^2\}$$
$$= \sum_i m_i\{(\lambda^2+\mu^2+\nu^2)({x_i}^2+{y_i}^2+{z_i}^2) - (\lambda x_i + \mu y_i + \nu z_i)^2\} = (9.7)$$

ここで方向余弦の性質：$\lambda^2+\mu^2+\nu^2 = 1$ を用いた.

与えられた剛体に固定した座標軸 O-xyz での 2 次曲面

$$I_{xx}x^2 + I_{yy}y^2 + I_{zz}z^2 + 2I_{xy}xy + 2I_{yz}yz + 2I_{zx}zx = 1 \tag{9.8}$$

と方向余弦 (λ, μ, ν) をもつ直線との交点を $\mathrm{R}(x, y, z)$ とすると, $\overline{\mathrm{OR}} = r$ に対して $x = \lambda r$, $y = \mu r$, $z = \nu r$ は (9.8) を満足するから

$$I = \frac{1}{r^2} \tag{9.9}$$

が成り立つ. すなわち任意の動径の逆 2 乗はこの動径に関する物体の慣性モーメントに等しい. この 2 次曲面を**慣性楕円体**という. 剛体の運動を議論するとき, 剛体そのものの代わりに, 慣性楕円体でその剛体を表現すると便利である. 慣性楕円体を表す 2 次曲面は O を通る互いに直交する 3 つの主軸が存在することがわかり, 主軸変換 O-xyz → O-$\xi\eta\zeta$ を施すと, 座標系 O-$\xi\eta\zeta$ では慣性楕円体は標準形

$$A\xi^2 + B\eta^2 + C\zeta^2 = 1 \tag{9.10}$$

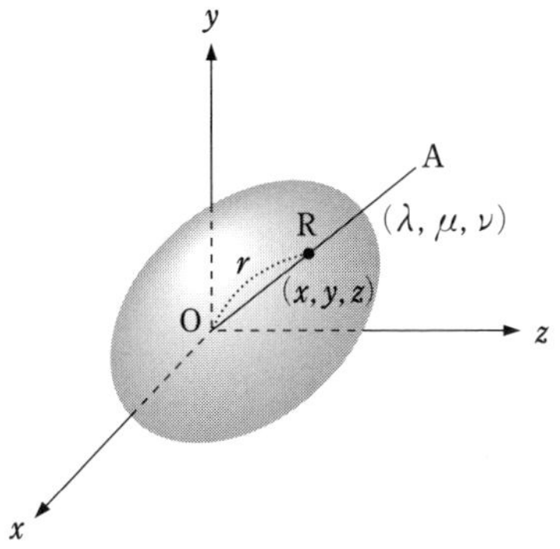

図 9-1 慣性楕円体

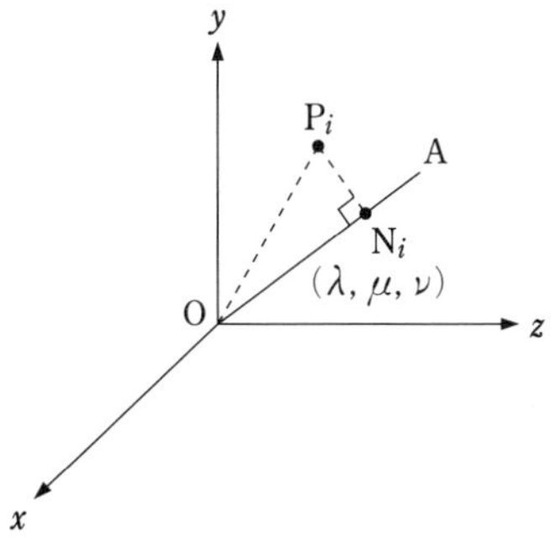

図 9-2 方向余弦と慣性モーメント

で表される．3つの半軸の長さは $\dfrac{1}{\sqrt{A}}$, $\dfrac{1}{\sqrt{B}}$, $\dfrac{1}{\sqrt{C}}$ である．このとき，ξ, η, ζ の3つの軸を**慣性主軸**といい，これらに関する慣性モーメントを**主慣性モーメント**という．その値は A, B, C となる．また主軸に関する慣性乗積はすべてゼロとなる．

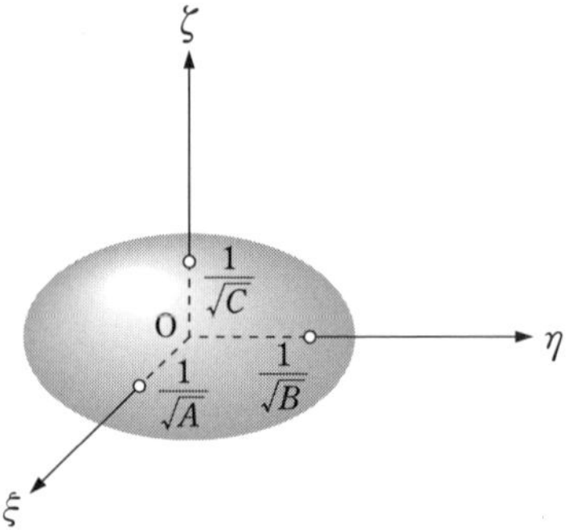

図 9-3　慣性楕円体と主慣性モーメント

固定点Oのまわりの回転運動による剛体の運動エネルギー K は

$$K = \frac{1}{2}\sum_i m_i \boldsymbol{v}_i \cdot \boldsymbol{v}_i = \frac{1}{2}\sum_i m_i \boldsymbol{v}_i \cdot (\boldsymbol{\omega} \times \boldsymbol{r}_i) \tag{9.11}$$

ここで，スカラー3重積の性質 $\boldsymbol{v}_i \cdot (\boldsymbol{\omega} \times \boldsymbol{r}_i) = \boldsymbol{\omega} \cdot (\boldsymbol{r}_i \times \boldsymbol{v}_i)$ を用いると

$$K = \frac{1}{2}\boldsymbol{\omega} \cdot \left(\sum_i \boldsymbol{r}_i \times m_i \boldsymbol{v}_i\right) = \frac{1}{2}\boldsymbol{\omega} \cdot \boldsymbol{L} \tag{9.12}$$

と表される．この式に $\boldsymbol{L} = \boldsymbol{I} \cdot \boldsymbol{\omega}$ を代入すると

$$\begin{aligned} K &= \frac{1}{2}\boldsymbol{\omega} \cdot \boldsymbol{I} \cdot \boldsymbol{\omega} \\ &= \frac{1}{2}\begin{pmatrix} \omega_x & \omega_y & \omega_z \end{pmatrix} \begin{pmatrix} I_{xx} & I_{xy} & I_{xz} \\ I_{yx} & I_{yy} & I_{yz} \\ I_{zx} & I_{zy} & I_{zz} \end{pmatrix} \begin{pmatrix} \omega_x \\ \omega_y \\ \omega_z \end{pmatrix} \end{aligned} \tag{9.13}$$

慣性主軸系に座標軸を選ぶと

$$\begin{aligned} K &= \frac{1}{2}\begin{pmatrix} \omega_x & \omega_y & \omega_z \end{pmatrix} \begin{pmatrix} A & 0 & 0 \\ 0 & B & 0 \\ 0 & 0 & C \end{pmatrix} \begin{pmatrix} \omega_x \\ \omega_y \\ \omega_z \end{pmatrix} \\ &= \frac{1}{2}(A{\omega_x}^2 + B{\omega_y}^2 + C{\omega_z}^2) \end{aligned} \tag{9.14}$$

剛体の瞬間回転軸の方向の単位ベクトルを $\boldsymbol{n} = (\lambda, \mu, \nu)$，ただし λ, μ, ν は瞬間回転軸の方向余弦とすると，$\boldsymbol{\omega} = \omega \boldsymbol{n}$ として運動エネルギーは

$$K = \frac{1}{2}\omega^2 \boldsymbol{n} \cdot \boldsymbol{I} \cdot \boldsymbol{n} = \frac{1}{2}I\omega^2 \tag{9.15}$$

と簡単に表される．ここで，$I = \boldsymbol{n} \cdot \boldsymbol{I} \cdot \boldsymbol{n}$ は (9.7) 式で与えられる．

1.1　様々な形状の剛体の主慣性モーメント

いろいろな形の剛体の慣性モーメントを以下にまとめておく．慣性主軸を x 軸，y 軸，z 軸とし，それぞれに対応する主慣性モーメントを，A，B，C とする．

1.　細長い棒 (長さ $2a$，質量 $M = 2a\lambda$)

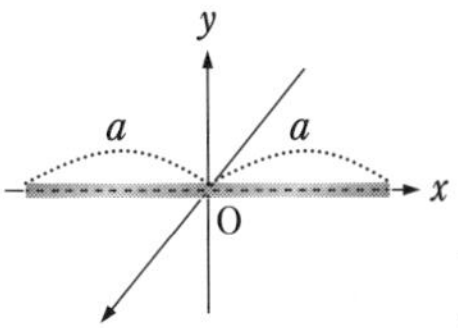

図 1

$$A = 0,\quad B = C = \frac{1}{3}Ma^2$$

(図 1)

2.　円輪 (半径 a，質量 $M = 2\pi a\lambda$)

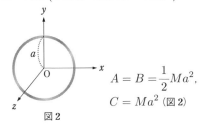

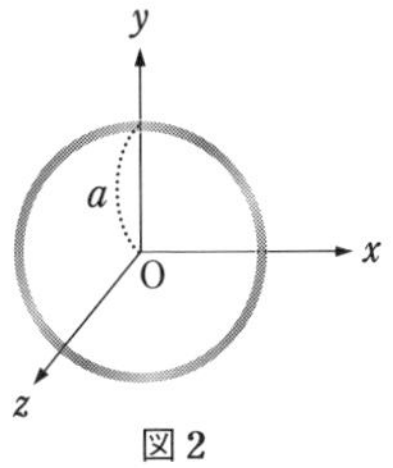

図 2

$$A = B = \frac{1}{2}Ma^2,\quad C = Ma^2$$

(図 2)

3.　円板 (半径 a，質量 $M = \pi a^2\sigma$)

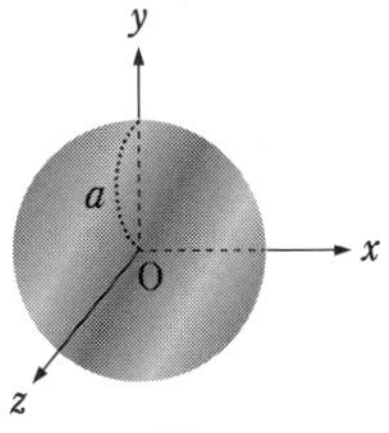

図 3

$$A = B = \frac{1}{4}Ma^2,\quad C = \frac{1}{2}Ma^2$$

(図 3)

4.　球殻 (半径 a，質量 $M = 4\pi a^2\sigma$)

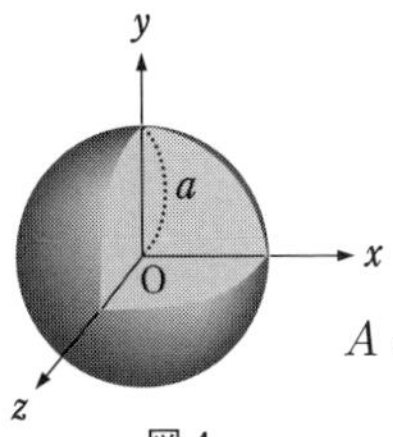

図 4

$$A = B = C = \frac{2}{3}Ma^2$$

(図 4)

5.　球 (半径 a，質量 $M = (4\pi a^3\rho)/3$)

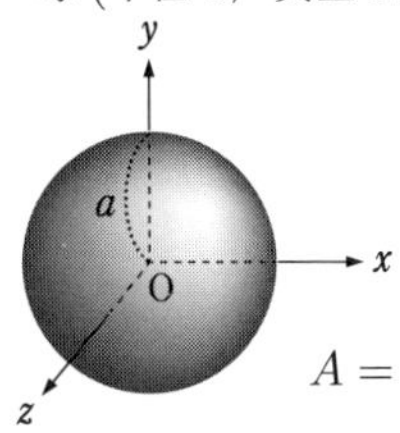

図 5

$$A = B = C = \frac{2}{5}Ma^2$$

(図 5)

6.　長方形の板 (横 $2a$，縦 $2b$，質量 $M = 4ab\sigma$)

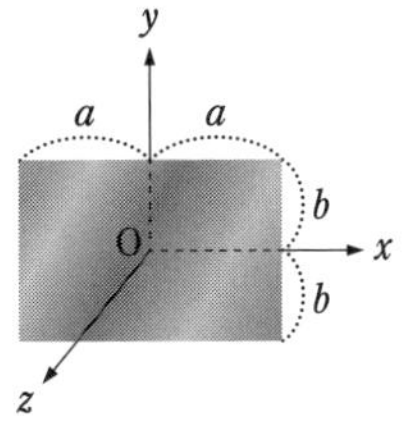

図 6

$$A = \frac{1}{3}Mb^2,\quad B = \frac{1}{3}Ma^2,\quad C = \frac{1}{3}M(a^2 + b^2)$$

(図 6)

7.　直方体 (横 $2a$，高さ $2b$，奥行き $2c$ 質量 $M = 8abc\rho$)

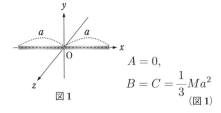

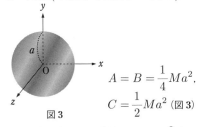

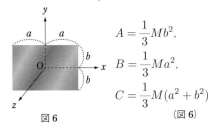

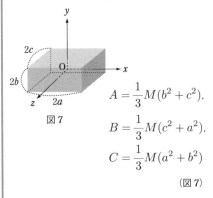

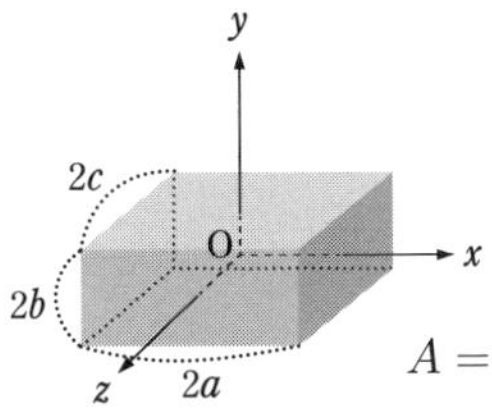

図 7

$$A = \frac{1}{3}M(b^2 + c^2),\quad B = \frac{1}{3}M(c^2 + a^2),\quad C = \frac{1}{3}M(a^2 + b^2)$$

(図 7)

8. 楕円板 (長半径 a, 単半径 b)

$$\frac{x^2}{a^2}+\frac{y^2}{b^2}=1$$

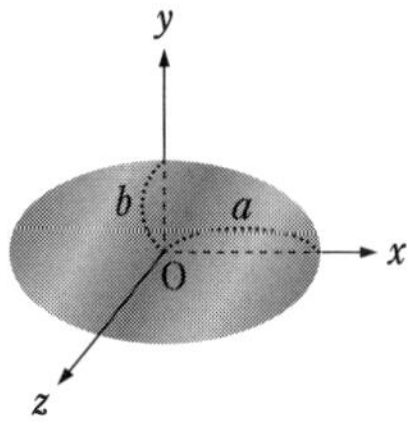

図 8

$$A=\frac{1}{4}Mb^2,$$
$$B=\frac{1}{4}Ma^2,$$
$$C=\frac{1}{4}M(a^2+b^2)$$
(図 8)

9. 楕円体 $\dfrac{x^2}{a^2}+\dfrac{y^2}{b^2}+\dfrac{z^2}{c^2}=1$

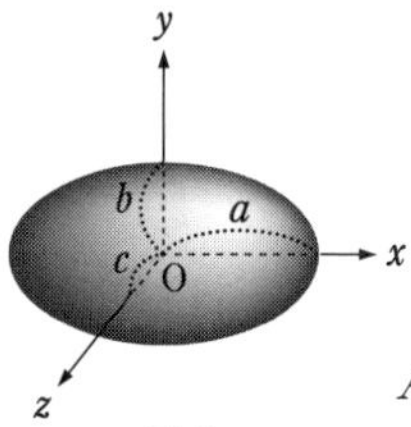

図 9

$$A=\frac{1}{5}M(b^2+c^2),$$
$$B=\frac{1}{5}M(c^2+a^2),$$
$$C=\frac{1}{5}M(a^2+b^2)$$
(図 9)

10. 円筒 (半径 a, 長さ $2l$)

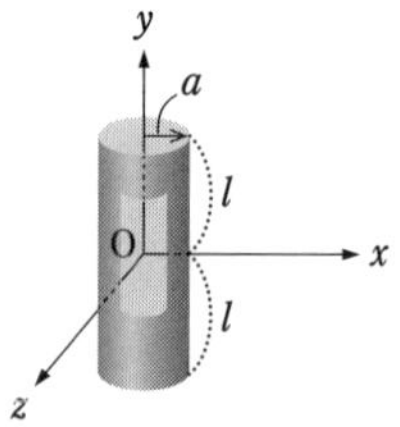

図 10

$$A=B=M\left(\frac{1}{2}a^2+\frac{1}{3}l^2\right),$$
$$C=Ma^2$$
(図 10)

11. 円柱 (半径 a, 長さ $2l$)

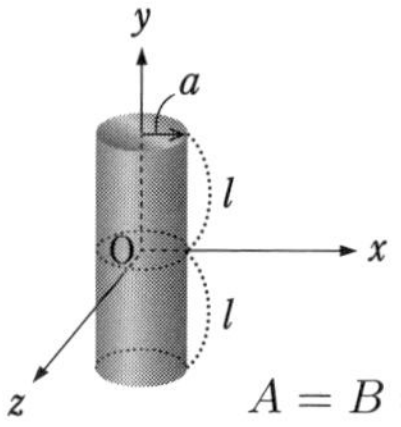

図 11

$$A=B=M\left(\frac{1}{4}a^2+\frac{1}{3}l^2\right),$$
$$C=\frac{1}{2}Ma^2$$
(図 11)

12. 円錐 (半径 a, 高さ h)

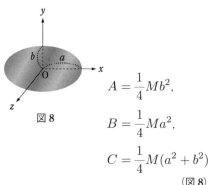

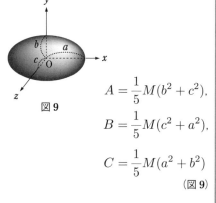

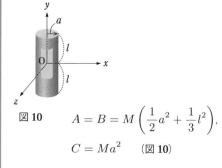

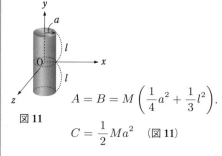

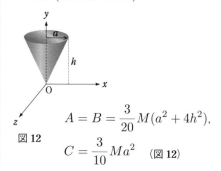

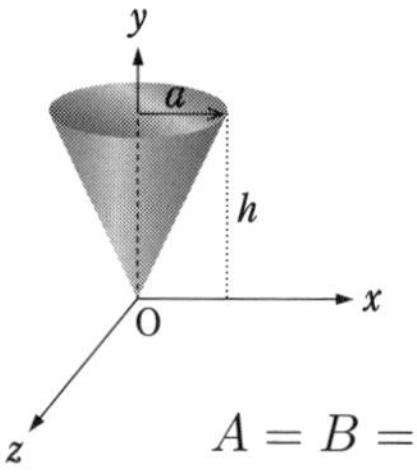

図 12

$$A=B=\frac{3}{20}M(a^2+4h^2),$$
$$C=\frac{3}{10}Ma^2$$
(図 12)

§2 固定点のまわりの剛体の運動

剛体の 1 点が固定されているときの剛体の回転運動を考察する．固定点を O とすると，そのまわりの角運動量 $\boldsymbol{L}$ の時間変化は

$$\frac{\mathrm{d}\boldsymbol{L}}{\mathrm{d}t}=\boldsymbol{N} \tag{9.16}$$

で記述される．O を原点とする 1 つの直角座標系を O-xyz とする．角運動量は慣性テンソルを用いて

$$\boldsymbol{L} = \boldsymbol{I} \cdot \boldsymbol{\omega} \tag{9.17}$$

ここで注意しなければならないのは，座標系に対して剛体が回転している場合には，慣性テンソル $\boldsymbol{I}$ の成分は時間的に一定でなく，剛体の回転に伴って変化するということである．

2.1　オイラーの運動方程式

上で述べた困難を避けるため，剛体に固定され，その角速度 $\boldsymbol{\omega}$ で回転する座標系 O-xyz を考える．この座標系で $\boldsymbol{I}$ の成分は一定である．しかし一方，この座標系は前章で論じた非慣性系となり，O-xyz における時間微分を $\dfrac{\mathrm{d}'}{\mathrm{d}t}$ と表すと，慣性系における時間微分 $\dfrac{\mathrm{d}}{\mathrm{d}t}$ と次の関係にある．

$$\frac{\mathrm{d}\boldsymbol{L}}{\mathrm{d}t} = \frac{\mathrm{d}'\boldsymbol{L}}{\mathrm{d}t} + \boldsymbol{\omega} \times \boldsymbol{L} \tag{9.18}$$

よって，O-xyz での運動方程式は

$$\frac{\mathrm{d}'\boldsymbol{L}}{\mathrm{d}t} + \boldsymbol{\omega} \times \boldsymbol{L} = \boldsymbol{N} \tag{9.19}$$

成分で表すと

$$\frac{\mathrm{d}'L_x}{\mathrm{d}t} + (\omega_y L_z - \omega_z L_y) = N_x \tag{9.20}$$

$$\frac{\mathrm{d}'L_y}{\mathrm{d}t} + (\omega_z L_x - \omega_x L_z) = N_y \tag{9.21}$$

$$\frac{\mathrm{d}'L_z}{\mathrm{d}t} + (\omega_x L_y - \omega_y L_x) = N_z \tag{9.22}$$

慣性主軸を座標軸 x, y, z にとると

$$L_x = A\omega_x,\ L_y = B\omega_y,\ L_z = C\omega_z \tag{9.23}$$

A, B, C は時間によらないのと，$\dfrac{\mathrm{d}'\boldsymbol{\omega}}{\mathrm{d}t} = \dfrac{\mathrm{d}\boldsymbol{\omega}}{\mathrm{d}t} = \dot{\boldsymbol{\omega}}$ であることに注意して，次の運動方程式を得る．

$$A\dot{\omega}_x - (B - C)\omega_y\omega_z = N_x \tag{9.24}$$

$$B\dot{\omega}_y - (C - A)\omega_z\omega_x = N_y \tag{9.25}$$

$$C\dot{\omega}_z - (A - B)\omega_x\omega_y = N_z \tag{9.26}$$

これを剛体の回転に関する**オイラーの運動方程式**という．

(9.24)-(9.26) の各辺にそれぞれ $\omega_x, \omega_y, \omega_z$ を掛けて加えると

$$A\omega_x\dot{\omega}_x + B\omega_y\dot{\omega}_y + C\omega_z\dot{\omega}_z = \boldsymbol{\omega}\cdot\boldsymbol{N} \tag{9.27}$$

が得られる．左辺は

$$\frac{1}{2}\frac{\mathrm{d}'}{\mathrm{d}t}(A{\omega_x}^2 + B{\omega_y}^2 + C{\omega_z}^2) = \frac{\mathrm{d}'K}{\mathrm{d}t} \tag{9.28}$$

に等しく，スカラー量については $\mathrm{d}'/\,\mathrm{d}t$ と $\mathrm{d}/\,\mathrm{d}t$ は同等なので

$$\frac{\mathrm{d}K}{\mathrm{d}t} = \boldsymbol{\omega}\cdot\boldsymbol{N} \tag{9.29}$$

というエネルギーの方程式が成り立つ．また (9.19) の両辺と $\boldsymbol{L}$ とのスカラー積をとると

$$\frac{1}{2}\frac{\mathrm{d}'\boldsymbol{L}^2}{\mathrm{d}t} = \boldsymbol{N}\cdot\boldsymbol{L} \tag{9.30}$$

が導かれる．すなわち，$\boldsymbol{N} = 0$ のとき，$\mathrm{d}'\boldsymbol{L}/\,\mathrm{d}t$ はゼロではないが，$\mathrm{d}'\boldsymbol{L}^2/\,\mathrm{d}t$ はゼロとなり，剛体に固定した座標系で角運動量の大きさ $|\boldsymbol{L}|$ が保存する．

2.2　剛体の自由回転

剛体に働く外力のモーメントがゼロのとき，すなわち $\boldsymbol{N} = 0$ のときの固定点のまわりの運動は**自由回転**と呼ばれる．たとえば重心を支えられた剛体の運動がその例である．このとき，(9.29) と (9.30) より運動エネルギー K と角運動量の大きさ L は時間的に一定となる．

a.　軸対称な剛体

対称軸が z 軸である軸対称な剛体を考える．このとき主慣性モーメントのうち $A = B$ となる．オイラーの運動方程式は $\boldsymbol{N} = 0$ として

$$A\dot{\omega}_x - (A - C)\omega_y\omega_z = 0 \tag{9.31}$$

$$A\dot{\omega}_y - (C - A)\omega_z\omega_x = 0 \tag{9.32}$$

$$C\dot{\omega}_z = 0 \tag{9.33}$$

(9.33) より $\omega_z =$ 定数 $= \omega_0$，$(C - A)/A = \beta$ とおく．(9.31) と (9.32) より

$$\dot{\omega}_x + \beta\omega_0\omega_y = 0 \tag{9.34}$$

$$\dot{\omega}_y - \beta\omega_0\omega_x = 0 \tag{9.35}$$

(9.34) を時間で微分して，(9.35) を用いると

$$\ddot{\omega}_x = -\beta\omega_0\dot{\omega}_y = -(\beta\omega_0)^2\omega_x \tag{9.36}$$

したがって，一般解は a, δ を積分定数として

$$\omega_x = a\cos(\beta\omega_0 t + \delta),\ \omega_y = a\sin(\beta\omega_0 t + \delta) \tag{9.37}$$

これはベクトル $\boldsymbol{\omega}$ の終点が z 軸に垂直な平面内の半径 a の円周上を一定の角速度 $\beta\omega_0$ で回転することを意味している．言い換えれば，ベクトル $\boldsymbol{\omega}$ は z 軸に対する傾きを一定に保って z 軸のまわりに歳差運動を行う．角運動量ベクトル $\boldsymbol{L}$ も剛体の対称軸に対して同様な運動をする．

$$L_x = A\omega_x = Aa\cos(\beta\omega_0 t + \delta) \tag{9.38}$$

$$L_y = A\omega_y = Aa\sin(\beta\omega_0 t + \delta) \tag{9.39}$$

$$L_z = C\omega_0 \tag{9.40}$$

歳差運動は $C > A$ のとき $\beta > 0$ だから，z 軸の正の側からみて反時計回り，逆に $C < A$ のときは時計回りとなる．また，$\boldsymbol{\omega}$ の大きさは一定で $\omega = \sqrt{{\omega_0}^2 + a^2}$.

瞬間回転軸の方向は $\boldsymbol{\omega}$ の方向なので，剛体内に描かれる瞬間回転軸の軌跡は直円錐面となる．これを**ポルホード錐面**という．半頂角 $\theta_{\rm b}$ は $\tan\theta_{\rm b} = a/\omega_0$ できまる (図 9-4(a))．次に，空間に対する瞬間回転軸の軌跡を考える．$\boldsymbol{N} = 0$ のとき，$\boldsymbol{L}$ が時間的に一定のベクトルで，$\boldsymbol{\omega}$ が $\boldsymbol{L}$ となす角を $\theta_{\rm s}$ とすると，

$$\cos\theta_{\rm s} = \frac{\boldsymbol{\omega}\cdot\boldsymbol{L}}{\omega L} = \frac{A{\omega_x}^2 + A{\omega_y}^2 + C{\omega_z}^2}{\omega L} = \frac{2K}{\omega L} \tag{9.41}$$

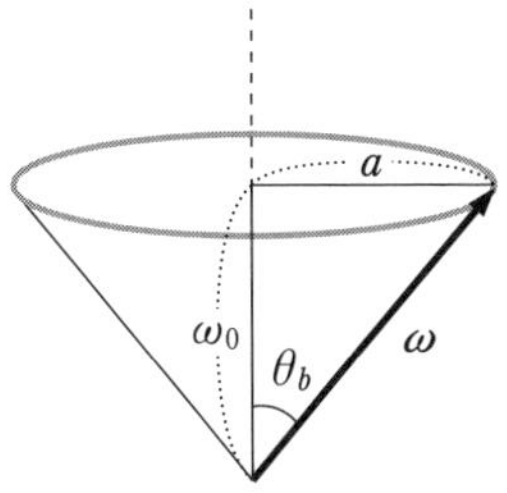

(a)　ポルホード錐面

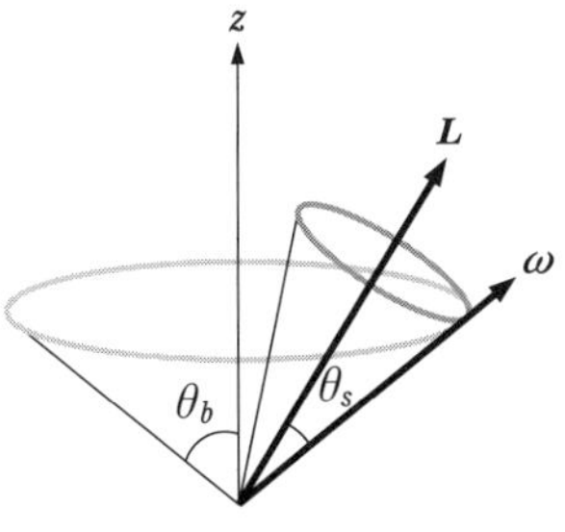

(b)　ハーポルホード錐面

図 **9-4**

であり，また ω, L, K はいずれも時間によらず一定なので，θ_s も一定である．すなわち回転軸の軌跡は空間に対しても1つの直円錐となり，これを**ハーポルホード錐面**という (図 9-4(b))．ポルホード錐面とハーポルホード錐面の接触線は任意の時刻における瞬間回転軸を与え，瞬間回転軸は瞬間的に静止するので，前者の円錐面は後者の円錐面に接しながら，滑らずに転がる (図 9-5).

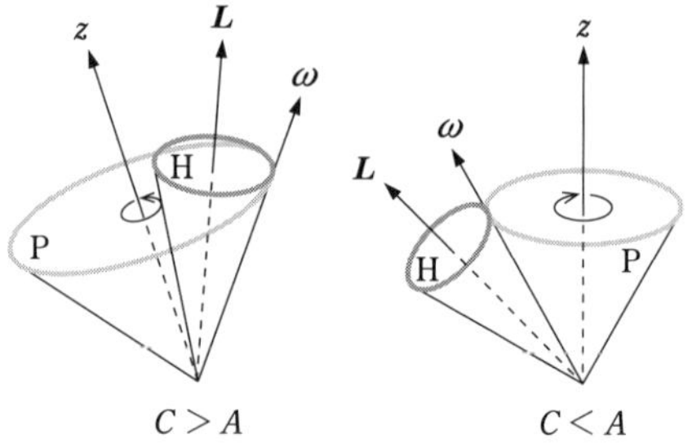

図 9-5　ポルホード錐面とハーポルホード錐面

話 題：自由回転による地軸の歳差運動

第7章で述べた太陽や月の引力がもたらす黄道上での地軸の 26,000 年周期のゆっくりとした歳差運動とは別に，自由回転によるもっと短い周期の歳差運動がある．地球は扁平な回転楕円体で，回転軸の方向を表す角速度ベクトル $\boldsymbol{\omega}$ は上で述べた歳差運動を行う．その角速度は

$$\Omega = \beta\omega_0 = \frac{C-A}{A}\omega_0 \tag{9.42}$$

ここで C は対称軸のまわりの主慣性モーメント，$A = B$ はそれに垂直な方向の主慣性モーメントである．地球の場合

$$\frac{C-A}{A} \approx \frac{1}{300} \tag{9.43}$$

なので，この歳差運動の周期は

$$T = \frac{2\pi}{\Omega} = \left(\frac{A}{C-A}\right)\frac{2\pi}{\omega_0} \tag{9.44}$$

となる．$2\pi/\omega_0$ は1日だから，T は約 300 日となる．このような現象は自転軸の北極位置の移動 (極運動) という形で観測されている．そのずれはきわめて小さく，地表面で対称軸から約 4 m 以上離れることはない．実際の周期の観測値はおおよそ約 430 日で，チャンドラー周期と呼ばれる．理論的な予測値が実測値とずれるのは地球が完全な剛体ではないためと考えられる．

b.　一般の剛体

今度は一般の剛体の自由回転を考えよう．慣性主軸系を一般性を失うことなく $A < B < C$ と選ぶことができる．慣性主軸のまわりには自由に回転できるが，その安定性を考察する．いま，$\boldsymbol{\omega}$ が 1 つの主軸，たとえば z 軸の非常に近くにあり，$\omega_x \ll \omega_z$，$\omega_y \ll \omega_z$ とすると (9.26) から ω_x と ω_y についての 2 次以上の微小量を無視すると，$\omega_z = 一定 = \omega_0$ となる．そこで残りの 2 つの方程式

$$A\dot{\omega}_x - (B - C)\omega_y\omega_z = 0 \tag{9.45}$$

$$B\dot{\omega}_y - (C - A)\omega_z\omega_x = 0 \tag{9.46}$$

に解として $\omega_x = a_x \mathrm{e}^{\lambda t}$，$\omega_y = a_y \mathrm{e}^{\lambda t}$ を代入すると，

$$\lambda^2 = \frac{(C - A)(B - C)}{AB}{\omega_0}^2 \equiv -\beta^2{\omega_0}^2 \tag{9.47}$$

となり振動解

$$\omega_x = a\sqrt{B(C - B)}\cos(\beta\omega_0 t + \delta) \tag{9.48}$$

$$\omega_y = a\sqrt{A(C - A)}\sin(\beta\omega_0 t + \delta) \tag{9.49}$$

が得られる．すなわち $\boldsymbol{\omega}$ の終点は z 軸のまわりに小さな楕円を描いて，$z > 0$ からみると反時計回りに運動する．同様の議論で，$\boldsymbol{\omega}$ が x 軸とほとんど平行である場合には $\boldsymbol{\omega}$ の終点は x 軸のまわりに小さな楕円を描き時計回りに運動する．$\boldsymbol{\omega}$ がほとんど y 軸と平行である場合には ω_x と ω_z の解は指数関数的に増大するので，ω_y を一定とする近似は時間とともに成り立たなくなる．以上をまとめると，「慣性モーメントが最大または最小であるような主軸付近の回転は安定であるのに対し，中間の慣性モーメントをもつ主軸付近の回転は不安定となる」．

話 題：テニスラケットはどう投げればよいか？

テニスのラケットを回転させながら空中に放り投げるとき，どの軸のまわりに回転させれば安定な回転を続けて，落ちてきたときに，うまく捕まえられるかという問題である．対称性から慣性主軸は図 9-a のように重心 G を通って (1) グリップに沿った方向，(2) ラケット面内でグリップに垂直な方向，(3) グリップにも面にも垂直な方向の 3 つである．慣性モーメントの大小関係は簡単な考察から I_2 は I_1 より大きく，また平面板の定理から $I_3 = I_1 + I_2$ なので，結局 $I_1 < I_2 < I_3$ となる．よって (1) 軸または (3) 軸のまわりに回転させて投げればよいということになる．実際に確かめてみよ．

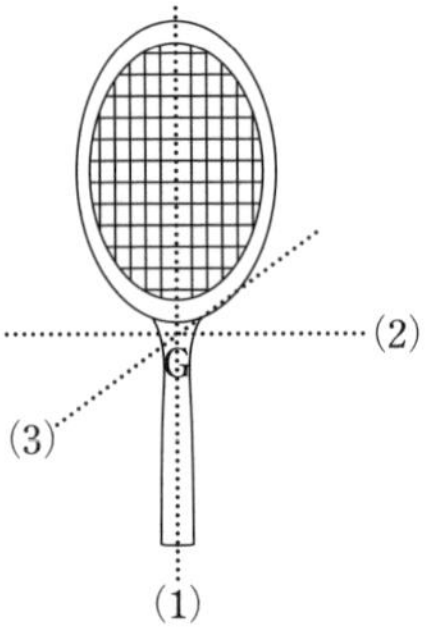

図 9-a

2.3　ポアンソー (Poinsot) の表現

$\boldsymbol{N}=0$ の剛体の自由回転においては，(9.16) と (9.29) から次の 4 つの運動の積分が存在する．

$$\boldsymbol{L}=\text{定ベクトル},\quad K=\frac{1}{2}(A{\omega_x}^2+B{\omega_y}^2+C{\omega_z}^2)=\text{一定} \tag{9.50}$$

ポアンソーは剛体そのものの代わりに慣性楕円体の運動に基づいて剛体の運動を幾何学的に表現できることを見出した．固定点を原点とし，剛体に固定した慣性主軸系をとると慣性楕円体は

$$Ax^2+By^2+Cz^2=1 \tag{9.51}$$

で与えられる．物体が回転すると，慣性楕円体も物体とともに回転する．

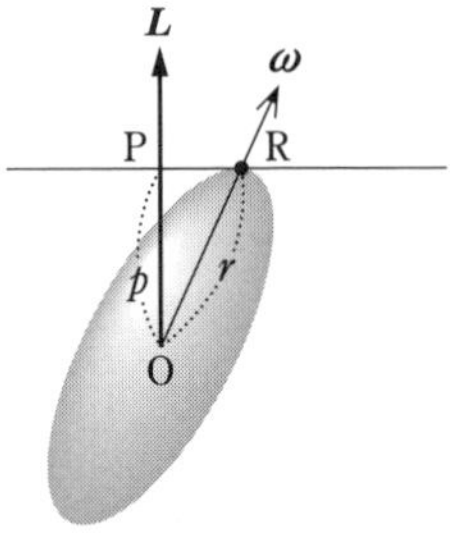

図 9-6　回転の極と不変平面

図 9-6 のように任意の瞬間における回転軸と慣性楕円体との交点を**回転の極**といい，R でその位置を表す．$\overrightarrow{\mathrm{OR}}=\boldsymbol{r}$，$\boldsymbol{r}=(x',y',z')$，$\boldsymbol{r}=r\dfrac{\boldsymbol{\omega}}{\omega}$ とすると，

$$\frac{x'}{\omega_x}=\frac{y'}{\omega_y}=\frac{z'}{\omega_z}=\frac{r}{\omega} \tag{9.52}$$

となる．また R は慣性楕円体の上にあるから

$$A{x'}^2+B{y'}^2+C{z'}^2=1 \tag{9.53}$$

(9.52) より $x' = \omega_x r/\omega$, $y' = \omega_y r/\omega$, $z' = \omega_z r/\omega$ を (9.53) に代入して

$$A{\omega_x}^2 + B{\omega_y}^2 + C{\omega_z}^2 = \frac{\omega^2}{r^2} \tag{9.54}$$

(9.54) の左辺は $2K$ に等しいから，$K = \omega^2/(2r^2)$ すなわち $\omega = \sqrt{2K}r$ が導かれる．つまり，角速度の大きさ ω は回転軸方向の半径 r に比例する．R において慣性楕円体に接する平面の方程式は

$$Ax'x + By'y + Cz'z = 1 \tag{9.55}$$

で与えられる．この接平面の法線の方向余弦は $Ax' : By' : Cz'$ に比例するので，法線方向の任意のベクトルは

$$Ax'\boldsymbol{i} + By'\boldsymbol{j} + Cz'\boldsymbol{k} = \frac{r}{\omega}(A\omega_x\boldsymbol{i} + B\omega_y\boldsymbol{j} + C\omega_z\boldsymbol{k}) = \frac{r}{\omega}\boldsymbol{L} \tag{9.56}$$

と平行である．よって，R における楕円体の接平面は定ベクトル $\boldsymbol{L}$，すなわち不変軸と垂直であることがわかる．O から接平面に下ろした垂線の長さ p は

$$p = \frac{\boldsymbol{r}\cdot\boldsymbol{L}}{L} = \frac{r}{\omega L}(A{\omega_x}^2 + B{\omega_y}^2 + C{\omega_z}^2) = \frac{r\cdot 2K}{\sqrt{2K}rL} = \frac{\sqrt{2K}}{L} \tag{9.57}$$

となって一定なので，接平面は空間において不動の面となり，これを**不変平面**と呼ぶ．接平面の楕円体との接点 R は瞬間回転軸上にあるので，その瞬間速度は 0 となり楕円体はこの平面の上を滑らずに転がる．

慣性楕円体が不変平面の上を転がるとき，接点の軌跡が慣性楕円体上に描く曲線を**ポルホード** (polhode)，不変平面上に描く曲線を**ハーポルホード** (herpolhode) という．ポルホードは閉じた曲線であるのに対して，ハーポルホードは一般に閉じない複雑な曲線である．

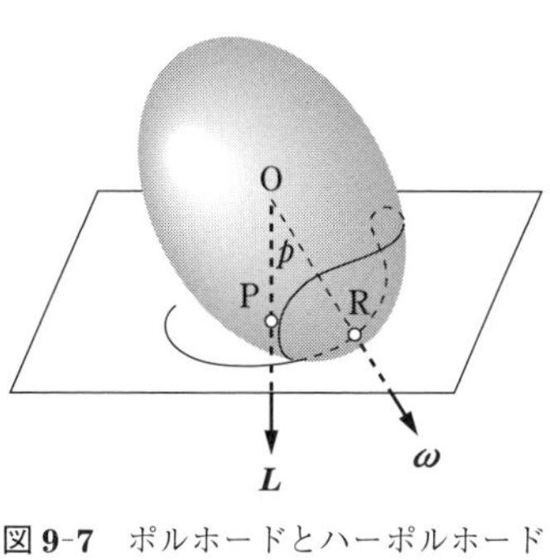

図 9-7　ポルホードとハーポルホード

§3　オイラーの角

前節までの剛体の自由回転では，剛体の位置を表す座標を用いずに議論を行ったが，さらに一歩話を進めるためには適当な座標を導入することが必要となる．まず，剛体に固定した直角座標系を O-xyz とし，この座標系が空間に固定した

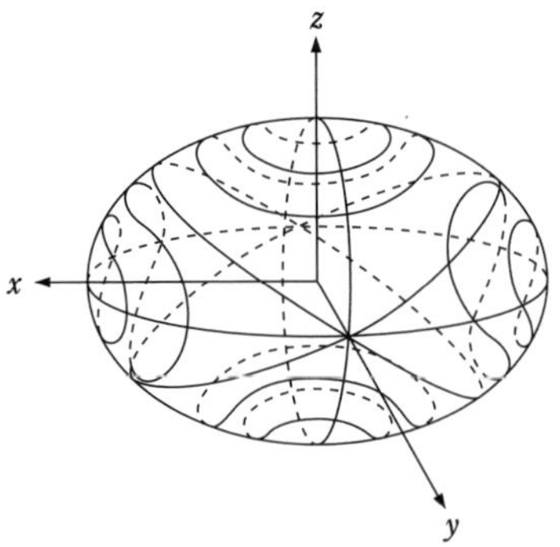

図 9-8　ポルホード

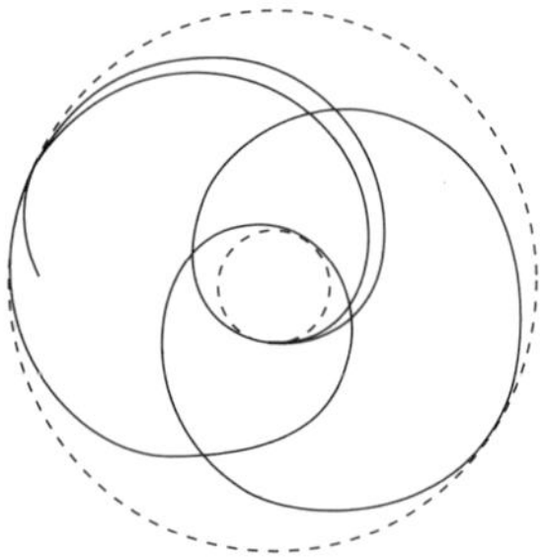

図 9-9　ハーポルホード

直角座標系 O-XYZ に対してどのような位置にあるかを示すことが重要である．前に述べたように剛体の自由度は全体で 6 で，そのうち重心の並進の自由度 3 を引くと，回転を表す自由度は 3 である．そこでこの自由度に対応し，またわれわれの目的に適う座標の組として通常用いられるのが，以前にふれたオイラーの角 θ, φ, ψ である．

図 9-10(a) のように原点 O を中心とする単位球を考え，空間に固定された直角座標軸と球面との交点を X, Y, Z とする．同様に剛体に固定された直角座標軸と球面との交点を x, y, z とする．いま z 軸の方向を通常の極座標と同じ (θ, φ) で表す．あとは z 軸に垂直な平面内での x 軸の位置が指定できればよい．このためには，Zz 平面と xy 平面との交線 OM が x 軸となす角である ψ を用いる．また XY 面と xy 面との交線 OK は Zz 平面と垂直であるから，OK⊥OM となり，OK が y 軸となす角も ψ に等しい．ここで登場した θ, φ, ψ を**オイラーの角** (Eulerian angles) という．はじめに XYZ にあった座標系を xyz に一致させるには，まず Z 軸のまわりに角度 φ，次に OK のまわりに角度 θ，最後に z 軸のまわりに角度 ψ だけ回転させるという一連の操作を行えばよいことがわかる．

これらに注意して，座標軸の変換の公式を導こう．まず，図 9-10(b)–(d) より

$$\overrightarrow{\mathrm{O}X} = \cos\varphi\,\overrightarrow{\mathrm{OL}} - \sin\varphi\,\overrightarrow{\mathrm{OK}} \tag{9.58}$$

$$\overrightarrow{\mathrm{OK}} = \cos\psi\,\overrightarrow{\mathrm{O}y} + \sin\psi\,\overrightarrow{\mathrm{O}x} \tag{9.59}$$

$$\overrightarrow{\mathrm{OM}} = \cos\psi\,\overrightarrow{\mathrm{O}x} - \sin\psi\,\overrightarrow{\mathrm{O}y} \tag{9.60}$$

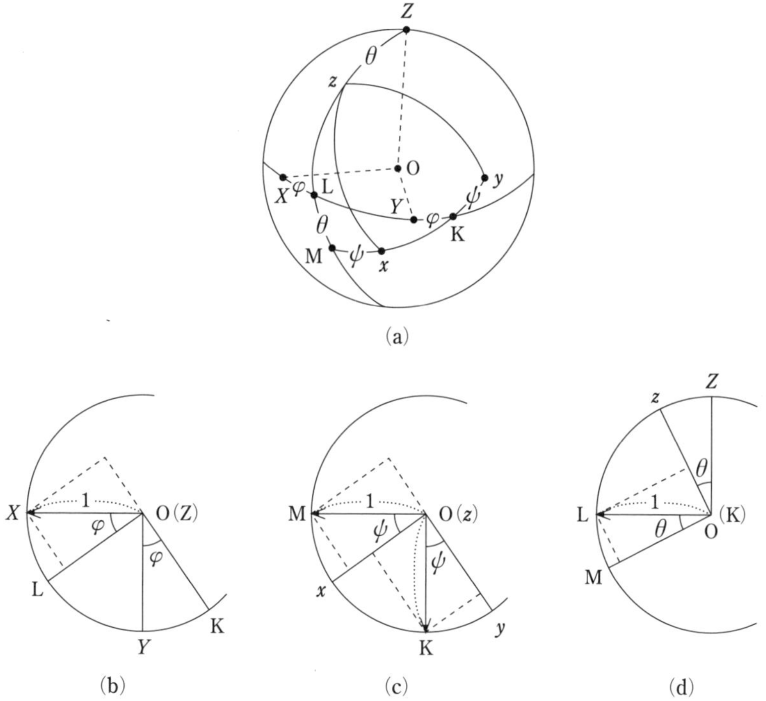

図 **9-10** オイラーの角

$$\overrightarrow{\mathrm{OL}} = \cos\theta\,\overrightarrow{\mathrm{OM}} + \sin\theta\,\overrightarrow{\mathrm{O}z} \tag{9.61}$$

が成り立つ．(9.61) に (9.60) を代入すると

$$\overrightarrow{\mathrm{OL}} = \cos\theta\cos\psi\,\overrightarrow{\mathrm{O}x} - \cos\theta\sin\psi\,\overrightarrow{\mathrm{O}y} + \sin\theta\,\overrightarrow{\mathrm{O}z} \tag{9.62}$$

(9.59) と (9.62) を (9.58) へ代入すると

$$\begin{aligned}\overrightarrow{\mathrm{O}X} &= (\cos\varphi\cos\theta\cos\psi - \sin\varphi\sin\psi)\overrightarrow{\mathrm{O}x} \\ &\quad - (\cos\varphi\cos\theta\sin\psi + \sin\varphi\cos\psi)\overrightarrow{\mathrm{O}y} + \cos\varphi\sin\theta\,\overrightarrow{\mathrm{O}z}\end{aligned} \tag{9.63}$$

が得られる．同様にして $\overrightarrow{\mathrm{O}Y}$, $\overrightarrow{\mathrm{O}Z}$ も求まる．結局，両座標系の変換の公式は

$$\begin{pmatrix} \overrightarrow{\mathrm{O}X} \\ \overrightarrow{\mathrm{O}Y} \\ \overrightarrow{\mathrm{O}Z} \end{pmatrix} = M \times \begin{pmatrix} \overrightarrow{\mathrm{O}x} \\ \overrightarrow{\mathrm{O}y} \\ \overrightarrow{\mathrm{O}z} \end{pmatrix} \tag{9.64}$$

となる．ここで，変換の行列は

$$M = \begin{pmatrix} \cos\varphi\cos\theta\cos\psi - \sin\varphi\sin\psi, & -\cos\varphi\cos\theta\sin\psi - \sin\varphi\cos\psi, & \cos\varphi\sin\theta \\ \sin\varphi\cos\theta\cos\psi + \cos\varphi\sin\psi, & -\sin\varphi\cos\theta\sin\psi + \cos\varphi\cos\psi, & \sin\varphi\sin\theta \\ -\sin\theta\cos\psi, & \sin\theta\sin\psi, & \cos\theta \end{pmatrix} \tag{9.65}$$

で与えられる．

問題　$\overrightarrow{\mathrm{OY}}$, $\overrightarrow{\mathrm{OZ}}$ の関係式を導出せよ．

次に角速度ベクトル $\boldsymbol{\omega}$ をオイラーの角で表す．$\overrightarrow{\mathrm{OK}}$, $\overrightarrow{\mathrm{OZ}}$, $\overrightarrow{\mathrm{O}z}$ 軸のまわりの角速度はそれぞれ $\dot{\theta}$, $\dot{\varphi}$, $\dot{\psi}$ であるから

$$\boldsymbol{\omega} = \dot{\theta}\overrightarrow{\mathrm{OK}} + \dot{\varphi}\overrightarrow{\mathrm{OZ}} + \dot{\psi}\overrightarrow{\mathrm{O}z} \tag{9.66}$$

(9.59) と (9.64)，(9.65) を用いれば

$$\begin{aligned} \boldsymbol{\omega} = &(\dot{\theta}\sin\psi - \dot{\varphi}\sin\theta\cos\psi)\overrightarrow{\mathrm{O}x} + (\dot{\theta}\cos\psi + \dot{\varphi}\sin\theta\sin\psi)\overrightarrow{\mathrm{O}y} \\ &+ (\dot{\varphi}\cos\theta + \dot{\psi})\overrightarrow{\mathrm{O}z} \end{aligned} \tag{9.67}$$

と求まる．したがって

$$\begin{aligned} \omega_x &= \dot{\theta}\sin\psi - \dot{\varphi}\sin\theta\cos\psi \\ \omega_y &= \dot{\theta}\cos\psi + \dot{\varphi}\sin\theta\sin\psi \\ \omega_z &= \dot{\varphi}\cos\theta + \dot{\psi} \end{aligned} \tag{9.68}$$

逆に，$\dot{\theta}$, $\dot{\varphi}$, $\dot{\psi}$ について解くと

$$\begin{aligned} \dot{\theta} &= \omega_x\sin\psi + \omega_y\cos\psi \\ \dot{\varphi} &= \mathrm{cosec}\,\theta(-\omega_x\cos\psi + \omega_y\sin\psi) \\ \dot{\psi} &= \omega_z - \cot\theta(-\omega_x\cos\psi + \omega_y\sin\psi) \end{aligned} \tag{9.69}$$

オイラーの運動方程式 (9.24)-(9.26) と上の関係式 (9.68) または (9.69) を用いるとオイラーの角 θ, φ, ψ の時間変化を求めることができ，剛体の回転運動が完全に決まる．

§4　こまの運動

対称軸上の1点を固定した対称こまの運動を前節で述べたオイラーの角を用いて調べてみよう．固定点を原点Oにとり，こまの軸を z 軸，これに垂直な軸を x, y 軸に選ぶ．図9-11のように空間に固定した座標系 O-XYZ に対するこまに固定した座標系 O-xyz の位置がオイラーの角で記述される．x, y, z 軸に関する主慣性モーメントを A, A, C とする．Oに働く抗力はOに関するモーメントをもたないので，運動方程式において重力のモーメントだけを考えればよい．重心Gは z 軸上にあるので，$N_z = 0$ である．よってオイラーの方程式の3番目の式 (9.26) で，$A = B$, $N_z = 0$ とおくと，すぐに積分できて

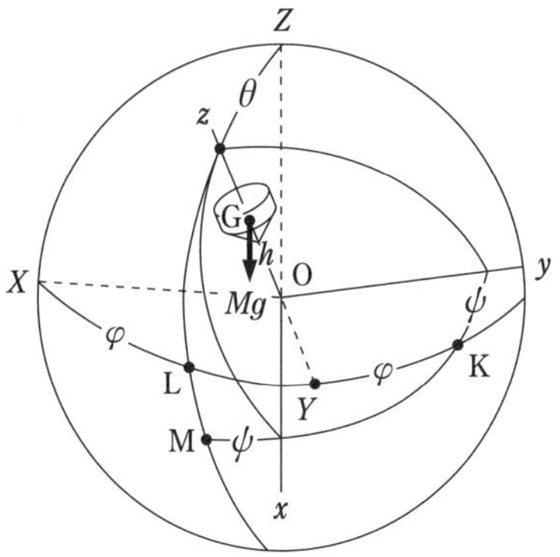

図 9-11　こまの位置

$$\omega_z = 一定 \equiv \omega_0 \tag{9.70}$$

を得る．よって $L_z = C\omega_0 =$ 一定 である．いま Z 軸は鉛直上向きにとっており，重力は鉛直方向に働くから，N_Z も0で角運動量の Z 成分 L_Z も一定となる．$\boldsymbol{L} = (A\omega_x, A\omega_y, C\omega_z)$ と (9.65) 式の Z 軸の x, y, z 成分より

$$L_Z = -\sin\theta\cos\psi\, A\omega_x + \sin\theta\sin\psi\, A\omega_y + \cos\theta\, C\omega_z = 一定 \tag{9.71}$$

さらに重力以外の力は仕事をしないので力学的エネルギーが保存する．固定点Oから重心Gまでの距離を h とし，こまの質量を M とすると

$$K + U = \frac{1}{2}(A{\omega_x}^2 + A{\omega_y}^2 + C{\omega_z}^2) + Mgh\cos\theta = 一定 \equiv E \tag{9.72}$$

が成り立つ．これら3つの積分 (9.70)，(9.71)，(9.72) を (9.68) を用いてオイラーの角で表すと

$$\dot{\varphi}\cos\theta + \dot{\psi} = \omega_0 \tag{9.73}$$

$$\dot{\theta}^2 + \dot{\varphi}^2\sin^2\theta + (2Mgh/A)\cos\theta = (2E - C{\omega_0}^2)/A \tag{9.74}$$

$$\dot{\varphi}\sin^2\theta + (C\omega_0/A)\cos\theta = L_Z/A \tag{9.75}$$

そこで以後の式を簡単にするために

$$a = 2Mgh/A, \quad \alpha = (2E - C{\omega_0}^2)/A \tag{9.76}$$

$$b = C\omega_0/A, \quad \beta = L_Z/A \tag{9.77}$$

とおく．a はこまの構造で決まり，α, b, β の残り3つは初期条件で決まる定数である．(9.74) の両辺に $\sin^2\theta$ を掛けて

$$\dot{\theta}^2 \sin^2\theta + (\dot{\varphi}\sin^2\theta)^2 + a\sin^2\theta\cos\theta = \alpha\sin^2\theta \tag{9.78}$$

を得る．この式から (9.75) を用いて $\dot{\varphi}\sin^2\theta$ を消去すると

$$\dot{\theta}^2\sin^2\theta + (\beta - b\cos\theta)^2 = (\alpha - a\cos\theta)\sin^2\theta \tag{9.79}$$

ここで次のような変数変換を行う．

$$u = \cos\theta, \quad \text{よって} \quad \dot{u} = -\dot{\theta}\sin\theta \tag{9.80}$$

こまの軸上で固定点から単位長さにある点を**こまの代表点**と呼ぶが，u はこの代表点の高さを表す．(9.79) を u を用いて書き直すと

$$\dot{u}^2 = (\alpha - au)(1-u^2) - (\beta - bu)^2 \equiv f(u) \tag{9.81}$$

したがって

$$\dot{u} = \pm\sqrt{f(u)} \tag{9.82}$$

変数を分離して積分すると

$$t - t_0 = \pm\int\frac{\mathrm{d}u}{\sqrt{f(u)}} \tag{9.83}$$

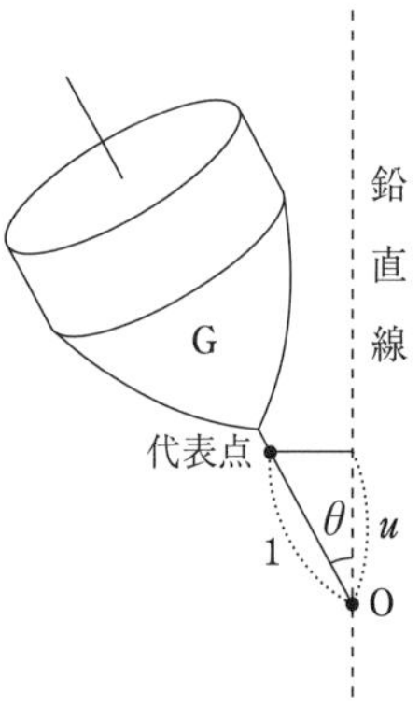

図 9-12　こまの代表点

となる．$f(u)$ は u の3次式なので，右辺の積分は一般に**楕円積分**と呼ばれる積分となり，初等関数では表せない．u は t の周期関数である楕円関数で表されることがわかる．(9.75) より

$$\dot{\varphi} = \frac{\beta - bu}{1-u^2} \tag{9.84}$$

と表されるので，いったん u が t の関数として求まるとその解を上式に代入し，結果として得られる φ に対する微分方程式を解けば，φ が t の関数として求まる．さらに，(9.84) を (9.73) へ代入すれば

$$\dot{\psi} = \omega_0 - \frac{(\beta - bu)u}{1-u^2} \tag{9.85}$$

が得られる．φ の場合と同様，u を t の関数として表して，上の方程式を解けば，ψ が t の関数として得られ，これで運動が全て決定する．u が t の周期関数であるので，(9.84)，(9.85) から $\dot{\varphi}$ も $\dot{\psi}$ も t の周期関数であることがいえる．

さて，(9.83) の積分を実際に実行しなくとも，運動の一般的性質を 3 次関数 $f(u)$ のふるまいから知ることが可能である．まず，$u \to \pm\infty$ で $f(u) \to \pm\infty$，$f(u = \pm 1) = -(\beta \mp b)^2 < 0$ および初期値 $u = u_0\,(-1 \leqq u_0 \leqq 1)$ に対しては当然 $\dot{u}^2 \geqq 0$ なので $f(u_0) \geqq 0$．よって，$f(u)$ は図 9-13 のようになり，3 次方程式 $f(u) = 0$ の解が 3 解とも実数であることがわかる．いまこの 3 解を小さいものから順に u_1, u_2, u_3 とすると，$-1 \leqq u_1 \leqq u_2 \leqq 1$，$u_3 > 1$ となる．現実に起こりうる運動に対しては，$f(u) = \dot{u}^2 \geqq 0$ でかつ $-1 \leqq u \leqq 1$ だから，運動は $u_1 \leqq u \leqq u_2$ の範囲に限られることがわかる．すなわち，代表点の高さ u は u_1 と u_2 の間を往復して周期運動を行う．

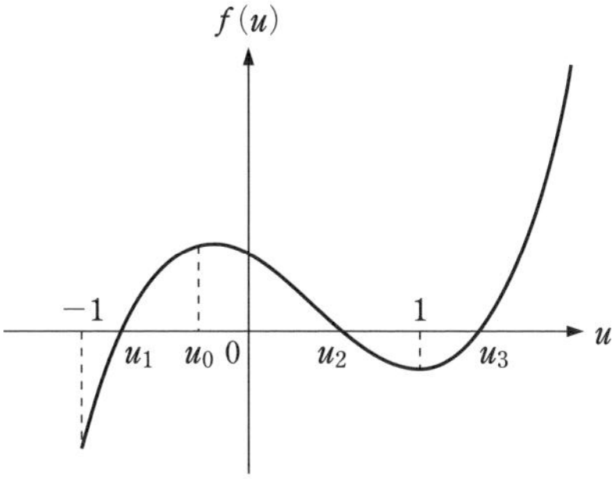

図 9-13　$f(u)$ のふるまい

(9.84) により，u が周期的に変化すると φ も周期的に変化する．代表点は上下運動すると同時に鉛直軸のまわりに回転する．図 9-14 に示すように，この代表点の軌跡には 3 つのタイプがある．u が $u_1 = \cos\theta_1$ から $u_2 = \cos\theta_2$ まで変化する間に，$\beta - bu$ が符号を変えるか変えないかによって，$\dot{\varphi}$ の符号は変化したりしなかったりする．(a) 変化しない場合，こまの軸は鉛直軸のまわりに同

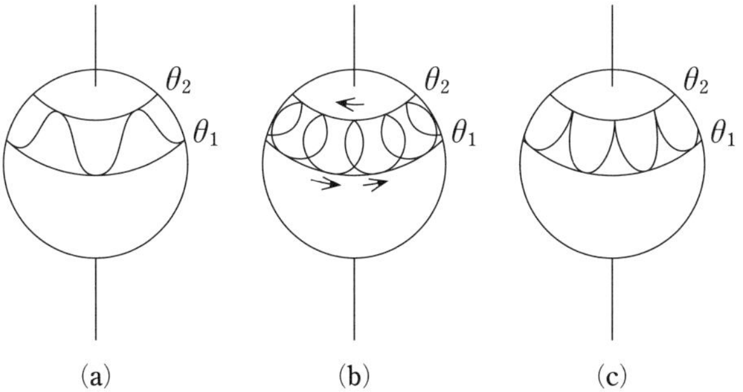

図 9-14　代表点の軌跡

じ向きに歳差運動を行うと同時に上下に振動する．この振動を**章動** (nutation) という．(b) 符号が変化する場合，最高点 u_2 と最低点 u_1 で歳差運動の向きが逆になり，軸はらせんを描きながら鉛直線のまわりを回る．(c) 最高点 u_2 で $\beta - bu = 0$ を満たすと，この点で $\dot{\varphi}$ と $\dot{\theta}$ が同時に 0 となり，こまの軸は図 9-14 の (c) のような曲線を描く．

こまの定常運動

こまの運動の中で特別な場合として，こまの軸が鉛直線と一定の傾きを保ちつつ，鉛直線のまわりに一様な歳差運動を行う場合を考察する．このような運動を**正則歳差運動**という．

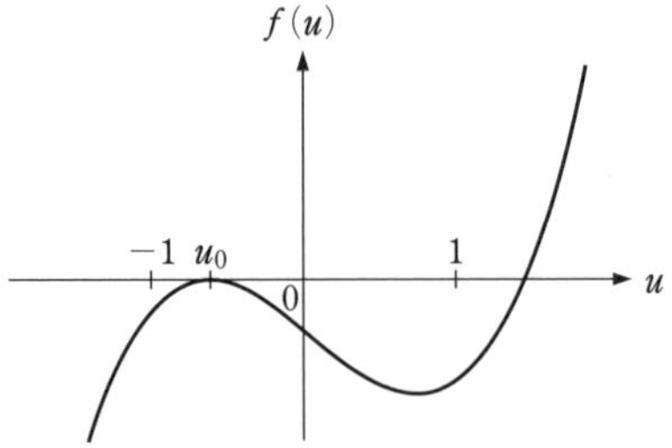

図 9-15　定常運動と $f(u)$

この場合には，時間的に θ は一定でその初期値 θ_0 に等しいから，$u_1 = u_2 = \cos\theta_0 = u_0$，$\dot{u} = 0$ である．したがって，3 次方程式 $f(u) = 0$ は 2 重解 u_0 をもたなければならない (図 9-15)．すなわち，2 つの方程式

$$f(u) = (\alpha - au)(1 - u^2) - (\beta - bu)^2 = 0 \tag{9.86}$$

$$f'(u) = -a(1 - u^2) - 2u(\alpha - au) + 2b(\beta - bu) = 0 \tag{9.87}$$

は共通解 u_0 を有する．${u_0}^2 \neq 1$ のときは，(9.86) から

$$\alpha - au_0 = \frac{(\beta - bu_0)^2}{1 - {u_0}^2} \tag{9.88}$$

で，また (9.84) より

$$\dot{\varphi} = \frac{\beta - bu_0}{1 - {u_0}^2} = \text{一定} \tag{9.89}$$

となる．(9.89) と (9.88) から

$$\beta - bu_0 = \dot{\varphi}(1 - {u_0}^2) \tag{9.90}$$

$$\alpha - au_0 = \dot{\varphi}^2(1 - {u_0}^2) \tag{9.91}$$

と表せるから，これらを (9.87) へ代入すれば

$$-2u_0\dot{\varphi}^2 + 2b\dot{\varphi} - a = 0 \tag{9.92}$$

が得られる．これは傾き θ_0 が与えられたとき，歳差運動の角速度 $\dot{\varphi}$ を決める方程式である．$\dot{\varphi}$ が実数であるためには，2 次方程式 (9.92) の判別式 $\geqq 0$ でなければならないから

$$b^2 - 2u_0 a \geqq 0, \quad \text{すなわち} \quad 2u_0 a/b^2 \leqq 1 \tag{9.93}$$

一般には $\dot{\varphi}$ の値が 2 つ得られるので，こまは角速度が異なる 2 種類の歳差運動を行う．こまの軸の傾き θ_0 と軸まわりの角速度 ω_0 が与えられたとき，(9.92) の解できまる角速度 $\dot{\varphi}$ でこまを放した場合にのみ，こまは定常運動を行い，それ以外では章動が生じる．

いま仮に，ω_0 が非常に大きくて，$a/b^2 \ll 1$ とすると (9.92) の近似解は

$$\dot{\varphi}_1 = \frac{a}{2b}, \quad \dot{\varphi}_2 = \frac{b}{u_0} \tag{9.94}$$

となり，$\dot{\varphi}_1/\dot{\varphi}_2 = (a/2b^2)\cos\theta_0 \ll 1$ なので，$\dot{\varphi}_1$ は $\dot{\varphi}_2$ に比べると非常に小さい．$\dot{\varphi}_1$ の方を**遅い歳差運動**，$\dot{\varphi}_2$ の方を**速い歳差運動**という．

ここで，特別な角度の場合について考える．まず，$\theta_0 = \pi/2$ すなわち $u_0 = 0$ のときは，(9.92) から $\dot{\varphi} = a/2b$ だけが解となる．これは (9.94) のうち遅い歳差運動の角速度に一致する．

次に ${u_0}^2 = 1$ の場合を考える．$u_0 = -1$ すなわち $\theta_0 = \pi$ は，鉛直下向きにこまが垂れたときで，回転しなくても安定な平衡点といえるから考察から除外して，$u_0 = 1$ すなわち $\theta_0 = 0$ の場合だけ調べる．はじめにこまが軸を鉛直上向きにして，角速度 ω_0 で回転していたとする．この初期条件を (9.74) と (9.75) に入れると (9.76)，(9.77) の定数の値は $\alpha = a$，$\beta = b$ となる．よって (9.81) は次のようになる．

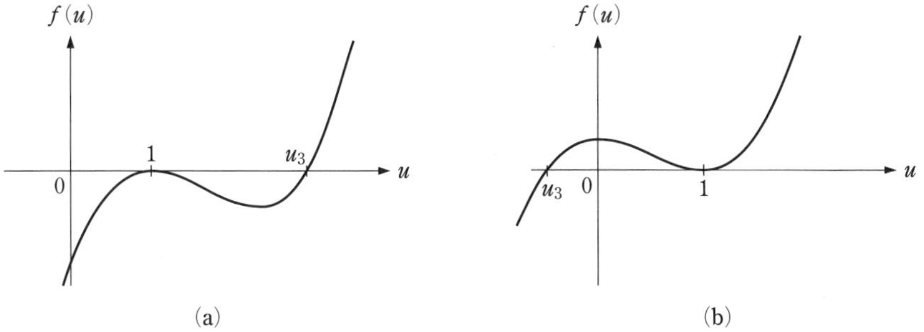

図 9-16

$$\dot{u}^2 = (1-u)^2\ [a(1+u) - b^2] \equiv f(u) \tag{9.95}$$

この式から，方程式 $f(u) = 0$ の解は，2重解 $u_0 = 1$ と $u_3 = (b^2/a) - 1$ であることがわかる．ω_0 が大きくて $b^2/a > 2$ のときは，$u_3 > 1$ となって，$f(u)$ のグラフは図 9-16 の (a) のようになり，運動が可能となるのは $\cos\theta = 1$ すなわち $\theta = 0$ だけであるから，こまは軸を鉛直に保ちながら定常運動を行う．この場合，外から少し撹乱を与えても安定である．これに対して，$0 < b^2/a < 2$ の場合は，$-1 < u_3 < 1$ となって $f(u)$ のグラフは (b) のようになり，$\theta = 0$ と $\theta = \theta_3$ の間で，章動が起こることとなる．したがって，最初にこまが軸を鉛直にして回転していても，少しでも撹乱を与えると，章動が生じて不安定となる．

いま

$$\Omega = \sqrt{\frac{4MghA}{C^2}} \tag{9.96}$$

を定義すると，$b^2/2a = {\omega_0}^2/\Omega^2$ だから，こまの回転は

$\omega_0 \geqq \Omega$ のとき　　安定

$\omega_0 < \Omega$ のとき　　不安定

となる．すなわち，最初こまが軸を鉛直上向きにして，軸のまわりに Ω よりも大きい角速度で回されると，しばらくの間は安定で，静かに鉛直軸のまわりに回り続ける．この状態のこまを**眠りごま**といい，一見運動しているのか静止しているのか区別がつかない．しかし摩擦や抵抗などのために回転速度が次第に減少し，角速度が Ω よりも小さくなると，不安定になって首を振り出す．回転が遅くなるにしたがって首ふりはますます大きくなり，ついには寿命がつきる．こまの安定を増すには，Ω を小さく，すなわち $4MghA$ に比べて，C^2 を大きくすればよいので，本格的なこまでは，木の胴の部分に鉄のタガをはめて，回転軸まわりの慣性モーメント C を大きくしている．

§5　より一般的なこまの運動

前節で考察したのは，対称軸上の1点が固定されているときのこまの運動であった．実際に，こまに回転を与えて水平な床に投げ出してみると，こまの軸は水平な床面で最初は滑った状態で運動する．軸と床の接触点で軸が受ける垂直抗力を R，摩擦力を F とすると，こまが高速で回転している場合，鉛直方向はこまの重心 G に働く重力と垂直抗力 R がほぼつりあう．すなわち $R \simeq Mg$

で滑り摩擦係数を μ' として $F \simeq \mu' Mg$. 摩擦力による重心のまわりの力のモーメントは $|\boldsymbol{N}| \simeq \mu' Mgh$. 高速で回転している場合，$\boldsymbol{L}$ はほぼ，こまの軸方向を向いている.

こまの軸が鉛直線となす角を θ とすると，$\boldsymbol{N}$ は $\boldsymbol{L}$ を鉛直方向へ起き上がらせるように作用するので，θ を減少させる向きに働く．すなわち

$$\frac{\mathrm{d}\theta}{\mathrm{d}t} = -\frac{|\boldsymbol{N}|}{|\boldsymbol{L}|} \simeq -\frac{\mu' Mgh}{I\omega} \tag{9.97}$$

となる．こまの歳差運動のところで述べた角速度 Ω を用いると，上式は

$$\frac{\mathrm{d}\theta}{\mathrm{d}t} = -\mu'\Omega \tag{9.98}$$

すなわち，こまが起き上がる角速度は，歳差運動の角速度と滑り摩擦係数の積で与えられる．このようなこまを**起き上がりごま** (rising top) という.

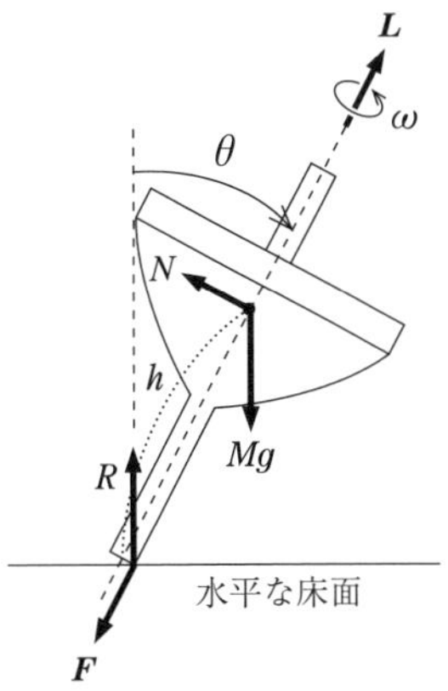

図 9-17 起き上がりごま

a. 逆立ちごま

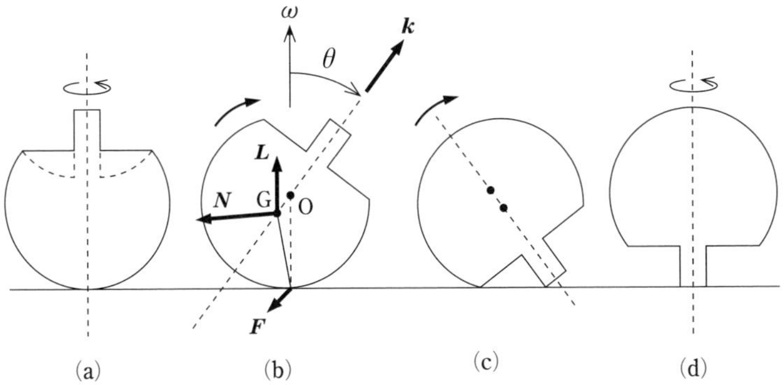

図 9-18 逆立ちごま

おもちゃのこまで，球の端 1/4 ぐらいをカットして，中心部をえぐって柄をつけたこまに**逆立ちごま** (tippie top) と呼ばれるものがある．図 9-18 のように (a) の状態で水平な床面で勢いよく回転を与えると，しばらく後にひとりでに起き上がって，(d) の逆立ちした状態で回り続ける．ゆでタマゴも同様に床面に横に寝かした状態で勢いよく回すと，次第に起き上がって丸い方を下に尖った方

を上にして，回り続ける．また，少し傾けた姿勢からゆでタマゴを回しはじめると，起きあがったとき，尖った方を下にして回り続けることもある．これらは，物体が床面と接触する点での摩擦力によって引き起こされる現象である．

図の (b) で摩擦力 $\boldsymbol{F}$ は，接触点での滑りの速度と反対向きに働き，床面に平行である．摩擦力の向きは，こまの回転の角速度 ω で回転してその時間平均は 0 である．こまの重心を G，球の中心を O とすると G は O のすぐ近くにあるので，摩擦力のモーメント $\boldsymbol{N}$ は，ほぼ水平方向を向いている．$\boldsymbol{N}$ も角速度 ω で回転しているので，その時間平均は 0 となり，床面に固定した座標系では $\boldsymbol{L}$ の時間的変化は，平均で 0 となる．

こまと一緒に回転する座標系からみると，運動方程式は

$$\frac{\mathrm{d}'\boldsymbol{L}}{\mathrm{d}t} + \boldsymbol{\omega} \times \boldsymbol{L} = \boldsymbol{N} \tag{9.99}$$

逆立ちごまをほぼ球形とみなすと，重心 G のまわりの 3 つの主慣性モーメントは等しくこれを I とすると，

$$\boldsymbol{L} \simeq I\boldsymbol{\omega} \tag{9.100}$$

ここで $\boldsymbol{\omega}$ は逆立ちごまの角速度ベクトル．よって (9.99) の第 2 項 $\boldsymbol{\omega} \times \boldsymbol{L}$ は 0 となる．ところで，$\boldsymbol{L}$ は鉛直方向，$\boldsymbol{N}$ はほぼ水平方向を向いているので，$\boldsymbol{L} \perp \boldsymbol{N}$．よって $\boldsymbol{L}$ は大きさ一定で，こまに固定した座標系で向きが変わることになる．

$$\frac{\mathrm{d}'\boldsymbol{L}}{\mathrm{d}t} = \boldsymbol{N} \tag{9.101}$$

の両辺と，対称軸の方向の単位ベクトル $\boldsymbol{k}$ との内積をとると

$$\frac{\mathrm{d}'(\boldsymbol{L} \cdot \boldsymbol{k})}{\mathrm{d}t} = \boldsymbol{N} \cdot \boldsymbol{k} \tag{9.102}$$

ここで $\boldsymbol{L} \cdot \boldsymbol{k} = L\cos\theta$，$\boldsymbol{N} \cdot \boldsymbol{k} = -N\sin\theta$ だから

$$-L\sin\theta \cdot \frac{\mathrm{d}\theta}{\mathrm{d}t} = -N\sin\theta \tag{9.103}$$

ここで，スカラー量 A に対しては，$\mathrm{d}'A/\,\mathrm{d}t = \mathrm{d}A/\,\mathrm{d}t$ となることを用いた．

したがって，

$$\frac{\mathrm{d}\theta}{\mathrm{d}t} = \frac{N}{L} = \frac{\mu' Mga}{I\omega} > 0 \tag{9.104}$$

すなわち，θ は時間ともに増大し，こまがひっくり返って図の (c) の状態に進む．ここで柄が床面と接触するので，その後は前に述べた起き上がりごまの理屈で軸を下向きにした鉛直の姿勢 (図 (d)) へと達して，逆立ちごまとなる．

b.　解けるこまの運動

固定点のまわりのこまの運動で，運動が解けるのが知られているのは以下の場合である．まず §2　2.2 の固定点のまわりの力のモーメントが 0 になる**オイラーのこま**．§4 の対称こまで対称軸上に固定点のある**ラグランジュのこま**．そして，S. コワレフスカヤによって発見された，原点を固定点として主慣性モーメントが A, A, $\frac{1}{2}A$ で重心が $\xi\eta$ 面内にある，**コワレフスカヤのこま**と呼ばれるこまの運動である．

演　習　問　題

1. 重心を支えた対称こまは，一般に不変軸のまわりに歳差運動を行う．こまの軸が不変軸となす角を θ，こまの自転角速度を $\dot{\psi}$ としたとき，歳差運動の速さが

$$\dot{\varphi} = -\frac{C\dot{\psi}}{(C-A)\cos\theta}$$

で与えられることを示せ．ただし，C, A はそれぞれ対称軸およびそれに垂直な重心を通る軸に関する慣性モーメントである．

2. 瞬間回転軸と逆向きで角速度ベクトルに比例するモーメントをもつ抵抗 $\boldsymbol{N} = -\gamma\boldsymbol{\omega}$ を受けて運動している軸対称な剛体の回転軸は漸近的に対称軸に近づくことを示せ．ただし対称軸に関する主慣性モーメントを C，それに垂直な軸に関する慣性モーメントを A として，$C > A$ とする．

3. こまの軸が床面と接触して，滑らずに転がる場合を考察する．重心が一定の位置を保って，軸の上下の端が円を描く場合，こまの回転の角速度を求めよ．

4. 前問で重心が固定した位置でなく，半径 r の円を描く場合はどうなるか．

10 解析力学への第一歩

ニュートン力学は，18 世紀から 19 世紀にかけて，ラグランジュやオイラー，ハミルトンといった人達によってより一般的な解析力学の形式へと発展した．ここでは，それを大まかに概観してみよう．

§1 変分原理とラグランジュ方程式

運動方程式をより一般的かつ普遍的に導くやり方として，**最小作用の原理**（または**ハミルトンの原理**）とよばれる変分法に基づく手法がある．

いま考える系の位置を特定するのに必要な座標の数 n を，その系の**自由度**という．たとえば，3 次元空間を運動する質点の自由度は $n=3$ である．直角座標で表すなら (x, y, z)，極座標だと (r, θ, φ) となる．これに対して，鉛直面内で運動する単振り子 (長さ l) のおもりの位置は直角座標では (x, y)，極座標で (r, θ) で与えられるが，拘束条件がそれぞれ，$x^2+y^2=l^2$，$r=l$ と 1 個存在するので，自由度は $2-1=1$ であり，直角座標を用いると x で，極座標だと角度 θ で運動が記述できる．

一般に 3 次元空間内の N 個の質点の系で拘束条件が M 個あれば，その系の自由度は，$n=3N-M$ となる．いま，自由度 n の系の運動を表す座標を $(q_1(t), \cdots, q_n(t)) \equiv q(t)$ とする．すなわち，ここで記法を簡単にするため，n 個の座標の組を $q(t)$ と表す．

この座標 $q(t)$ とその時間微分 $\dot{q}(t)$ および t に依存する関数 $L(q, \dot{q}, t)$ を被積分関数とする以下の積分

$$S=\int_{t_1}^{t_2} L(q(t), \dot{q}(t), t)\, \mathrm{d}t \tag{10.1}$$

を考える．ここで，関数 L は以下のように，運動エネルギー K からポテンシャルエネルギー U を差し引いたものとして定義される：

$$L \equiv K-U \tag{10.2}$$

関数 L を**ラグランジアン** (Lagrangian) という．この系の時刻 t_1 から t_2 に至る運動は，上の積分 (10.1) が停留値 (極値) をとる軌道を描くとして実現される．この積分 S を**作用積分**という．S は系の軌跡を表す関数 $q(t)$ に依存する関数で

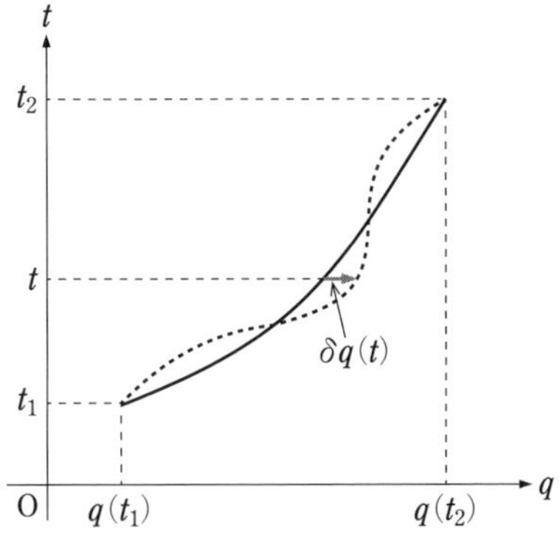

図 10-1 最小作用の原理（ハミルトンの原理）．作用積分が停留値（極値）をとる軌道を実線で表す．時刻 t での軌道の変分が $\delta q(t)$ である．$\delta q(t_1) = \delta q(t_2) = 0$ に注意．

汎関数とよばれる．S が極値をとる軌道 $q(t)$ を $q(t) \to q(t) + \delta q(t)$ と変化させたときに S の変化がゼロとなる，すなわち S が停留値をもつように軌道 $q(t)$ を求める (図 10-1).

$$\delta S = \delta \int_{t_1}^{t_2} L(q(t), \dot{q}(t), t)\,\mathrm{d}t = 0 \tag{10.3}$$

δS を S の**変分**，また δq を q の変分とよぶ．ただし，軌道の始点と終点は固定し，$t = t_1$, t_2 では q の変分 δq を 0，すなわち $\delta q(t_1) = \delta q(t_2) = 0$ とする．この積分が極値をとる条件によって，運動が決定するという原理を**変分原理** (variational principle) という．これが最小作用の原理であり，作用の変分は

$$\begin{aligned}\delta S &= \int_{t_1}^{t_2} [L(q + \delta q, \dot{q}(t) + \delta\dot{q}, t) - L(q, \dot{q}, t)]\,\mathrm{d}t \\ &= \int_{t_1}^{t_2} \sum_i \left(\frac{\partial L}{\partial q_i}\delta q_i + \frac{\partial L}{\partial \dot{q}_i}\delta \dot{q}_i \right) \mathrm{d}t \end{aligned} \tag{10.4}$$

となる．ここで各座標成分 $i = 1$ から $i = n$ まで和をとるべく添字を復活させた．$\delta\dot{q}_i = \mathrm{d}(\delta q_i)/\,\mathrm{d}t$ に注意し，第 2 項を部分積分すると

$$\delta S = \sum_i \frac{\partial L}{\partial \dot{q}_i}\delta q_i \Big|_{t_1}^{t_2} + \int_{t_1}^{t_2} \sum_i \left(\frac{\partial L}{\partial q_i} - \frac{\mathrm{d}}{\mathrm{d}t}\left(\frac{\partial L}{\partial \dot{q}_i} \right) \right) \delta q_i\,\mathrm{d}t = 0 \tag{10.5}$$

第 1 項は境界条件より 0．第 2 項で δq_i は任意だから

$$\frac{\mathrm{d}}{\mathrm{d}t}\left(\frac{\partial L}{\partial \dot{q}_i} \right) - \frac{\partial L}{\partial q_i} = 0 \qquad (i = 1, \cdots, n) \tag{10.6}$$

が得られる．これを**オイラー・ラグランジュ方程式** (Euler-Lagrange equation)，または単に**ラグランジュ方程式** (Lagrange equation) という．

1.1　具体例

a.　保存力のもとでの一粒子の運動

ポテンシャル $U(\boldsymbol{r})$ で表される保存力のもとでの一粒子の運動を考える．3 次元空間を運動するとして，運動エネルギーを $K = \frac{1}{2}m\dot{\boldsymbol{r}}^2$，ポテンシャルエネルギーを $U(\boldsymbol{r})$ と表すとき，ラグランジアンは

$$L = K - U = \frac{1}{2}m\dot{\boldsymbol{r}}^2 - U(\boldsymbol{r}) \tag{10.7}$$

で与えられる．ラグランジュ方程式は

$$\frac{\mathrm{d}}{\mathrm{d}t}\left(\frac{\partial L}{\partial \dot{\boldsymbol{r}}}\right) - \frac{\partial L}{\partial \boldsymbol{r}} = 0 \tag{10.8}$$

と書き下されるが，ここで運動量を $\boldsymbol{p}$，保存力を $\boldsymbol{F}$ と表すと

$$\frac{\partial L}{\partial \dot{\boldsymbol{r}}} = \frac{\partial K}{\partial \dot{\boldsymbol{r}}} = m\dot{\boldsymbol{r}} \equiv \boldsymbol{p}, \qquad \frac{\partial L}{\partial \boldsymbol{r}} = -\frac{\partial U}{\partial \boldsymbol{r}} = -\nabla U \equiv \boldsymbol{F} \tag{10.9}$$

となり，(10.8) から，以下のようにニュートンの運動方程式が得られる．

$$\frac{\mathrm{d}\boldsymbol{p}}{\mathrm{d}t} = \boldsymbol{F} \tag{10.10}$$

b.　自由度 2 の連成振動

第 5 章の演習問題 9. で取り上げた連成振動を考える．図 5-14 のように壁に取り付けられた 2 つの同等のバネ振り子 (おもりの質量 m，バネ定数 k) がバネ定数 c のバネで結ばれている．これは自由度 2 の系で，それぞれのおもりの平衡の位置からの変位を x_1, x_2 とする．系の運動エネルギーは

$$K = \frac{1}{2}m{\dot{x}_1}^2 + \frac{1}{2}m{\dot{x}_2}^2 \tag{10.11}$$

位置エネルギーは

$$U(x_1, x_2) = \frac{1}{2}k{x_1}^2 + \frac{1}{2}k{x_2}^2 + \frac{1}{2}c(x_1 - x_2)^2 \tag{10.12}$$

で与えられる．運動方程式は

$$m\ddot{x}_i = -\frac{\partial U}{\partial x_i} \qquad (i = 1, 2) \tag{10.13}$$

すなわち

$$m\ddot{x}_1 = -kx_1 - c(x_1 - x_2), \quad m\ddot{x}_2 = -kx_2 + c(x_1 - x_2) \tag{10.14}$$

となる．一方，これはラグランジアン L を

$$L = K - U = \frac{1}{2}m\dot{x}_1{}^2 + \frac{1}{2}m\dot{x}_2{}^2 - \frac{1}{2}kx_1{}^2 - \frac{1}{2}kx_2{}^2 - \frac{1}{2}c(x_1 - x_2)^2 \quad (10.15)$$

で定義すると (10.13) で

$$左辺 = \frac{\mathrm{d}}{\mathrm{d}t}\left(\frac{\partial K}{\partial \dot{x}_i}\right) = \frac{\mathrm{d}}{\mathrm{d}t}\left(\frac{\partial L}{\partial \dot{x}_i}\right), \qquad 右辺 = -\frac{\partial U}{\partial x_i} = \frac{\partial L}{\partial x_i} \quad (10.16)$$

より，ラグランジュ方程式：

$$\frac{\mathrm{d}}{\mathrm{d}t}\left(\frac{\partial L}{\partial \dot{x}_i}\right) - \frac{\partial L}{\partial x_i} = 0 \qquad (i = 1, 2) \quad (10.17)$$

と (10.14) 式が一致することがわかる．

§2 仮想仕事の原理

N 個の質点の系において，質点の位置ベクトルを $\boldsymbol{r}_1, \cdots, \boldsymbol{r}_N$ と表し，これらが次の M 個の拘束条件を満たすとする．このとき，系の自由度は $n = 3N - M$ で，n 個の新たな座標 $(q_1, \cdots, q_n)$ を導入すると

$$\boldsymbol{r}_i = \boldsymbol{r}_i(q_1, \cdots, q_n, t) \qquad (i = 1, \cdots, N) \quad (10.18)$$

と表される．$q_1, \cdots, q_n$ を**一般化座標** (generalized coordinates) という．いま，各質点の任意の微小な変位を $\delta\boldsymbol{r}_i$ と表し，**仮想変位** (virtual displacement) という．これは $\mathrm{d}t$ 時間に実際に起きる質点の運動の変位とは異なるものである．この仮想変位に伴う仕事を仮想仕事という．系が力のつりあった状態にあれば，個々の質点に働く合力 $\boldsymbol{F}_i + \boldsymbol{R}_i$ はゼロに等しい．ここで，$\boldsymbol{F}_i$ は加えられた力，$\boldsymbol{R}_i$ は系が拘束条件を満たすための力，すなわち**拘束力**である．したがって，仮想的な仕事はゼロ，$\displaystyle\sum_i (\boldsymbol{F}_i + \boldsymbol{R}_i)\cdot\delta\boldsymbol{r}_i = 0$ となる．摩擦や抵抗力がない場合のように，拘束力による仮想仕事がゼロのとき

$$\sum_i \boldsymbol{F}_i \cdot \delta\boldsymbol{r}_i = 0 \quad (10.19)$$

が得られる．これを**仮想仕事の原理** (principle of virtual work) という．運動方程式 $\dot{\boldsymbol{p}}_i = \boldsymbol{F}_i$ を，質点と共に動く座標系で見ると，

$$\boldsymbol{F}_i - \dot{\boldsymbol{p}}_i = 0 \quad (10.20)$$

のように，力のつりあいの式に書き換えられる．すなわち動力学を静力学に帰着させることができる．これを**ダランベールの原理** (D'Alembert's principle) と

いう．拘束力が仕事をしない場合，仮想仕事の原理を用いて表すと，

$$\sum_i (\boldsymbol{F}_i - \dot{\boldsymbol{p}}_i) \cdot \delta \boldsymbol{r}_i = 0 \tag{10.21}$$

となる．(10.18) より $\delta \boldsymbol{r}_i = \sum_j (\partial \boldsymbol{r}_i / \partial q_j) \delta q_j$ と書けるので

$$\sum_i \boldsymbol{F}_i \cdot \delta \boldsymbol{r}_i = \sum_j Q_j \delta_j, \quad Q_j \equiv \sum_i \boldsymbol{F}_i \cdot \frac{\partial \boldsymbol{r}_i}{\partial q_j} \tag{10.22}$$

と表される．上で導入した Q_j を**一般化力** (generalized force) という．この系に上述のダランベールの原理：$\sum_i (\boldsymbol{F}_i - \dot{\boldsymbol{p}}_i) \cdot \delta \boldsymbol{r}_i = 0$ を適用すると

$$\begin{aligned} 0 &= \sum_i (\dot{\boldsymbol{p}}_i - \boldsymbol{F}_i) \cdot \delta \boldsymbol{r}_i = \sum_{i,j} m_i \ddot{\boldsymbol{r}}_i \frac{\partial \boldsymbol{r}_i}{\partial q_j} \delta q_j - \sum_j Q_j \delta_j \\ &= \sum_j \left[\sum_i \left\{ \frac{\mathrm{d}}{\mathrm{d}t} \left(m_i \dot{\boldsymbol{r}}_i \cdot \frac{\partial \boldsymbol{r}_i}{\partial q_j} \right) - m_i \dot{\boldsymbol{r}}_i \cdot \frac{\mathrm{d}}{\mathrm{d}t} \left(\frac{\partial \boldsymbol{r}_i}{\partial q_j} \right) \right\} - Q_j \right] \delta q_j \end{aligned} \tag{10.23}$$

が成り立つ．ここで，t 微分と q_j 微分が次のように交換できるので

$$\frac{\mathrm{d}}{\mathrm{d}t} \left(\frac{\partial \boldsymbol{r}_i}{\partial q_j} \right) = \frac{\partial \boldsymbol{v}_i}{\partial q_j}, \quad \frac{\partial \boldsymbol{v}_i}{\partial \dot{q}_j} = \frac{\partial \boldsymbol{r}_i}{\partial q_j} \tag{10.24}$$

を考慮して，(10.23) 式は

$$0 = \sum_j \left[\sum_i \left\{ \frac{\mathrm{d}}{\mathrm{d}t} \left(m_i \boldsymbol{v}_i \cdot \frac{\partial \boldsymbol{v}_i}{\partial \dot{q}_j} \right) - m_i \boldsymbol{v}_i \cdot \frac{\partial \boldsymbol{v}_i}{\partial q_j} \right\} - Q_j \right] \delta q_j \tag{10.25}$$

と書き直される．δq_j は任意なので，次式が導かれる．

$$\frac{\mathrm{d}}{\mathrm{d}t} \left(\frac{\partial K}{\partial \dot{q}_j} \right) - \frac{\partial K}{\partial q_j} = Q_j \qquad (j = 1, \cdots, n) \tag{10.26}$$

ただし，$K = \sum_i \frac{1}{2} m_i \boldsymbol{v}_i^2$ は運動エネルギーを表す．いま，保存力を考え $\boldsymbol{F}_i = -\nabla_i U$ と表されるとすると，$Q_j = -\sum_i \nabla_i U \cdot \partial \boldsymbol{r}_i / \partial q_j = -\partial U / \partial q_j$ と書け，U が $\dot{q}_j$ に依存しないとき，**ラグランジアン** (Lagrangian) を $L = K - U$ と定義すると

$$\frac{\mathrm{d}}{\mathrm{d}t} \left(\frac{\partial L}{\partial \dot{q}_j} \right) - \frac{\partial L}{\partial q_j} = 0 \qquad (j = 1, \cdots, n) \tag{10.27}$$

が得られる．すなわち前節で得られた**ラグランジュ方程式**が導かれる．これはNewtonの運動方程式を包含する，より一般的な運動方程式であって，拘束条件をうまく取り入れ，また様々な座標のとり方を許容する方程式となっている．

§3　ハミルトンの形式

一般化座標 $(q_1, \cdots, q_n)$ に対応する運動量 p_i を

$$p_i \equiv \frac{\partial L(q, \dot{q}, t)}{\partial \dot{q}_i} \tag{10.28}$$

で定義し，これを q_i に共役な**正準運動量**という．時刻 t で独立な変数を $(q_1, \cdots, q_n, \dot{q}_1, \cdots, \dot{q}_n)$ から $(q_1, \cdots, q_n, p_1, \cdots, p_n)$ に取り替えるいわゆるルジャンドル変換をすると

$$H(p, q, t) = \sum_{i=1}^{n} p_i \dot{q}_i - L(q, \dot{q}, t) \tag{10.29}$$

なる関数が得られる．これを**ハミルトニアン** (Hamiltonian) という．実際，この両辺の微分をとると，

$$\begin{aligned} \mathrm{d}H &= \sum_i \left[p_i \,\mathrm{d}\dot{q}_i + \dot{q}_i \,\mathrm{d}p_i - \frac{\partial L}{\partial q_i} \,\mathrm{d}q_i - \frac{\partial L}{\partial \dot{q}_i} \,\mathrm{d}\dot{q}_i \right] - \frac{\partial L}{\partial t} \,\mathrm{d}t \\ &= \sum_i \left[\dot{q}_i \,\mathrm{d}p_i - \frac{\partial L}{\partial q_i} \,\mathrm{d}q_i \right] - \frac{\partial L}{\partial t} \,\mathrm{d}t \end{aligned} \tag{10.30}$$

となり，H の独立変数は t を別にして，q_i と p_i であることがわかる．そこで改めて，$H(q, p, t)$ の微分をとると

$$\mathrm{d}H = \sum_i \left[\frac{\partial H}{\partial q_i} \,\mathrm{d}q_i + \frac{\partial H}{\partial p_i} \,\mathrm{d}p_i \right] + \frac{\partial H}{\partial t} \,\mathrm{d}t \tag{10.31}$$

が得られる．ラグランジュ方程式を用いて，$\partial L/\partial q_i = \dot{p}_i$ に注意し，(10.30) と (10.31) を比較すると

$$\dot{q}_i = \frac{\partial H}{\partial p_i}, \quad \dot{p}_i = -\frac{\partial H}{\partial q_i} \qquad (i = 1, \cdots, n) \tag{10.32}$$

を得る．これを**ハミルトンの正準運動方程式**と呼ぶ．この連立1階微分方程式がハミルトンの形式における運動方程式である．またここで $-\partial L/\partial t = \partial H/\partial t$ である．H が時間変数 t を陽に含まないときは，運動方程式 (10.32) に注意して

$$\frac{\mathrm{d}H}{\mathrm{d}t} = \sum_i \left[\frac{\partial H}{\partial q_i} \dot{q}_i + \frac{\partial H}{\partial p_i} \dot{p}_i \right] = \sum_i \left[-\dot{p}_i \dot{q}_i + \dot{q}_i \dot{p}_i \right] = 0 \tag{10.33}$$

を得る．すなわち系のエネルギーが一定：$H = E$ となる．

3.1　例：1 次元の調和振動子

質量 m，バネ定数 $k = m\omega^2$ の 1 次元の調和振動子 (座標 x) を考える．ラグランジアンは

$$L = \frac{1}{2}m\dot{x}^2 - \frac{1}{2}kx^2 \tag{10.34}$$

で与えられ，(10.28) より，$p = \partial L/\partial \dot{x} = m\dot{x}$．$H$ の定義式 (10.29) に代入して

$$H = p\dot{x} - L = p \cdot \frac{p}{m} - \frac{1}{2}m\left(\frac{p}{m}\right)^2 + \frac{1}{2}kx^2 = \frac{1}{2m}p^2 + \frac{1}{2}kx^2 \tag{10.35}$$

なるハミルトニアン H を得る．よって運動方程式は

$$\dot{x} = \frac{\partial H}{\partial p} = \frac{p}{m}, \quad \dot{p} = -\frac{\partial H}{\partial x} = -kx \tag{10.36}$$

となり，前者を後者に代入すると 2 階の微分方程式：$m\ddot{x} = -kx$ が得られる．H は時間 t を陽に含まないので，エネルギーは保存し，

$$\frac{1}{2m}p^2 + \frac{1}{2}kx^2 = E = \text{一定} \tag{10.37}$$

となる．振動子の位置の座標 x と運動量 p で張られる平面を**相平面**という．図 10-2 のように，調和振動子が相平面 $(x.p)$ で描く軌道 (トラジェクトリー) は楕円となる．

振幅を $a = \sqrt{2E/m\omega^2}$ とし，$t = 0$ で $x = 0$，$\dot{x} = a\omega$ とすると $x = a\sin\omega t$，$p = ma\omega\cos\omega t$ となる．一般の自由度 n の場合，$2n$ 次元の座標：$(q_1, \cdots, q_n, p_1, \cdots, p_n)$ で張られる空間を**位相空間** (phase space) という．

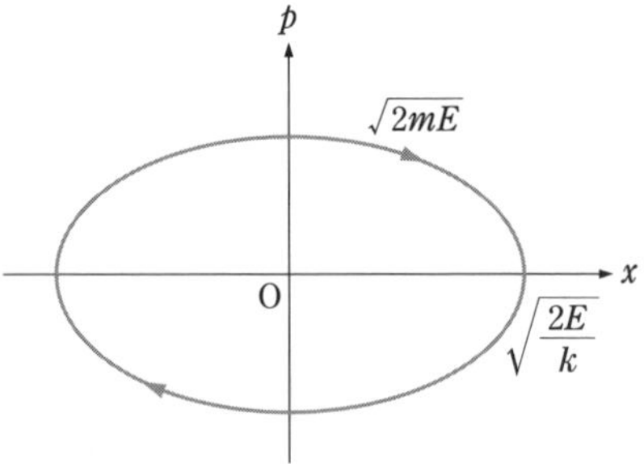

図 10-2　調和振動子の相平面

演　習　問　題

1. 第 9 章 § 4 のこまの運動について，Lagrangian が次式

$$L = \frac{1}{2}A({\omega_x}^2 + {\omega_y}^2) + \frac{1}{2}C{\omega_z}^2 - Mgh\cos\theta \tag{10.38}$$

で与えられるのに注意して，p_ψ，p_φ および H が運動の恒量になることを示し，(9.73)，(9.74)，(9.75) を導け．

A 数学的補足

§1 微分演算と級数展開

a. 合成関数の微分

$f(x)$ が x の関数で，一方 x が t の関数 $x = g(t)$ であるとき，関数 f は x を通して t に依存するという．すなわち $f = f(g(t))$ となり，これを f と g の合成関数という．f を t で微分すると

$$\frac{\mathrm{d}}{\mathrm{d}t} f(g(t)) = \lim_{\Delta t \to 0} \frac{f(g(t+\Delta t)) - f(g(t))}{\Delta t} \tag{A.1}$$

ここで，平均値の定理から $0 < \theta < 1$ が存在して

$$g(t+\Delta t) = g(t) + g'(t+\theta\,\Delta t)\Delta t \tag{A.2}$$

上式で，$'$ は微分を表す．さらに，$0 < \widetilde{\theta} < 1$ が存在して

$$f(x+\Delta x) = f(x) + f'(x+\widetilde{\theta}\,\Delta x)\Delta x \tag{A.3}$$

ただし，ここで $x = g(t)$，$\Delta x = g'(t+\theta\,\Delta t)\Delta t$ である．よって

$$\frac{\mathrm{d}}{\mathrm{d}t} f(g(t)) = \lim_{\Delta t \to 0} \frac{f'(x+\widetilde{\theta}\,\Delta x)g'(t+\theta\,\Delta t)\Delta t}{\Delta t} = f'(x)g'(t) \tag{A.4}$$

が得られる．すなわち言い換えれば

$$\frac{\mathrm{d}}{\mathrm{d}t} f(x(t)) = \frac{\mathrm{d}f}{\mathrm{d}x} \cdot \frac{\mathrm{d}x}{\mathrm{d}t} = f'(g(t)) \cdot g'(t) \tag{A.5}$$

が成り立つ．

b. 関数の積の微分 (ライプニッツ・ルール)

2 つの関数 $f(t)$，$g(t)$ の積 $f(t)g(t)$ の t に関する微分については，**ライプニッツ・ルール** (Leibniz rule) と呼ばれる以下の公式が成り立つ．

$$\frac{\mathrm{d}}{\mathrm{d}t}(f(t)g(t)) = \frac{\mathrm{d}f(t)}{\mathrm{d}t} g(t) + f(t)\frac{\mathrm{d}g(t)}{\mathrm{d}t} \tag{A.6}$$

これは微分の定義に戻って考えれば容易に証明できる．特に，$f(t)$ をスカラー関数 $k(t)$，$g(t)$ をベクトル関数 $\boldsymbol{A}(t)$ の各成分，すなわち $A_x(t)$，$A_y(t)$，$A_z(t)$ のいずれかととれば，たとえば $A_x(t)$ をとると

$$\frac{\mathrm{d}}{\mathrm{d}t}(k(t)A_x(t)) = \frac{\mathrm{d}k(t)}{\mathrm{d}t} A_x(t) + k(t)\frac{\mathrm{d}A_x(t)}{\mathrm{d}t} \tag{A.7}$$

が成り立ち，(2.37) 式が証明される．

c.　級数展開

関数の値とそのいくつか導関数がある点でわかっているとき，その点の近傍での関数の値を知るには，テイラー (Taylor) 展開が有用である．いま，関数 $f(x)$ の任意の階の微分が可能であるとき，関数は $x=a$ のまわりで

$$f(x) = f(a) + (x-a)f'(a) + \frac{(x-a)^2}{2!}f''(a) + \cdots + \frac{(x-a)^n}{n!}f^{(n)}(a) + \cdots = \sum_{n=0}^{\infty}\frac{(x-a)^n}{n!}f^{(n)}(a) \tag{A.8}$$

のように無限級数に展開される．この級数を**テイラー級数**という．また $a=0$ のとき**マクローリン (Maclaurin) 級数**という．$x-a$ が 1 に比べ十分小さく，たとえば第 2 項に比べ第 3 項が小さい場合は近似的に

$$f(x) \approx f(a) + f'(a)(x-a) \tag{A.9}$$

と表される．例として，$f(x) = (1+x)^n$ で $x \ll 1$ のときは

$$(1+x)^n \approx 1 + nx \tag{A.10}$$

と近似される．また以下に述べるように，指数関数や三角関数が無限級数に展開される．

§2　指数関数と三角関数

z を複素数として，指数関数 e^z (または $\exp(z)$) をベキ級数展開で定義する．

$$\mathrm{e}^z = 1 + z + \frac{z^2}{2!} + \cdots + \frac{z^n}{n!} + \cdots = \sum_{n=0}^{\infty}\frac{z^n}{n!} \tag{A.11}$$

この無限級数は，無限遠点を除き，z のすべての値に対して収束する．指数関数は

$$\mathrm{e}^0 = 1,\ \mathrm{e}^1 = \sum_{n=0}^{\infty}\frac{1}{n!} = \mathrm{e} = 2.71828182\cdots,\ \mathrm{e}^{z_1}\mathrm{e}^{z_2} = \mathrm{e}^{z_1+z_2},\ \frac{\mathrm{d}}{\mathrm{d}z}(\mathrm{e}^z) = \mathrm{e}^z \tag{A.12}$$

などの性質がある．

$z = iy$ (y：実数) を代入すると，

$$\mathrm{e}^{iy} = \sum_{n=0}^{\infty} i^n \frac{y^n}{n!} = \sum_{m=0}^{\infty} (-1)^m \frac{y^{2m}}{(2m)!} + i \sum_{m=0}^{\infty} (-1)^m \frac{y^{2m+1}}{(2m+1)!}$$

$$= \cos y + i \sin y$$

すなわち

$$\mathrm{e}^{iy} = \cos y + i \sin y \tag{A.13}$$

となる．これを**オイラーの公式**という．y の符号をひっくり返すと

$$\mathrm{e}^{-iy} = \cos y - i \sin y \tag{A.14}$$

逆に

$$\cos y = \frac{\mathrm{e}^{iy} + \mathrm{e}^{-iy}}{2}, \quad \sin y = \frac{\mathrm{e}^{iy} - \mathrm{e}^{-iy}}{2i} \tag{A.15}$$

$$\cos x = 1 - \frac{x^2}{2!} + \frac{x^4}{4!} - \frac{x^6}{6!} + \cdots \tag{A.16}$$

$$\sin x = x - \frac{x^3}{3!} + \frac{x^5}{5!} - \frac{x^7}{7!} + \cdots \tag{A.17}$$

である．

§3　行列と行列式

数を横方向の並びの**行**と縦方向の並びの**列**からなる長方形状の配列に並べたものを**行列**と呼ぶ．行の数を m，列の数を n とするとき，これを $m \times n$ 行列といい，第 i 行，第 j 列の要素が a_{ij} で与えられるものとして，これを $A = (a_{ij})$ ($i = 1, \cdots, m$, $j = 1, \cdots, n$) と表す．$m \times n$ 行列 $A = (a_{ij})$ と $n \times l$ 行列 $B = (b_{jk})$ の積 AB は，$m \times l$ 行列で ik 成分が $(AB)_{ik} = \sum_{j=1}^{n} a_{ij} b_{jk}$ で与えられる．列の数が 1 の行列を**列ベクトル**，行の数が 1 のものを**行ベクトル**という．特に $m = n$ の場合を**正方行列**といい，以下ではこのような $n \times n$ 正方行列を考える．クロネッカーのデルタ記号を $\delta_{ij} = 1$ ($i = j$), $\delta_{ij} = 0$ ($i \neq j$) として，$n \times n$ 行列 $I = (\delta_{ij})$ を単位行列という．A の逆行列 A^{-1} は $A^{-1}A = AA^{-1} = I$ を満たす行列である．また A の転置行列 ${}^tA$ は A の行と列を入れ替えて得られ

る行列で，${}^tA = (a_{ji})$ で与えられる．さらに，${}^tA = A$ を満たす行列を対称行列，${}^tAA = A\,{}^tA = I$ を満たす行列を直交行列という．

3 次元空間の任意のベクトル $\boldsymbol{v}$ を列ベクトルで

$$\boldsymbol{v} = \begin{pmatrix} v_1 \\ v_2 \\ v_3 \end{pmatrix} \tag{A.18}$$

と表し，行列 A を作用させる (掛ける) と，ベクトル $\boldsymbol{v}' = A\boldsymbol{v}$ に変換される．

$$\begin{pmatrix} v_1' \\ v_2' \\ v_3' \end{pmatrix} = \begin{pmatrix} a_{11} & a_{12} & a_{13} \\ a_{21} & a_{22} & a_{23} \\ a_{31} & a_{32} & a_{33} \end{pmatrix} \begin{pmatrix} v_1 \\ v_2 \\ v_3 \end{pmatrix} = \begin{pmatrix} a_{11}v_1 + a_{12}v_2 + a_{13}v_3 \\ a_{21}v_1 + a_{22}v_2 + a_{23}v_3 \\ a_{31}v_1 + a_{32}v_2 + a_{33}v_3 \end{pmatrix} \tag{A.19}$$

2 × 2 正方行列の**行列式**は

$$\det A = \begin{vmatrix} a_{11} & a_{12} \\ a_{21} & a_{22} \end{vmatrix} = a_{11}a_{22} - a_{12}a_{21} \tag{A.20}$$

で与えられる．また 3 × 3 正方行列の行列式は

$$\begin{aligned} \det A = \begin{vmatrix} a_{11} & a_{12} & a_{13} \\ a_{21} & a_{22} & a_{23} \\ a_{31} & a_{32} & a_{33} \end{vmatrix} \\ &= a_{11}a_{22}a_{33} + a_{12}a_{23}a_{31} + a_{13}a_{32}a_{21} \\ &\quad - a_{13}a_{22}a_{31} - a_{11}a_{32}a_{23} - a_{33}a_{21}a_{12} \end{aligned} \tag{A.21}$$

である．$\det A \neq 0$ を満たす行列を正則行列といい，逆行列 A^{-1} が存在する．(A.19) は逆に解けて $\boldsymbol{v} = A^{-1}\boldsymbol{v}'$ となる．特に，直交行列の場合，逆行列 A^{-1} は転置行列 ${}^tA$ に等しい．また上記の $\boldsymbol{v}' = A\boldsymbol{v}$ は一般には $\boldsymbol{v}$ と異なるが，$A\boldsymbol{u} = \lambda\boldsymbol{u}$ (λ は定数) となるベクトル $\boldsymbol{u}$ を固有ベクトルといい，λ を固有値という．固有値 λ は，固有値方程式 $\det(A - \lambda I) = 0$ から求まる．

§4　微分方程式

ニュートンやライプニッツ (Leibniz) による微積分法の確立の後，ベルヌイ，リッカチ，ラグランジュなどによって微分方程式が研究された．独立変数 x と

その関数 y およびその導関数 $y', y'', \cdots, y^{(n)}$ の間に成り立つ方程式

$$f(x, y, y', y'', \cdots, y^{(n)}) = 0$$

を**常微分方程式**という．最高階が上式のように n 階であるとき，**n 階微分方程式**という．微分方程式を満たす $y(x)$ を**解**という．また，n 個の任意定数を含む解を**一般解**という．まず，1 階の微分方程式を考察しよう．

変数分離形

$$\frac{\mathrm{d}y}{\mathrm{d}x} = F(x)G(y)$$

の形で与えられる微分方程式を変数分離形という．$G(y) \neq 0$ として

$$\frac{\mathrm{d}y}{G(y)} = F(x)\,\mathrm{d}x$$

両辺を積分すると

$$\int \frac{\mathrm{d}y}{G(y)} = \int F(x)\,\mathrm{d}x + C$$

が得られる．C は積分定数で解は任意定数を 1 つ含み，これが一般解となる．左辺，右辺の積分の上限，下限を対応するように選べば $C = 0$ となる．

線形微分方程式

$$\frac{\mathrm{d}y}{\mathrm{d}x} + P(x)y = Q(x)$$

を線形微分方程式という．ここで $P(x)$，$Q(x)$ は与えられた関数．$Q(x) = 0$ の場合の方程式

$$\frac{\mathrm{d}y}{\mathrm{d}x} + P(x)y = 0$$

を**同次方程式**という．それに対して $Q(x) \neq 0$ の場合を**非同次方程式**という．同次方程式は

$$\frac{\mathrm{d}y}{y} = -P(x)\,\mathrm{d}x$$

と変数分離形なので，すぐに積分が実行できて

$$\int \frac{\mathrm{d}y}{y} = -\int P(x)\,\mathrm{d}x + C'$$

すなわち

$$\log|y| = -\int P(x)\,\mathrm{d}x + C'$$

$\pm e^{C'} = C$ として

$$y = C \exp\left[-\int P(x)\,\mathrm{d}x\right]$$

と任意定数 C を含む一般解が求まる．次に，$Q(x) \neq 0$ の場合は，C が x の関数だとして

$$y = C(x) \exp\left[-\int P(x)\,\mathrm{d}x\right]$$

上式に代入すると (これを**定数変化法**という)，

$$\frac{\mathrm{d}C}{\mathrm{d}x} e^{-\int P(x)\,\mathrm{d}x} = Q(x)$$

すなわち，

$$C(x) = \int Q(x) e^{\int P(x)\,\mathrm{d}x}\,\mathrm{d}x + C$$

これを上式に代入した

$$y = e^{-\int P(x)\,\mathrm{d}x}\left(\int Q(x) e^{\int P(x)\,\mathrm{d}x}\,\mathrm{d}x + C\right)$$

が一般解である．

次に，**2 階の線形常微分方程式**

$$\frac{\mathrm{d}^2 y}{\mathrm{d}x^2} + P(x)\frac{\mathrm{d}y}{\mathrm{d}x} + Q(x)y = R(x)$$

を考える．ここで，$P(x)$，$Q(x)$，$R(x)$ は与えられた関数で，$R(x) = 0$ のとき同次方程式，$R(x) \neq 0$ のとき非同次方程式という．いま，

$$L[y] \equiv \frac{\mathrm{d}^2 y}{\mathrm{d}x^2} + P(x)\frac{\mathrm{d}y}{\mathrm{d}x} + Q(x)y$$

とおくと，C_1, C_2 を任意の定数として

$$L[C_1 y_1 + C_2 y_2] = C_1 L[y_1] + C_2 L[y_2]$$

よって y_1 と y_2 が同次方程式の解，すなわち $L[y_1] = L[y_2] = 0$ ならば $C_1 y_1 + C_2 y_2$ も解となる．また，2 つの解 y_1 と y_2 が 1 次独立とは，もし

$$C_1 y_1 + C_2 y_2 = 0 \text{ ならば } \quad C_1 = C_2 = 0$$

が成り立つときである．これは次のロンスキーの行列式

$$W(y_1, y_2) \equiv \begin{vmatrix} y_1 & y_2 \\ {y_1}' & {y_2}' \end{vmatrix} = y_1 {y_2}' - {y_1}' y_2$$

が 0 でなければ y_1 と y_2 が独立といえる．なぜなら，$C_1y_1+C_2y_2=0$ とこれを x で微分した $C_1y_1'+C_2y_2'=0$ の 2 式を C_1 と C_2 に対する連立方程式とみなしたとき，解が $C_1=C_2=0$ に限られるための条件が，$W(y_1,y_2)$ が 0 でないこととなるからである．

§5　双曲線関数

$$\cosh x=\cos ix=\frac{\mathrm{e}^x+\mathrm{e}^{-x}}{2},\quad \sinh x=-i\sin ix=\frac{\mathrm{e}^x-\mathrm{e}^{-x}}{2}$$

を**双曲線関数**といい，cosh をハイパーボリック・コサイン (hyperbolic cosine)，sinh をハイパーボリック・サイン (hyperbolic sine) という．また，

$$\tanh x=\frac{\sinh x}{\cosh x}=\frac{\mathrm{e}^x-\mathrm{e}^{-x}}{\mathrm{e}^x+\mathrm{e}^{-x}}$$

をハイパーボリック・タンジェント (hyperbolic tangent) という．指数関数を図 A-1a に，双曲線関数のグラフを図 A-1b に示した．導関数は以下で与えられる．

$$\frac{\mathrm{d}}{\mathrm{d}x}(\sinh x)=\cosh x,\ \frac{\mathrm{d}}{\mathrm{d}x}(\cosh x)=\sinh x,\ \frac{\mathrm{d}}{\mathrm{d}x}(\tanh x)=\frac{1}{\cosh^2 x}$$

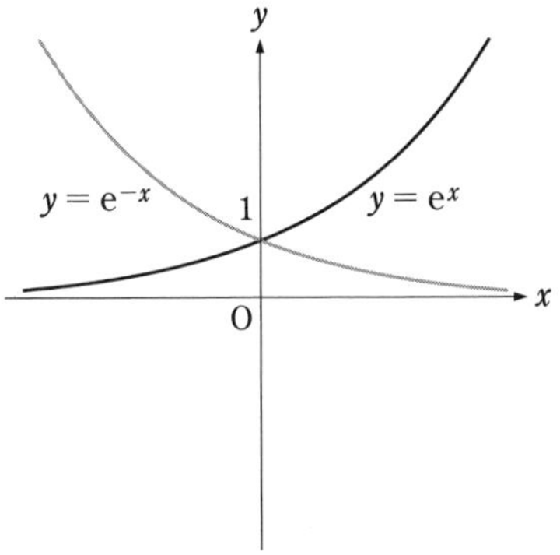

図 A-1a　指数関数

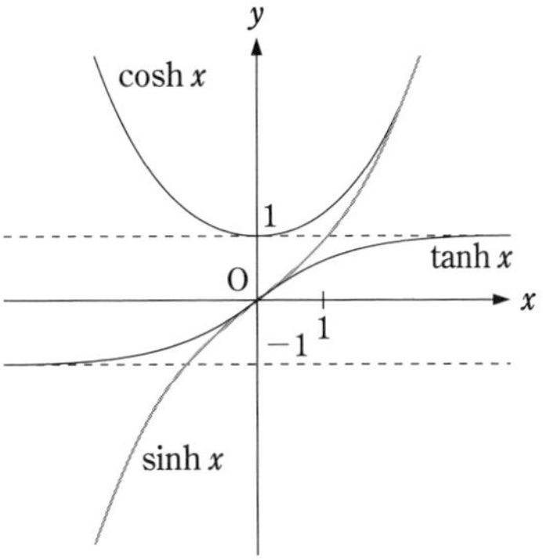

図 A-1b　双曲線関数

§6　逆三角関数

$x=\cos y$ を y について解いたとき，$y=\cos^{-1}x$ (または $\arccos x$) と表し，$\cos x$ の逆関数という．同様に $x=\sin y$ を解くと，$y=\sin^{-1}x$ (または $\arcsin x$).

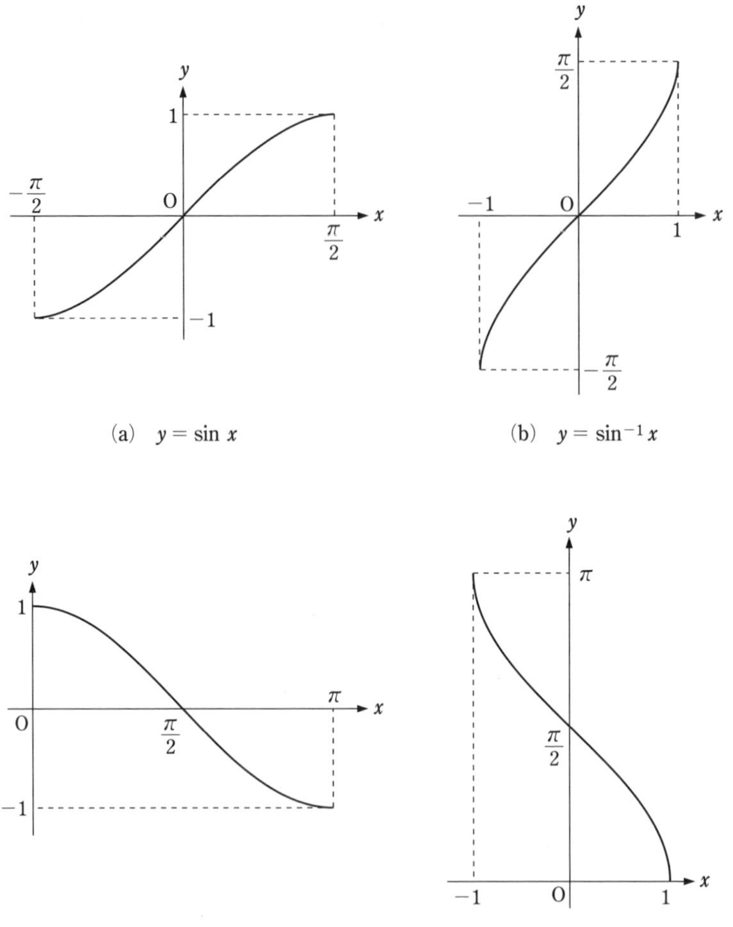

(a)　$y = \sin x$　　(b)　$y = \sin^{-1} x$

(c)　$y = \cos x$　　(d)　$y = \cos^{-1} x$

図 A-2　三角関数と逆三角関数

さらに $\tan^{-1} x$ (または $\arctan x$) も同様に定義される．これらをまとめて，**逆三角関数**という．一般に，これらは多価関数となるので，次の範囲に関数の値を限定したものを**主値**という．すなわち，$-1 \leqq x \leqq 1$ で $0 \leqq \cos^{-1} x \leqq \pi$, $-\pi/2 \leqq \sin^{-1} x \leqq \pi/2$, $-\infty < x < \infty$ で $-\pi/2 \leqq \tan^{-1} x \leqq \pi/2$ を主値という (図 A-2)．$x = \cos y$ のとき，主値をとると $\dfrac{\mathrm{d}y}{\mathrm{d}x} = \left(\dfrac{\mathrm{d}x}{\mathrm{d}y}\right)^{-1} = -\dfrac{1}{\sin y} =$

$-\dfrac{1}{\sqrt{1-x^2}}$．すなわち

$$\frac{\mathrm{d}}{\mathrm{d}x}(\cos^{-1}x) = -\frac{1}{\sqrt{1-x^2}}$$

同様に，

$$\frac{\mathrm{d}}{\mathrm{d}x}(\sin^{-1}x) = \frac{1}{\sqrt{1-x^2}}, \quad \frac{\mathrm{d}}{\mathrm{d}x}(\tan^{-1}x) = \frac{1}{1+x^2}$$

よって，不定積分は

$$\int \frac{\mathrm{d}x}{\sqrt{1-x^2}} = -\cos^{-1}x + C \text{ または } \sin^{-1}x + C, \quad \int \frac{\mathrm{d}x}{1+x^2} = \tan^{-1}x + C$$

§7　偏微分

独立変数 x, y に依存する関数 $f(x,y)$ を考える．いま，y を一定の値に固定し，x を Δx だけ変化させる．このとき次の極限値

$$\lim_{\Delta x \to 0} \frac{f(x+\Delta x, y) - f(x,y)}{\Delta x} = \frac{\partial f(x,y)}{\partial x} \tag{A.22}$$

が存在するとき，これを f の x に関する**偏微分係数**という．右辺の記号 ∂ をデルと読む．右辺を $f_x(x,y)$ とも書く．

同様に x の値を一定に保ち，y を Δy だけ変化させる．このとき，

$$\lim_{\Delta y \to 0} \frac{f(x, y+\Delta y) - f(x,y)}{\Delta y} = \frac{\partial f(x,y)}{\partial y} \tag{A.23}$$

を f の y に関する偏微分係数という．同じく $f_y(x,y)$ とも書く．

偏微分係数を各点 (x,y) で考え，これを x, y の関数として考えるとき，これを**偏導関数**という．

x が Δx だけ増し，y が Δy だけ増したときの関数 f の全増分は

$$\begin{aligned}\Delta f(x,y) &= f(x+\Delta x, y+\Delta y) - f(x,y) \\ &= \{f(x+\Delta x, y+\Delta y) - f(x, y+\Delta y)\} + \{f(x, y+\Delta y) - f(x,y)\}\end{aligned}$$

平均値の定理を用いると，

$$0 < {}^{\exists}\theta < 1, \quad 0 < {}^{\exists}\widetilde{\theta} < 1 \tag{A.24}$$

で $\Delta f(x,y)$ は次のように書ける．

$$\Delta f(x,y) = f_x(x+\theta\,\Delta x, y+\Delta y)\Delta x + f_y(x, y+\widetilde{\theta}\,\Delta y)\Delta y \tag{A.25}$$

ここで，f_x，f_y の連続性を仮定すると

$$\begin{aligned}\Delta f(x,y) &= \{f_x(x,y)+\varepsilon\}\Delta x + \{f_y(x,y)+\widetilde{\varepsilon}\}\Delta y \\ &= f_x(x,y)\Delta x + f_y(x,y)\Delta y + \varepsilon\,\Delta x + \widetilde{\varepsilon}\,\Delta y\end{aligned}$$

ここで $\varepsilon, \widetilde{\varepsilon}$ は $\Delta x, \Delta y$ を無限小にすれば，これに応じて無限小となる．よって，$\varepsilon\,\Delta x + \widetilde{\varepsilon}\,\Delta y$ は高次の無限小，したがって $\Delta x, \Delta y \to \mathrm{d}x, \mathrm{d}y$ の極限での左辺を $\mathrm{d}f(x,y)$ と書くと

$$\mathrm{d}f(x,y) = f_x(x,y)\,\mathrm{d}x + f_y(x,y)\,\mathrm{d}y = \frac{\partial f}{\partial x}\,\mathrm{d}x + \frac{\partial f}{\partial y}\,\mathrm{d}y \qquad \text{(A.26)}$$

$\mathrm{d}f(x,y)$ を $f(x,y)$ の**全微分** (total derivative) という．

上記の関係を図に示すと 図 A-3 のようになる．すなわち図から全増分 $\Delta f(x,y)$ は以下で定義される Δf_x，Δf_y：

$$\begin{aligned}\Delta f_x(x,y+\Delta y) &= f(x+\Delta x, y+\Delta y) - f(x, y+\Delta y) \\ \Delta f_y(x,y) &= f(x, y+\Delta y) - f(x,y)\end{aligned}$$

を用いて

$$\Delta f(x,y) = \Delta f_x(x, y+\Delta y) + \Delta f_y(x,y)$$

と表される．偏微分の定義に注意すれば

$$\begin{aligned}\Delta f_x(x,y+\Delta y) &= f_x\Delta x + \mathcal{O}((\Delta x)^2,\ \Delta x\Delta y, (\Delta y)^2) \\ \Delta f_y(x,y) &= f_y\Delta y + \mathcal{O}((\Delta x)^2,\ \Delta x\Delta y, (\Delta y)^2)\end{aligned}$$

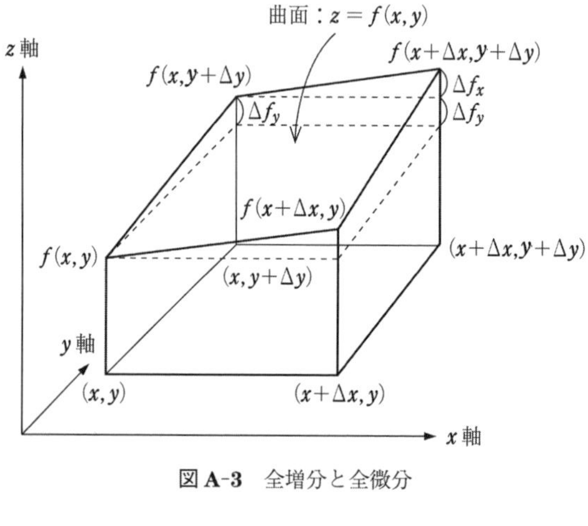

図 **A-3**　全増分と全微分

$\mathcal{O}((\Delta x)^2,\ \Delta x\Delta y, (\Delta y)^2)$ は 2 次以上の無限小を表し，Δx および Δy がゼロに近づく極限で，全増分は前述の全微分に近づく．

次に，2 階の偏導関数は

$$f_{xx}(x,y) = \frac{\partial^2 f}{\partial x^2}, \quad f_{xy}(x,y) = \frac{\partial^2 f}{\partial y \partial x},$$

$$f_{yx}(x,y) = \frac{\partial^2 f}{\partial x \partial y}, \quad f_{yy}(x,y) = \frac{\partial^2 f}{\partial y^2}$$

たとえば，$f_{xy}(x,y)$ はまず x で偏微分し，つぎに y で偏微分したもので，これと逆の順序で偏微分したものが $f_{yx}(x,y)$ である．これらが連続ならば，

$$f_{xy}(x,y) = f_{yx}(x,y) \quad \text{すなわち} \quad \frac{\partial^2 f}{\partial y \partial x} = \frac{\partial^2 f}{\partial x \partial y} \tag{A.27}$$

が成り立つことが知られている．

以上のことがらは，3 変数関数 $f(x,y,z)$ についても同様である．たとえば，この場合の全微分は

$$\mathrm{d}f(x,y,z) = \frac{\partial f}{\partial x}\mathrm{d}x + \frac{\partial f}{\partial y}\mathrm{d}y + \frac{\partial f}{\partial z}\mathrm{d}z \tag{A.28}$$

となる．

問題 次の関数につき，偏導関数を求めよ．

1) $f(x,y) = x^3 y^2$

2) $f(x,y,z) = 1/\sqrt{x^2+y^2+z^2}$

解

1) 1 階の偏導関数 f_x, f_y および 2 階偏導関数 f_{xx}, f_{xy}, f_{yx}, f_{yy} は

$$f_x = 3x^2y^2,\ f_y = 2x^3y$$

$$f_{xx} = 6xy^2,\ f_{xy} = 6x^2y,\ f_{yx} = 6x^2y,\ f_{yy} = 2x^3$$

2) $r = \sqrt{x^2+y^2+z^2}$ とおくと，1 階および 2 階の偏導関数は $r \neq 0$ で

$$f_x = -\frac{1}{r^2}\frac{\partial r}{\partial x} = -\frac{x}{r^3},\quad f_y = -\frac{1}{r^2}\frac{\partial r}{\partial y} = -\frac{y}{r^3},\quad f_z = -\frac{1}{r^2}\frac{\partial r}{\partial z} = -\frac{z}{r^3}$$

$$f_{xx} = -\frac{1}{r^3} + \frac{3x^2}{r^5},\ f_{yy} = -\frac{1}{r^3} + \frac{3y^2}{r^5},\ f_{zz} = -\frac{1}{r^3} + \frac{3z^2}{r^5},$$

$$f_{xy} = f_{yx} = -\frac{3xy}{r^5},\ f_{yz} = f_{zy} = -\frac{3yz}{r^5},\ f_{zx} = f_{xz} = -\frac{3zx}{r^5}$$

B 演習問題の解答

第 2 章

1. a) $\dot{x} = \omega A \cos \omega t$, $\ddot{x} = -\omega^2 A \sin \omega t$, $\ddot{x} = -\omega^2 x$.

b) $\dot{x} = -\alpha A \mathrm{e}^{-\alpha t} \cos(\omega t + \delta) - \omega A \mathrm{e}^{-\alpha t} \sin(\omega t + \delta)$,

$$\ddot{x} = (\alpha^2 - \omega^2) A \mathrm{e}^{-\alpha t} \cos(\omega t + \delta) + 2\alpha\omega A \mathrm{e}^{-\alpha t} \sin(\omega t + \delta)$$

$$\ddot{x} + 2\alpha\dot{x} + (\alpha^2 + \omega^2) x = 0.$$

c) $\dot{x} = -v_\infty \tanh \dfrac{gt}{v_\infty}$, $\ddot{x} = -g\left(1 - \tanh^2 \dfrac{gt}{v_\infty}\right)$, $\ddot{x} = -g + \dfrac{g}{{v_\infty}^2}\dot{x}^2$.

2. $v = \dfrac{\mathrm{d}x}{\mathrm{d}t}$ より，$x = x(t)$ を逆に解いて $t = t(x)$ と書くと，$\dfrac{\mathrm{d}t}{\mathrm{d}x} = \dfrac{1}{\dfrac{\mathrm{d}x}{\mathrm{d}t}} = \dfrac{1}{v}$ となる．したがってこの式をもう一度 x で微分すると，

$$\frac{\mathrm{d}^2 t}{\mathrm{d}x^2} = \frac{\mathrm{d}}{\mathrm{d}x}\left(\frac{1}{v}\right) = \frac{\mathrm{d}t}{\mathrm{d}x}\left(-\frac{1}{v^2}\right)\frac{\mathrm{d}v}{\mathrm{d}t} = -\frac{1}{v^3}\frac{\mathrm{d}v}{\mathrm{d}t}$$

$\dfrac{\mathrm{d}v}{\mathrm{d}t} = a$ なので加速度 a は $a = -v^3 \dfrac{\mathrm{d}^2 t}{\mathrm{d}x^2}$ と表される．等加速度運動 $x(t) = \dfrac{1}{2}gt^2$ では，$t > 0$ として $t = \sqrt{2x/g}$ を x で 2 回微分すると，$\mathrm{d}^2 t/\mathrm{d}x^2 = -1/2\sqrt{2gx^3}$，$v = \sqrt{2gx}$, $-v^3\,\mathrm{d}^2 t/\mathrm{d}x^2 = -2gx\sqrt{2gx} \times (-1/2\sqrt{2gx^3}) = g$.　$t < 0$ としても同じ答えになる．

3. $x = r\cos\theta$, $y = r\sin\theta$ を t で微分して $v_x = \dot{x} = \dot{r}\cos\theta - r\dot{\theta}\sin\theta$, $v_y = \dot{y} = \dot{r}\sin\theta + r\dot{\theta}\cos\theta$ よって $v_r = v_x\cos\theta + v_y\sin\theta = \dot{r}$, $v_\theta = -v_x\sin\theta + v_y\cos\theta = r\dot{\theta}$, さらにもう一度 t で微分して $a_x = \ddot{x} = (\ddot{r} - r\dot{\theta}^2)\cos\theta - (r\ddot{\theta} + 2\dot{r}\dot{\theta})\sin\theta$, $a_y = \ddot{y} = (\ddot{r} - r\dot{\theta}^2)\sin\theta + (r\ddot{\theta} + 2\dot{r}\dot{\theta})\cos\theta$, $a_r = a_x\cos\theta + a_y\sin\theta = \ddot{r} - r\dot{\theta}^2$, $a_\theta = -a_x\sin\theta + a_y\cos\theta = r\ddot{\theta} + 2\dot{r}\dot{\theta}$.

4. 直径方向を x 軸に選んで，円の中心を極座標の極とする直角座標と極座標の関係は

$$x = r\cos\theta, \quad y = r\sin\theta$$

$$\left\{\begin{array}{l} v_x = \dot{x} = -r\sin\theta\,\dot{\theta} = v_0 = \text{一定} \\ v_y = \dot{y} = r\cos\theta\,\dot{\theta} = r\cos\theta\left(-\dfrac{v_0}{r\sin\theta}\right) = -v_0\cot\theta \end{array}\right. ,\left\{\begin{array}{l} a_x = \dot{v}_x = 0 \\ a_y = \dot{v}_y = \dfrac{v_0}{\sin^2\theta}\dot{\theta} \end{array}\right.$$

よって，極座標の成分に直して

$$\left\{\begin{array}{l} v_r = v_x\cos\theta + v_y\sin\theta = 0 \\ v_\theta = -v_x\sin\theta + v_y\cos\theta = -\dfrac{v_0}{\sin\theta} \end{array}\right.$$

$$\begin{cases} a_r = a_x \cos\theta + a_y \sin\theta = \dfrac{v_0\dot{\theta}}{\sin\theta} = -\dfrac{{v_0}^2}{r\sin^2\theta} \\ a_\theta = -a_x \sin\theta + a_y \cos\theta = \dfrac{v_0 \cot\theta\,\dot{\theta}}{\sin\theta} = -\dfrac{{v_0}^2\cos\theta}{r\sin^3\theta} \end{cases}.$$

5. $\dot{\theta}$ が一定 $(=\omega)$ だから，$\ddot{\theta}=0$．また $v_r=\dot{r}$．よって，$a_\theta = r\ddot{\theta}+2\dot{r}\dot{\theta} = 2\dot{r}\omega = 2\omega v_r \propto v_r$．

6. 微小な線要素は $\mathrm{d}s = \sqrt{\left(\dfrac{\mathrm{d}x}{\mathrm{d}t}\right)^2 + \left(\dfrac{\mathrm{d}y}{\mathrm{d}t}\right)^2}\,\mathrm{d}t = \sqrt{f'^2+g'^2}\,\mathrm{d}t$

ここでダッシュは t に関する微分を表す．接線ベクトルは

$$\boldsymbol{e}_\mathrm{t} = \frac{\mathrm{d}\boldsymbol{r}}{\mathrm{d}s} = \left(\frac{\mathrm{d}x}{\mathrm{d}s}, \frac{\mathrm{d}y}{\mathrm{d}s}\right) = \left(\frac{\mathrm{d}x}{\mathrm{d}t}\Big/\frac{\mathrm{d}s}{\mathrm{d}t}, \frac{\mathrm{d}y}{\mathrm{d}t}\Big/\frac{\mathrm{d}s}{\mathrm{d}t}\right)$$
$$= \left(\frac{f'}{\sqrt{f'^2+g'^2}}, \frac{g'}{\sqrt{f'^2+g'^2}}\right)$$

法線ベクトルは

$$\boldsymbol{e}_\mathrm{n} = \left(\frac{-g'}{\sqrt{f'^2+g'^2}}, \frac{f'}{\sqrt{f'^2+g'^2}}\right)$$

曲率半径は

$$\frac{\mathrm{d}\boldsymbol{e}_\mathrm{t}}{\mathrm{d}s} = \frac{\mathrm{d}\boldsymbol{e}_\mathrm{t}}{\mathrm{d}t}\Big/\frac{\mathrm{d}s}{\mathrm{d}t} = \frac{f'g''-f''g'}{(f'^2+g'^2)^{3/2}}\left(\frac{-g'}{\sqrt{f'^2+g'^2}}, \frac{f'}{\sqrt{f'^2+g'^2}}\right) = \frac{1}{\rho}\boldsymbol{e}_\mathrm{n}$$

より

$$\rho = \frac{(f'^2+g'^2)^{3/2}}{f'g''-f''g'} = \frac{(\dot{x}^2+\dot{y}^2)^{3/2}}{\dot{x}\ddot{y}-\ddot{x}\dot{y}}.$$

7. 1) 懸垂曲線

$$\boldsymbol{e}_\mathrm{t} = \left(\frac{1}{\cosh\lambda t}, \tanh\lambda t\right), \quad \boldsymbol{e}_\mathrm{n} = \left(-\tanh\lambda t, \frac{1}{\cosh\lambda t}\right)$$

$$\rho = a\cosh^2\lambda t = \frac{y^2}{a}.$$

2) サイクロイド曲線

$$\frac{\mathrm{d}x}{\mathrm{d}\theta} = a(1-\cos\theta), \frac{\mathrm{d}y}{\mathrm{d}\theta} = a\sin\theta, \quad \frac{\mathrm{d}^2x}{\mathrm{d}\theta^2} = a\sin\theta, \frac{\mathrm{d}^2y}{\mathrm{d}\theta^2} = a\cos\theta$$

よって

$$\rho = \frac{(a^2(1-\cos\theta)^2 + a^2\sin^2\theta)^{3/2}}{a(1-\cos\theta)a\cos\theta - a\sin\theta\, a\sin\theta} = -4a\sin\frac{\theta}{2}$$

ここで ρ は $0 \leqq \theta < 2\pi$ で負の値をとるが，前問6で $\boldsymbol{e}_\mathrm{n}$ の向きを逆向きにとると ρ は正となる．

8. 曲線を $s = f(\psi)$ と表したとき，(s, ψ) を平面曲線の**自然座標**という．このとき，$\mathrm{d}s = f'(\psi)\,\mathrm{d}\psi$ でまた直角座標での微分は $\mathrm{d}x = \mathrm{d}s\cos\psi = f'(\psi)\cos\psi\,\mathrm{d}\psi, \mathrm{d}y = \mathrm{d}s\sin\psi = f'(\psi)\sin\psi\,\mathrm{d}\psi$．一方，懸垂曲線の微分は $\mathrm{d}x = a\lambda\,\mathrm{d}t$，$\mathrm{d}y = a\lambda\sinh\lambda t\,\mathrm{d}t$．ここで，$\tan\psi = \mathrm{d}y/\,\mathrm{d}x = \sinh\lambda t$，$\mathrm{d}s = \sqrt{(\mathrm{d}x)^2 + (\mathrm{d}y)^2} = a\lambda\cosh\lambda t\,\mathrm{d}t$．よって $\mathrm{d}\psi/\cos^2\psi = \cosh\lambda t(\lambda\,\mathrm{d}t)$，$f'(\psi) = \mathrm{d}s/\,\mathrm{d}\psi = a\cosh^2\lambda t = a/\cos^2\psi$．これを初期条件 $\psi = 0$ のとき $s = 0$ のもとで積分して $s = a\tan\psi$.

9. $s = a\tan\psi$ より $\mathrm{d}s = a/(\cos^2\psi)\,\mathrm{d}\psi$．曲線の曲率は $1/\rho = \mathrm{d}\psi/\,\mathrm{d}s = \cos^2\psi/a$．法線加速度は $a_{\mathrm{n}} = v^2/\rho = (\cos^2\psi/a)v^2 = 1/(1 + s^2/a^2)v^2/a = av^2/(a^2 + s^2)$.

10. 位置ベクトル $\boldsymbol{r} = r\boldsymbol{e}_r$，$x = r\sin\theta\cos\varphi$，$y = r\sin\theta\sin\varphi$，$z = r\cos\theta$ より $\boldsymbol{e}_r = \sin\theta\cos\varphi\,\boldsymbol{i} + \sin\theta\sin\varphi\,\boldsymbol{j} + \cos\theta\,\boldsymbol{k}$．同様の考察で，$\boldsymbol{e}_\theta$, $\boldsymbol{e}_\varphi$ を $\boldsymbol{i}$, $\boldsymbol{j}$, $\boldsymbol{k}$ で表す．その結果を行列で書くと

$$\begin{pmatrix} \boldsymbol{e}_r \\ \boldsymbol{e}_\theta \\ \boldsymbol{e}_\varphi \end{pmatrix} = \begin{pmatrix} \sin\theta\cos\varphi & \sin\theta\sin\varphi & \cos\theta \\ \cos\theta\cos\varphi & \cos\theta\sin\varphi & -\sin\theta \\ -\sin\varphi & \cos\varphi & 0 \end{pmatrix} \begin{pmatrix} \boldsymbol{i} \\ \boldsymbol{j} \\ \boldsymbol{k} \end{pmatrix} \equiv M \begin{pmatrix} \boldsymbol{i} \\ \boldsymbol{j} \\ \boldsymbol{k} \end{pmatrix}$$

となる．逆に $\boldsymbol{i}$, $\boldsymbol{j}$, $\boldsymbol{k}$ を $\boldsymbol{e}_r$, $\boldsymbol{e}_\theta$, $\boldsymbol{e}_\varphi$ で表すと，M は直交行列で逆行列が転置行列に等しいから，すなわち $M^{-1} = M^T$ だから

$$\begin{pmatrix} \boldsymbol{i} \\ \boldsymbol{j} \\ \boldsymbol{k} \end{pmatrix} = M^T \begin{pmatrix} \boldsymbol{e}_r \\ \boldsymbol{e}_\theta \\ \boldsymbol{e}_\varphi \end{pmatrix} = \begin{pmatrix} \sin\theta\cos\varphi & \cos\theta\cos\varphi & -\sin\varphi \\ \sin\theta\sin\varphi & \cos\theta\sin\varphi & \cos\varphi \\ \cos\theta & -\sin\theta & 0 \end{pmatrix} \begin{pmatrix} \boldsymbol{e}_r \\ \boldsymbol{e}_\theta \\ \boldsymbol{e}_\varphi \end{pmatrix}$$

まず速度は $\boldsymbol{v} = \dfrac{\mathrm{d}}{\mathrm{d}t}(r\boldsymbol{e}_r) = \dot{r}\boldsymbol{e}_r + r\dot{\boldsymbol{e}}_r$ で $\dot{\boldsymbol{e}}_r = (\dot{\theta}\cos\theta\cos\varphi - \sin\theta\,\dot{\varphi}\sin\varphi)\boldsymbol{i} + (\dot{\theta}\cos\theta\sin\varphi + \sin\theta\,\dot{\varphi}\cos\varphi)\boldsymbol{j} - \dot{\theta}\sin\theta\,\boldsymbol{k}$，よってこの式を $\boldsymbol{v}$ の表式へ代入し，上の $\boldsymbol{i}$, $\boldsymbol{j}$, $\boldsymbol{k}$ から $\boldsymbol{e}_r$, $\boldsymbol{e}_\theta$, $\boldsymbol{e}_\varphi$ への変換式を用いると $\dot{\boldsymbol{e}}_r = \dot{\theta}\boldsymbol{e}_\theta + \sin\theta\,\dot{\varphi}\boldsymbol{e}_\varphi$ となり，$\boldsymbol{v} = \dot{r}\boldsymbol{e}_r + r\dot{\theta}\boldsymbol{e}_\theta + r\sin\theta\,\dot{\varphi}\boldsymbol{e}_\varphi$ すなわち $v_r = \dot{r}$，$v_\theta = r\dot{\theta}$，$v_\varphi = r\sin\theta\,\dot{\varphi}$ を得る．一方，加速度は $\dot{\boldsymbol{e}}_\theta = -\dot{\theta}\boldsymbol{e}_r + \cos\theta\,\dot{\varphi}\boldsymbol{e}_\varphi$ および $\dot{\boldsymbol{e}}_\varphi = -\dot{\varphi}\sin\theta\,\boldsymbol{e}_r - \dot{\varphi}\cos\theta\,\boldsymbol{e}_\theta$ に注意して $\boldsymbol{a} = a_r\boldsymbol{e}_r + a_\theta\boldsymbol{e}_\theta + a_\varphi\boldsymbol{e}_\varphi$ として，$a_r = \ddot{r} - r\dot{\theta}^2 - r\sin^2\theta\,\dot{\varphi}^2$，$a_\theta = r\ddot{\theta} + 2\dot{r}\dot{\theta} - r\sin\theta\cos\theta\,\dot{\varphi}^2$，$a_\varphi = \left(\dfrac{1}{r\sin\theta}\right)\dfrac{\mathrm{d}}{\mathrm{d}t}(r^2\sin^2\theta\,\dot{\varphi})$.

11. 1) $a = \dfrac{\mathrm{d}v}{\mathrm{d}t} = \alpha$，よって $\displaystyle\int_{v_0}^{v}\mathrm{d}v = \alpha\int_{t_0}^{t}\mathrm{d}t$ すなわち $v - v_0 = \alpha(t - t_0)$，つまり $v = v_0 + \alpha(t - t_0)$．次に，$v = \dfrac{\mathrm{d}x}{\mathrm{d}t} = v_0 + \alpha(t - t_0)$，よって $\displaystyle\int_{x_0}^{x}\mathrm{d}x = \int_{t_0}^{t}\{v_0 + \alpha(t - t_0)\}\mathrm{d}t$．これより $x - x_0 = v_0(t - t_0) + \dfrac{1}{2}\alpha(t - t_0)^2$，すなわち，$x = x_0 + v_0(t - t_0) + \dfrac{1}{2}\alpha(t - t_0)^2$ となる．

2) 前問より, $t=t_1$ での速度を v_1 とすると, $x=x_1+v_1(t-t_1)+\dfrac{1}{2}\alpha(t-t_1)^2$. この式に $t=t_2$ で $x=x_2$ という式を代入すると, $x_2=x_1+v_1(t_2-t_1)+\dfrac{1}{2}\alpha(t_2-t_1)^2$ となり，この式から v_1 を求めると，$v_1=\left\{\dfrac{x_2-x_1}{t_2-t_1}-\dfrac{1}{2}\alpha(t_2-t_1)\right\}$. これを用いて最初の式から v_1 を消去すると

$$x=x_1+\left\{\frac{x_2-x_1}{t_2-t_1}-\frac{1}{2}\alpha(t_2-t_1)\right\}(t-t_1)+\frac{1}{2}\alpha(t-t_1)^2.$$

12. $\dot{r}=\alpha$, $\dot{\theta}=\beta$, $\ddot{r}=\ddot{\theta}=0$ なので，速度は $v_r=\dot{r}=\alpha, v_\theta=r\dot{\theta}=\alpha\beta t$, となり，加速度は，$a_r=\ddot{r}-r\dot{\theta}^2=-\alpha\beta^2 t$, $a_\theta=r\ddot{\theta}+2\dot{r}\dot{\theta}=2\alpha\beta$ となる．また軌跡の方程式は $r=(\alpha/\beta)\theta$ となり，らせんを表す．

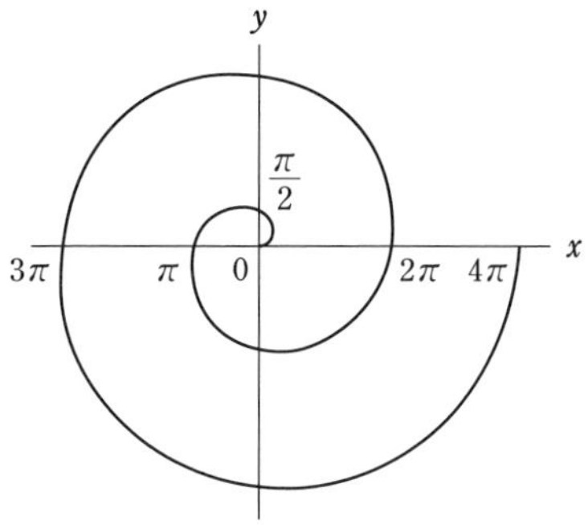

$\alpha=\beta$ の場合

図 B-1

13. 接線方向の速度 $v=108\times10^3\,\mathrm{m}/3600\,\mathrm{s}=30\,\mathrm{m/s}$. よって加速度の接線成分：$a_\mathrm{t}=\dot{v}=0$, 法線成分：$a_\mathrm{n}=v^2/\rho=(30\,\mathrm{m/s})^2/200\,\mathrm{m}=4.5\,\mathrm{m/s^2}$. よって加速度の大きさは $4.5\,\mathrm{m/s^2}$. より急なカーブで加速度が $6\,\mathrm{m/s^2}$ のときは，曲率半径：$\rho=v^2/a_\mathrm{n}=(30\,\mathrm{m/s})^2/6\,\mathrm{m/s^2}=150\,\mathrm{m}$ となる．

第 3 章

1. $m\ddot{x}=-\mu' mg$ より $v_x=v_0-\mu' gt$, $x=v_0t-\dfrac{1}{2}\mu' gt^2$. 止まる時刻は $v_0-\mu' gt=0$, すなわち $t=v_0/\mu' g$ で $d=v_0(v_0/\mu' g)-(\mu' g/2)(v_0/\mu' g)^2={v_0}^2/2\mu' g$. よって $v_0=\sqrt{2\mu' gd}$.

2. 熱気球にはたらく浮力を F とし，気球外へ投げ出す物の質量を m とすると，$MA=Mg-F$, $(M-m)B=F-(M-m)g$. F を消去して，$m=M(A+B)/(B+g)$.

3. 鉛直下方への加速度を a, ひもの張力を T とすると，運動方程式は

$$Ma=Mg-T,\quad ma=T-mg\quad \text{これより}\quad a=\frac{M-m}{M+m}g,\quad T=\frac{2Mm}{M+m}g.$$

4. 放物体の軌跡 $y=x\tan\theta-\dfrac{g}{2{v_0}^2\cos^2\theta}x^2$ で $\tan\theta=\alpha$ とおき，α の 2 次方程式 $\dfrac{g}{2{v_0}^2}x^2\alpha^2-\alpha x+\left(y+\dfrac{g}{2{v_0}^2}x^2\right)=0$ に書き改め，α が実数解をもつための条

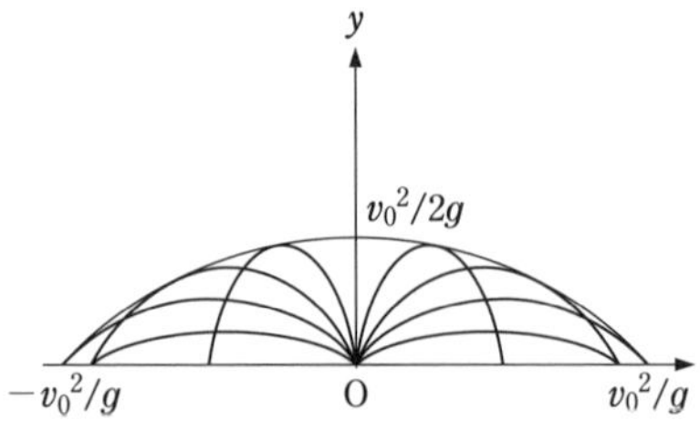

図 **B-2**　安全放物線

件を求めると 判別式 $= x^2 - 4\cdot\dfrac{gx^2}{2v_0{}^2}\left(y + \dfrac{g}{2v_0{}^2}x^2\right) \geqq 0$,

すなわち $y \leqq -\dfrac{g}{2v_0{}^2}\left(x^2 - \dfrac{v_0{}^4}{g^2}\right)$　(安全放物線).

5. 原点から角度 θ で投射したとき，最高点の座標は，第 3 章の結果から

$$x = (v_0{}^2/2g)\sin 2\theta, \quad y = (v_0{}^2/2g)\sin^2\theta.$$

$v_0{}^2/2g = h$ とおけば，$\sin^2\theta = y/h$，$\cos^2\theta = x^2/4hy$．$\sin^2\theta + \cos^2\theta = 1$ へ代入すると，$y/h + (x^2/4hy) = 1$ すなわち $x^2/h^2 + (y - h/2)^2/(h/2)^2 = 1$ となり，軌跡は楕円.

6. 運動方程式は，$m\dfrac{\mathrm{d}v}{\mathrm{d}t} = -mg - kmv$ すなわち $\dfrac{\mathrm{d}v}{\mathrm{d}t} = -g - kv$．これより

$$\frac{\mathrm{d}v}{v + g/k} = -k\,\mathrm{d}t,$$

両辺を t で積分して $\log(v + g/k) = -kt + C'$ つまり $v = \dfrac{\mathrm{d}y}{\mathrm{d}t} = -\dfrac{g}{k} + C\mathrm{e}^{-kt}$．初期条件 $t = 0$ で $v = v_0$ より $C = v_0 + g/k$，よって $\dfrac{\mathrm{d}y}{\mathrm{d}t} = -\dfrac{g}{k} + \left(v_0 + \dfrac{g}{k}\right)\mathrm{e}^{-kt}$. これをさらに t で積分して初期条件 $t = 0$ で $y = 0$ を用いると $y = -\dfrac{g}{k}t + \dfrac{1}{k}\left(v_0 + \dfrac{g}{k}\right)(1 - \mathrm{e}^{-kt})$．$v = 0$ となる時刻 t_0 は，$t_0 = \dfrac{1}{k}\log\left(1 + \dfrac{kv_0}{g}\right)$ で，このとき最高点に到達しその高さは

$$y = \frac{v_0}{k} - \frac{g}{k^2}\log\left(1 + \frac{kv_0}{g}\right).$$

7. 鉛直下向きを正にとって，運動方程式は $m\dfrac{\mathrm{d}v}{\mathrm{d}t} = mg - (kmv + bmv^2)$．$t = 0$ で落下が始まると，最初の加速度は g で，速度が増すにつれ加速度が減少し，$g - (kv + bv^2) = 0$ で加速度が 0 となり終端速度に達する．この 2 次方程式の正の解をとって，$v_\infty = -\dfrac{k}{2b} + \sqrt{\dfrac{k^2}{4b^2} + \dfrac{g}{b}}$ となる.

なお, 速度の時間変化は $g-(kv+bv^2) = -b(v-\alpha)(v-\beta)$, $\beta < 0 < \alpha, \alpha-\beta \equiv \gamma/b$ として $v = \dfrac{\alpha(1-\mathrm{e}^{-\gamma t})}{1-(\alpha/\beta)\mathrm{e}^{-\gamma t}}$ となる.

8. 最高点では $v_y = 0$ なので, $\dfrac{g}{k} = \left(v_0 \sin\theta + \dfrac{g}{k}\right)\mathrm{e}^{-kt_1}$. すなわち, $t_1 = \dfrac{1}{k}\log\left(1+\dfrac{kv_0}{g}\sin\theta\right) \simeq \dfrac{v_0\sin\theta}{g}\left(1-\dfrac{kv_0}{2g}\sin\theta\right)$. そのときの高さは $h = -\dfrac{g}{k}t_1 + \dfrac{1}{k}\left(v_0\sin\theta+\dfrac{g}{k}\right)(1-\mathrm{e}^{-kt_1}) \simeq \dfrac{{v_0}^2}{2g}\sin^2\theta\left(1-\dfrac{2}{3}\dfrac{kv_0}{g}\sin\theta\right)$. t_2 は $y = 0$ となる時刻で, $gt_2 = \left(v_0\sin\theta+\left(\dfrac{g}{k}\right)\right)(1-\mathrm{e}^{-kt_2})$. よって,

$$t_2 \simeq \frac{2v_0\sin\theta}{g}\left(1-\frac{k}{g}v_0\sin\theta\right), \quad D \simeq \frac{{v_0}^2\sin 2\theta}{g}\left(1-\frac{k}{g}v_0\sin\theta\right).$$

9. 運動方程式は, 糸の張力を T とし, 平面極座標で $m(\ddot{r}-r\dot{\theta}^2) = -T$, $\dfrac{m}{r}\dfrac{\mathrm{d}}{\mathrm{d}t}(r^2\dot{\theta}) = 0$. $T - Mg = 0$. 第 2 式より $r^2\dot{\theta} =$ 一定. 円運動なので $r = r_0 =$ 一定, したがって $\dot{\theta} =$ 一定 $= v_0/r_0$. 第 1 式と第 3 式より T を消去して, $m{v_0}^2/r_0 = Mg$. すなわち, $v_0 = \sqrt{Mgr_0/m}$.

10. 運動方程式は, 平面極座標で $m(\ddot{r} - r\dot{\theta}^2) = -mg\sin\theta$. いま, $\dot{\theta} = \omega$ を代入して, $\ddot{r} - r\omega^2 = -g\sin\omega t$. 右辺を 0 とおいた同次方程式の一般解は $r = A\mathrm{e}^{\omega t} + B\mathrm{e}^{-\omega t}$, ($A, B$ は任意定数). 非同次方程式の特殊解を $r_0 = C\sin\omega t$ とおくと, $(-\omega^2 C - \omega^2 C + g)\sin\omega t = 0$, つまり $C = g/(2\omega^2)$. 一般解は同次方程式の一般解と非同次方程式の特殊解の重ね合わせで, $r(t) = A\mathrm{e}^{\omega t} + B\mathrm{e}^{-\omega t} + (g/2\omega^2)\sin\omega t$ となる. 初期条件として, $t = 0$ で $r = a$, $\dot{r} = 0$ とすると, $a = A + B$, $0 = \omega A - \omega B + g/(2\omega)$. これから, A, B を求めて一般解の式に代入すると, $r = a\cosh\omega t - (g/2\omega^2)\sinh\omega t + (g/2\omega^2)\sin\omega t$.

11. 質点の質量を m として, 運動方程式は $m\ddot{x} = -k_1 x$, $m\ddot{y} = -k_2 y$ で与えられる. ここで $\omega_1 = \sqrt{k_1/m}$, $\omega_2 = \sqrt{k_2/m}$. 解は $x = a_1\cos(\omega_1 t + \delta_1)$, $y = a_2\cos(\omega_2 t + \delta_2)$($a_1, a_2, \delta_1, \delta_2$: 任意定数). これは t を媒介変数とした xy 面内の曲線を表す. この曲線は一般には複雑であるが, ω_1 と ω_2 の比が有理数の場合は, 一定の時間の後, もとに戻って軌道は閉曲線となる. このような図形を一般にリサジュー (Lissajous) 図形という. $\omega_1 : \omega_2 = 1 : 2$ の場合の図は次のようになる (図 B-3).
また $\omega_1 = \omega_2 = \omega$ のときは

$$\frac{x}{a_1} = \cos\omega t\cos\delta_1 - \sin\omega t\sin\delta_1, \quad \frac{y}{a_2} = \cos\omega t\cos\delta_2 - \sin\omega t\sin\delta_2$$

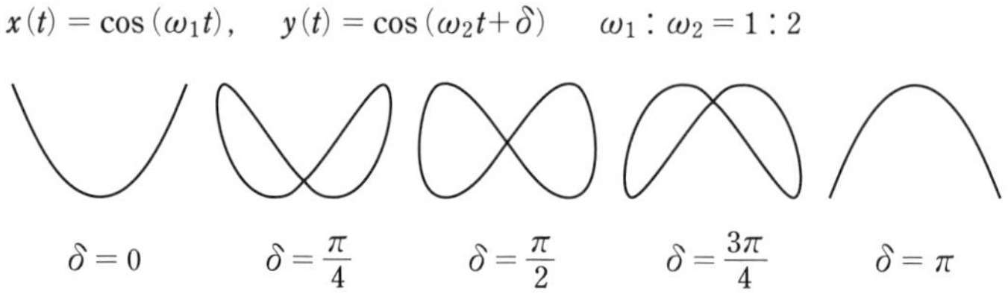

図 B-3　リサジュー図形

これから

$$\frac{x}{a_1}\sin\delta_2 - \frac{y}{a_2}\sin\delta_1 = \cos\omega t \sin(\delta_2 - \delta_1)$$
$$\frac{x}{a_1}\cos\delta_2 - \frac{y}{a_2}\cos\delta_1 = \sin\omega t \sin(\delta_2 - \delta_1)$$

各式の両辺を 2 乗して加えると，

$$\frac{x^2}{{a_1}^2} + \frac{y^2}{{a_2}^2} - 2\frac{x}{a_1}\frac{y}{a_2}\cos(\delta_2 - \delta_1) = \sin^2(\delta_2 - \delta_1)$$

これは楕円を表す (図 B-4).

楕円の形は a_1, a_2 の値，位相差 $\delta_2 - \delta_1$ の値によって，様々に変化する.

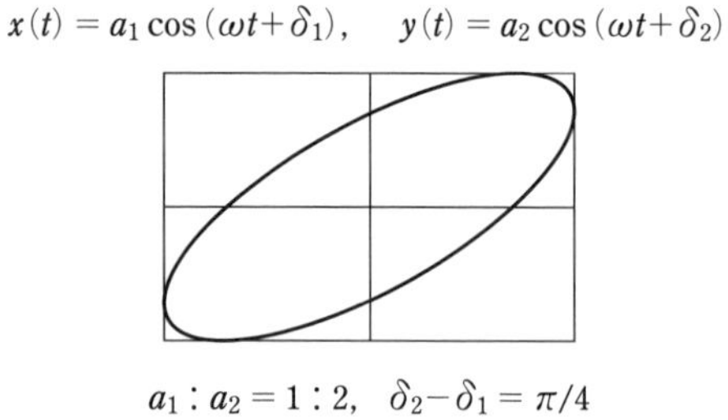

図 B-4　楕円振動

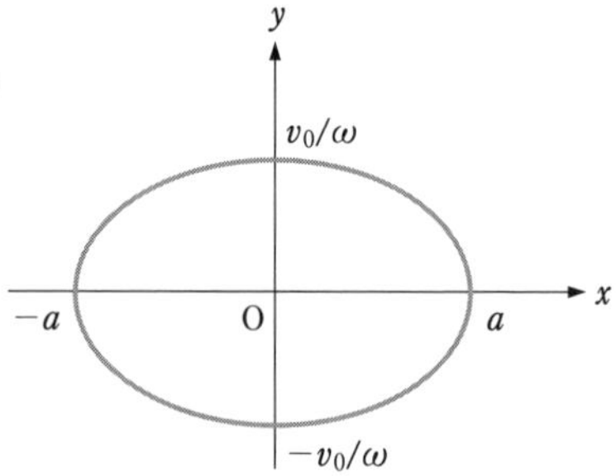

図 B-5　楕円振動

12. 運動方程式は $m\ddot{x} = -kx$,　$m\ddot{y} = -ky$ で，一般解は $x = A\cos(\omega t + \delta)$, $y = B\cos(\omega t + \delta')$. ただし，$\omega = \sqrt{\frac{k}{m}}$, A, B, δ, δ' は任意定数. 初期条件：$t = 0$ で $x = a$, $y = 0$, $\dot{x} = 0$, $\dot{y} = v_0$ から $A = a$, $\delta = 0$, $\omega B = v_0$, $\delta' = -\frac{\pi}{2}$. ゆえに，$x = a\cos\omega t$, $y = \frac{v_0}{\omega}\sin\omega t$ より軌跡は楕円 $\frac{x^2}{a^2} + \frac{y^2}{\left(\frac{v_0}{\omega}\right)^2} = 1$ となる (図 B-5).

13. 斜面に沿って上向きに x 軸をとると，運動方程式は $m\frac{\mathrm{d}^2x}{\mathrm{d}t^2} = -mg\sin\theta - \mu' N$, $m\frac{\mathrm{d}^2y}{\mathrm{d}t^2} = N - mg\cos\theta$. $y = 0$ を後の式に入れると，$N = mg\cos\theta$.

よって $\dfrac{\mathrm{d}^2x}{\mathrm{d}t^2} = -g(\sin\theta + \mu'\cos\theta)$．初期条件を $t=0$ で $x=0$，$v=v_0$ として，$\dfrac{\mathrm{d}x}{\mathrm{d}t} = v_0 - g(\sin\theta+\mu'\cos\theta)t$．$x = v_0t - \dfrac{1}{2}g(\sin\theta+\mu'\cos\theta)t^2$．$t=T_1$ で最高点に到達するとすると，$(\mathrm{d}x/\mathrm{d}t)_{t=T_1}=0$, $T_1 = \dfrac{v_0}{g(\sin\theta+\mu'\cos\theta)}$．このときの x 座標は $x_1 = v_0T_1 - \dfrac{1}{2}g(\sin\theta+\mu'\cos\theta){T_1}^2 = {v_0}^2/[2g(\sin\theta+\mu'\cos\theta)]$．降下に転じると運動方程式は $m\dfrac{\mathrm{d}^2x}{\mathrm{d}t^2} = -mg\sin\theta + \mu' mg\cos\theta$，初期条件：$t=0$ で $\mathrm{d}x/\mathrm{d}t=0$，$x=x_1$ のもとで積分して $\mathrm{d}x/\mathrm{d}t = -gt(\sin\theta-\mu'\cos\theta)$，$x = x_1 - \dfrac{1}{2}gt^2(\sin\theta-\mu'\cos\theta)$．$x=0$ となるのは $t=T_2$ なので，${T_2}^2 = \dfrac{2x_1}{g(\sin\theta-\mu'\cos\theta)}$

すなわち $T_2 = \dfrac{v_0}{g\sqrt{(\sin\theta+\mu'\cos\theta)(\sin\theta-\mu'\cos\theta)}}$

結局，

$$T_1/T_2 = \sqrt{(\sin\theta-\mu'\cos\theta)/(\sin\theta+\mu'\cos\theta)} = \sqrt{(\tan\theta-\mu')/(\tan\theta+\mu')}.$$

第　4　章

1. 鉛直上向きに x 軸をとると，エネルギーの保存則は

$$\frac{1}{2}mv^2 + mgx = 一定$$

$t=0$ で $x=h$，かつ $v=0$ ならば，上式右辺は mgh で $v = \pm\sqrt{2g(h-x)}$．落下している場合 $v<0$ なので

$$\frac{\mathrm{d}x}{\mathrm{d}t} = -\sqrt{2g(h-x)}$$

変数を両辺に振り分けて，積分すると

$$\int_h^x \frac{\mathrm{d}x}{\sqrt{h-x}} = -\int_0^t \sqrt{2g}\,\mathrm{d}t$$

$\Big[-2\sqrt{h-x}\Big]_h^x = -\sqrt{2g}t$ よって $\sqrt{h-x} = \sqrt{g/2}t$ 両辺を 2 乗して，$h-x = (g/2)t^2$，すなわち $x = h-(g/2)t^2$．上昇しているときも，$\mathrm{d}x/\mathrm{d}t = \sqrt{2g(h-x)}$ とすれば，同じ $x(t)$ の式が得られる．

2. 単振動の一般解 $x(t) = a\cos(\omega t+\delta)$ を運動エネルギー K の式に入れ，1 周期 T にわたって時間平均すると

$$\bar{K} = \frac{1}{T}\int_0^T \frac{1}{2}ma^2\omega^2\sin^2(\omega t+\delta)\,\mathrm{d}t$$
$$= \frac{1}{T}\int_0^T \frac{1}{4}ma^2\omega^2\{1-\cos 2(\omega t+\delta)\}\,\mathrm{d}t = \frac{1}{4}ma^2\omega^2$$

同様に，位置エネルギー U について，時間平均して

$$\bar{U} = \frac{1}{T}\int_0^T \frac{1}{2}ma^2\omega^2\cos^2(\omega t+\delta)\,\mathrm{d}t$$
$$= \frac{1}{T}\int_0^T \frac{1}{4}ma^2\omega^2\{1+\cos 2(\omega t+\delta)\}\,\mathrm{d}t = \frac{1}{4}ma^2\omega^2$$

すなわち $\bar{K} = \bar{U} = E/2$ となる．

3. (4.54) 式の判定条件を調べると，$\dfrac{\partial F_x}{\partial y} = \dfrac{\partial F_y}{\partial x} = 6ax^2y$ となり，保存力であることがわかる．ポテンシャルは $U = -ax^3y^2 + \mathrm{const.}$ と求まる．

4. 各時刻ごとに，接線方向に加える力と摩擦力はつりあい，また重力の法線方向の力と法線抗力 N がつりあう．よって，摩擦係数を μ として，摩擦力は $F = \mu N$．曲線の接線が水平方向となす角を θ として，$N = mg\cos\theta$．よって摩擦力に抗してする仕事は，$\mathrm{d}s\cos\theta = \mathrm{d}x$ (水平方向を x 軸にとる) に注意すると，$W = \displaystyle\int_{\mathrm{A}}^{\mathrm{B}} F\,\mathrm{d}s = \mu mg\int_{\mathrm{A}}^{\mathrm{B}} \mathrm{d}s\cos\theta = \mu mg\int_{\mathrm{A}}^{\mathrm{B}} \mathrm{d}x = \mu mg(x_{\mathrm{B}} - x_{\mathrm{A}}) =$ 一定 となって，曲線の形によらない．

5. ロケットが地球の引力圏から脱出するのに要する速度は，第 4 章 3.1 の例題のように，$v_0 = \sqrt{2GM_E/R_E} \approx 11.2\,\mathrm{km/s}$．同様に太陽の引力圏からの脱出速度は

$$v_1 = \sqrt{\frac{2GM_{\mathrm{S}}}{R_{\mathrm{ES}}}} = \sqrt{\frac{2GM_{\mathrm{E}}}{R_{\mathrm{E}}}}\sqrt{\frac{M_{\mathrm{S}}}{M_{\mathrm{E}}}\cdot\frac{R_{\mathrm{E}}}{R_{\mathrm{ES}}}} = v_0\cdot\sqrt{\frac{M_{\mathrm{S}}}{M_{\mathrm{E}}}\cdot\frac{R_{\mathrm{E}}}{R_{\mathrm{ES}}}}.$$

ここで，太陽と地球の質量比 $M_{\mathrm{S}}/M_{\mathrm{E}} = 3.3\times10^5$ と地球から太陽までの距離 $R_{\mathrm{ES}} = 1.5\times10^8\,\mathrm{km}$，地球の半径 $R_{\mathrm{E}} = 6.4\times10^3\,\mathrm{km}$ を代入すると，$v_1 = 4.2\times10^1\,\mathrm{km/s}$ を得る．より正確に求めると $v_1 = 42.11\,\mathrm{km/s}$．地球の公転速度が $v_2 = 29.78\,\mathrm{km/s}$ なので地球の公転速度の方向に対して，12.33 km/s の速度が得られれば，公転速度と合わせて，太陽に対して 42.11 km/s の速度をもつこととなり，太陽系からの脱出速度 (地球の公転速度の $\sqrt{2}$ 倍) となる．

6. 衝突前後の運動量の変化から力積を求める．床で反射したときの初速度を v_0，角度を θ とする．放物線の一般式から最高点の高さ $h = {v_0}^2\sin^2\theta/(2g) = v^2/(16g)$，水平到達距離 $D = {v_0}^2\sin 2\theta/g = v^2/(2g)$．これらより，$h/D = \tan\theta/4 = 1/8$．すなわち $\tan\theta = 1/2$，$0 < \theta < \pi/2$ なので $\cos\theta = 2/\sqrt{5}$, $\sin\theta = 1/\sqrt{5}$．また，$h = {v_0}^2\cdot(1/5)/(2g) = v^2/(16g)$．$v_0 = \sqrt{5/8}v$．水平方向の運動量の変化 $\Delta p_x = m(v_0\cos\theta - v\cos 45^\circ) = m(\sqrt{5/8}v\cdot 2/\sqrt{5} - v\cdot 1/\sqrt{2}) = 0$．鉛直上向き方向の運動量の変化 $\Delta p_y = m\{v_0\sin\theta - (-v\sin 45^\circ)\} = (3/\sqrt{8})mv =$ 力積．失ったエネルギー $\Delta E = (1/2)m{v_0}^2 - (1/2)mv^2 = -(3/16)mv^2$ すなわち $(3/16)mv^2$．

7. (a) $(\boldsymbol{A}\times\boldsymbol{B})\times\boldsymbol{X}=(\boldsymbol{A}\cdot\boldsymbol{X})\boldsymbol{B}-(\boldsymbol{B}\cdot\boldsymbol{X})\boldsymbol{A}$. $\boldsymbol{X}=\boldsymbol{C}\times\boldsymbol{D}$ とおけば与式を得る.
(b) $(\boldsymbol{X}\times\boldsymbol{C})\times\boldsymbol{D}=(\boldsymbol{D}\cdot\boldsymbol{X})\boldsymbol{C}-(\boldsymbol{C}\cdot\boldsymbol{D})\boldsymbol{X}$ で $\boldsymbol{X}=\boldsymbol{A}\times\boldsymbol{B}$ とおけば与式を得る.
(c) (b) で $\boldsymbol{C}$ と $\boldsymbol{D}$ を交換して $\{(\boldsymbol{A}\times\boldsymbol{B})\times\boldsymbol{D}\}\times\boldsymbol{C}=(\boldsymbol{A}\cdot\boldsymbol{D})(\boldsymbol{B}\times\boldsymbol{C})-(\boldsymbol{B}\cdot\boldsymbol{D})(\boldsymbol{A}\times\boldsymbol{C})=\{\boldsymbol{A}\cdot(\boldsymbol{B}\times\boldsymbol{C})\}\boldsymbol{D}-(\boldsymbol{C}\cdot\boldsymbol{D})(\boldsymbol{A}\times\boldsymbol{B})$. 第 2 辺=第 3 辺を整理し直すと与式を得る.

8. 円柱座標で，エネルギーは $E=(m/2)(\dot{\rho}^2+\rho^2\dot{\varphi}^2+\dot{z}^2)+mgz$，角運動量の z 成分は $L_z=m\rho^2\dot{\varphi}$. 拘束条件は $z=a\rho^2$ であることから $\dot{\rho}=\dot{z}/(2a\rho)$. $z=h$ で水平初速度 v_0 で円運動するので，半径 = 一定 = $\rho_0=\sqrt{h/a}$. $v_0=\rho_0\dot{\varphi}=\sqrt{h/a}\dot{\varphi}$ より，$\dot{\varphi}=v_0\sqrt{a/h}$. エネルギー $E=(m/2){v_0}^2+mgh$，角運動量の z 成分 $L_z=mv_0\sqrt{h/a}$. 一般の運動は，エネルギーの保存則より

$$\frac{m}{2}\left(1+\frac{1}{4az}\right)\dot{z}^2+\frac{a{L_z}^2}{2mz}+mgz=\frac{m}{2}{v_0}^2+mgh$$

したがって $\dot{z}^2=-2g(z-h)(z-{v_0}^2/(2g))4a/(1+4az)\equiv F(z)$. 運動は $h\leqq z\leqq{v_0}^2/(2g)$ または ${v_0}^2/(2g)\leqq z\leqq h$ に限られる. 定常運動の条件は，$\dot{z}^2=0$ すなわち $F(z)=0$ が $z=h$ に重解をもつ条件から $v_0=\sqrt{2gh}$.

9. 第 4 章 3.2 の例題 2 で，密度が $\rho(r)=k/r$，ただし k は

$$M=\int_0^R\rho(r)4\pi r^2\,\mathrm{d}r=\int_0^R\frac{k}{r}4\pi r^2\,\mathrm{d}r=2\pi kR^2$$

より，$k=M/(2\pi R^2)$ と求まる. したがって，

$$M(r)=\int_0^r\rho(r')4\pi r'^2\,\mathrm{d}r'=M\frac{r^2}{R^2}$$

となり，$r>R$ では $\boldsymbol{F}=-\dfrac{GmM}{r^2}\dfrac{\boldsymbol{r}}{r}$，$r<R$ では $\boldsymbol{F}=-\dfrac{GmM}{R^2}\dfrac{\boldsymbol{r}}{r}$. $r>R$ でのポテンシャルは $U(r)=-GmM/r$ で $r<R$ では $U(r)=GmMr/R^2+C$ (C：定数) で $r=R$ での連続性から $C=-2GmM/R$ と決まる.

10. 糸の張力を T，円運動の角振動数を ω とすると，運動方程式は円の法線方向 $-ml\sin\alpha\omega^2=-T\sin\alpha$，鉛直方向 $T\cos\alpha-mg=0$. よって $\omega=\sqrt{g/(l\cos\alpha)}$. 周期は $2\pi/\omega$，すなわち $2\pi\sqrt{l\cos\alpha/g}$.

11. $U(\mathrm{P})=\displaystyle\int_{\mathrm{P}}^{\mathrm{O}}\boldsymbol{F}\cdot\mathrm{d}\boldsymbol{r}=\int_{\mathrm{P}}^{\mathrm{O}}-k\boldsymbol{r}\cdot\mathrm{d}\boldsymbol{r}=-k\int_r^0 r'\,\mathrm{d}r'=\frac{1}{2}kr^2$.

12. ロケットの質量を m' として，地球の中心からロケットまでの距離を x とすると月の中心からロケットまでの距離は $a-x$. よって，地球および月の万有引力それぞれの寄与を足し合わせて，位置エネルギーとその微分は

$$U(x)=-\frac{GMm'}{x}-\frac{Gmm'}{a-x},\quad \frac{\mathrm{d}U}{\mathrm{d}x}=\frac{GMm'}{x^2}-\frac{Gmm'}{(a-x)^2}$$

となる．平衡点では $\dfrac{\mathrm{d}U}{\mathrm{d}x} = 0$ すなわち $\dfrac{GMm'}{x^2} = \dfrac{Gmm'}{(a-x)^2}$ これは地球と月両方からの引力がつりあう点でポテンシャルの極大値となる．この点を $x = x_0$ $(0 < x_0 < a)$ とすれば，$x_0 = a(M - \sqrt{Mm})/(M-m) = a/(1+\sqrt{m/M})$．この点で $U(x_0) = -GMm'a/{x_0}^2$．これを乗り越えるロケットのエネルギーは

$$\frac{1}{2}m'{v_0}^2 - \frac{GMm'}{R} \geqq -\frac{GMm'a}{{x_0}^2}$$

したがって，

$$v_0 \geqq \sqrt{2GM\left(\frac{1}{R} - \frac{a}{{x_0}^2}\right)} = \sqrt{\frac{2GM}{R}}\sqrt{1-\frac{aR}{{x_0}^2}}$$

$x_0 = 60R/(1+\sqrt{1/81}) = 54R$．$\sqrt{1-aR/{x_0}^2} = \sqrt{1-60/(54)^2} = \sqrt{238/243}$．$v_0 \geqq 11.2\,\mathrm{km/s} \times 0.9896 = 11.1\,\mathrm{km/s}$．

13. トンネルの内部の点で，AB を結ぶトンネルの中点から x の距離でかつ地球の中心から距離 r の点を考える．この点で中心に向かう引力は $\boldsymbol{F} = -k\boldsymbol{r}$ $(k = GmM/R^3)$．トンネルに沿う方向の力は $F' = -(x/r)|\boldsymbol{F}| = -kx$ となり，単振動を行う．周期はトンネルが地球の中心を通るときと同じ．たとえば，東京–大阪間に重力列車を通すと所要時間は $T/2 \simeq 42$ 分．

14. 点 O を原点として，鉛直下向きに x 軸，水平方向に y 軸をとる．曲線に沿っての微小な線要素は $\mathrm{d}s = \sqrt{(\mathrm{d}x)^2 + (\mathrm{d}y)^2} = \sqrt{1+(\mathrm{d}y/\mathrm{d}x)^2}\,\mathrm{d}x = \sqrt{1+y'^2}\,\mathrm{d}x$．鉛直方向に x だけ下りた点での速さはエネルギー保存則より $v = \sqrt{2gx}$．点 O から点 A に至る所要時間は

$$T = \int_{\mathrm{O}}^{\mathrm{A}} \frac{\mathrm{d}s}{v} = \frac{1}{\sqrt{2g}}\int_{\mathrm{O}}^{\mathrm{A}} \frac{1}{\sqrt{x}}\sqrt{1+y'^2}\,\mathrm{d}x$$

$\tau(y(x), y'(x), x) \equiv \dfrac{1}{\sqrt{x}}\sqrt{1+y'^2}$ としたとき $I = \displaystyle\int_{\mathrm{O}}^{\mathrm{A}} \tau(y(x), y'(x), x)\,\mathrm{d}x$ を最小にする曲線 $y = \bar{y}(x)$ を決めるには，変分法を用いて，オイラー・ラグランジュ方程式

$$\frac{\partial \tau}{\partial y} - \frac{\mathrm{d}}{\mathrm{d}x}\left(\frac{\partial \tau}{\partial y'}\right) = 0$$

を解くことに帰着する (第 10 章および解析力学の教科書を参照)．よって

$$\frac{\mathrm{d}}{\mathrm{d}x}\left[\frac{1}{\sqrt{x}}\frac{y'}{\sqrt{1+y'^2}}\right] = 0 \quad \text{すなわち} \quad \frac{1}{\sqrt{x}}\frac{y'}{\sqrt{1+y'^2}} = \text{一定} = C$$

$$\sqrt{x}\frac{\sqrt{1+y'^2}}{y'} = \frac{1}{C} \equiv \sqrt{2a} \quad \text{よって} \quad \frac{\mathrm{d}y}{\mathrm{d}x} = \sqrt{\frac{x}{2a-x}}$$

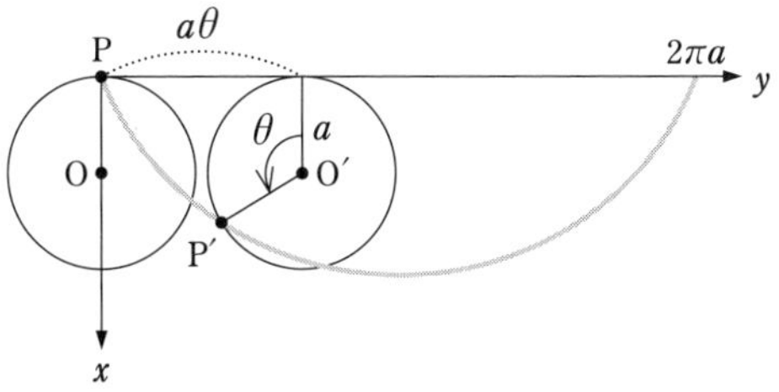

図 **B-6**　最速降下曲線としてのサイクロイド

ここで $x = a(1-\cos\theta)\cdots(1)$ とおいて，変数を x から θ に変換すると

$$\frac{\mathrm{d}y}{\mathrm{d}\theta} = a(1-\cos\theta) \quad 積分して \quad y = a(\theta - \sin\theta)\cdots(2)$$

(1), (2) は θ を媒介変数とする**サイクロイド曲線**を表す．題意よりこの曲線は**最速降下曲線**と呼ばれる (図 B-6).

15. 定義から $L_x = yp_z - zp_y$, $L_y = zp_x - xp_z$, $L_x = xp_y - yp_x$. 円柱座標で $x = r\cos\varphi$, $y = r\sin\varphi$, $p_x = m\dot{x} = m(\dot{r}\cos\varphi - r\sin\varphi\,\dot{\varphi})$, $p_y = m\dot{y} = m(\dot{r}\sin\varphi + r\cos\varphi\,\dot{\varphi})$ となる．よって，$L_z = xp_y - yp_x = mr\cos\varphi(\dot{r}\sin\varphi + r\cos\varphi\,\dot{\varphi}) - mr\sin\varphi(\dot{r}\cos\varphi - r\sin\varphi\,\dot{\varphi}) = mr^2\dot{\varphi}$.

16. 運動方程式は $m\dot{v}_x = qBv_y$,　$m\dot{v}_y = -qBv_x + qE$,　$m\dot{v}_z = 0$. まず $v_z =$ 一定 $= 0$. $v'_x = v_x - E/B$, $v'_y = v_y$ とおけば，$\dot{v}'_x = (qB/m)v'_y$,　$\dot{v}'_y = -(qB/m)v'_x$. したがって，$\omega_c = qB/m$ として $v'_x = A\cos\omega_c t$,　$v'_y = -A\sin\omega_c t$. $t = 0$ で $v'_y = v_y = 0$ は満たされる．$t = 0$ で $v_x = 0$ より，$A = -(E/B)$. よって $v_x = (E/B)(1-\cos\omega_c t)$, $v_y = (E/B)\sin\omega_c t$. $t = 0$ で $x = y = 0$ の初期条件で上式を積分すると $x = (E/\omega_c B)(\omega_c t - \sin\omega_c t)$,　$y = (E/\omega_c B)(1-\cos\omega_c t)$ となり，図 B-7 のようなサイクロイド曲線となる．

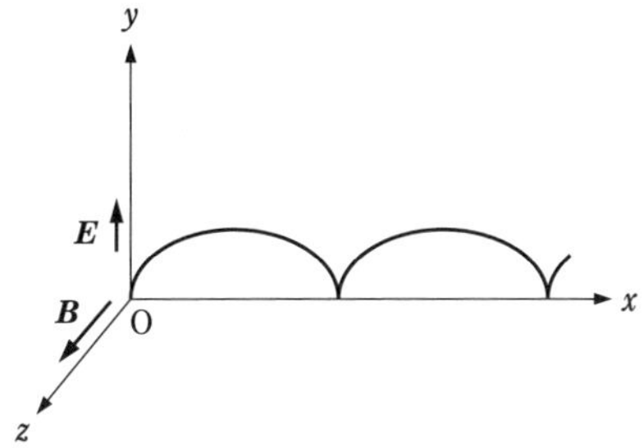

図 **B-7**

第　5　章

1. 接線方向の運動方程式は $m\,\mathrm{d}^2s/\,\mathrm{d}t^2 = -mg\sin(\theta/2)$. ここで $s = 4a\sin(\theta/2)$, $l = 4a$ より，$\mathrm{d}^2s/\,\mathrm{d}t^2 = -(g/l)s$. すなわち振り子の振幅によらず，運動は

$\omega = \sqrt{g/l}$ の単振動で，周期は $T = 2\pi/\omega = 2\pi\sqrt{l/g}$ (完全等時性).

2. クーロン力のポテンシャルは，kqQ/r で与えられる．質点 m が受けるポテンシャルは $U(x) = kqQ/(a-x) + kqQ/(a+x) = (kqQ/a)[1/(1+x/a) + 1/(1-x/a)] = (2kqQ/a)(1 + x^2/a^2 + \cdots)$．したがって，平衡点 $x = 0$ で，$U''(0) = 4kqQ/a^3$ なので $\omega = \sqrt{4kqQ/ma^3}$，周期 $T = \pi\sqrt{ma^3/kqQ}$ の単振動.

3. 垂直方向の微小な変位を x とすると，垂直方向の運動方程式は $m\ddot{x} = -P(x/a) - P(x/(L-a)) = -P(L/[a(L-a)])x$．よって周期は $T = 2\pi\sqrt{ma(L-a)/PL}$ で，$a = L/2$ のとき最大.

4. ポテンシャルは $U(x) = mgy = mgax^2$．運動方程式は $m\ddot{x} = -\mathrm{d}U/\mathrm{d}x = -2mgax$．周期は $T = 2\pi/\sqrt{2ga}$.

5. 周期は $T = 2\pi/\omega = 2\pi/\sqrt{\omega_0{}^2 - \beta^2} = 0.2$ s．$\mathrm{e}^{-20\beta} = 1/2$ より，$\beta = (\ln 2)/20 = 0.0347\ \mathrm{s}^{-1}$．$\omega_0 = \sqrt{100\pi^2 + (\ln 2)^2/400} \approx 10\pi = 31.415\ \mathrm{s}^{-1}$.

6. 平衡点 $x = a$ 近傍の微小振動の方程式は $\xi = x - a$ として $m\ddot{\xi} = -U''(a)\xi$ で，$U''(a) = 2\lambda^2 U_0$．$\omega = \sqrt{2\lambda^2 U_0/m}$，周期は $T = 2\pi/\omega = (2\pi/\lambda)\sqrt{m/2U_0}$.

7. エネルギー保存則は $\dfrac{1}{2}m\dot{x}^2 + U(x) = E$．これより $\dot{x}^2 = (2U_0/m)[E/U_0 - \mathrm{e}^{-2\lambda(x-a)} + 2\mathrm{e}^{-\lambda(x-a)}] = (2U_0/m)[E/U_0 - t^{-2} + 2t^{-1}]$．ただしここで，$\mathrm{e}^{\lambda(x-a)} = t$ とおいた．$t^{-1} = 1 \pm \sqrt{1 + (E/U_0)}$ で上式の右辺 $= 0$．これら 2 解を α, β とすると，$\ln\alpha/\lambda \leqq x - a \leqq \ln\beta/\lambda$ の範囲で往復運動する．よって周期は

$$T = 2\int_{\ln\alpha/\lambda}^{\ln\beta/\lambda} \frac{\mathrm{d}(x-a)}{\sqrt{2(E - U(x))/m}} = \frac{1}{\lambda}\sqrt{\frac{2m}{-E}}\int_\alpha^\beta \frac{\mathrm{d}t}{\sqrt{(\beta - t)(t - \alpha)}}$$

$$= \frac{\pi}{\lambda}\sqrt{\frac{2m}{-E}}.$$

8. 瞬間的な変化だから，$\Delta x = 0$．よって $\Delta x = \Delta a\cos\varphi - a\sin\varphi\,\Delta\varphi = 0$ と $\Delta v = -\omega\,\Delta a\sin\varphi - \omega a\cos\varphi\,\Delta\varphi$ の 2 式から $\Delta a = -(\Delta v/\omega)\sin\varphi, \Delta\varphi = -(\Delta v/\omega a)\cos\varphi$.

9. 2 つのおもりに対する運動方程式は，次の連立方程式 (coupled equation) $\ddot{x}_1 = -kx_1 - c(x_1 - x_2)$,　$\ddot{x}_2 = -kx_2 - c(x_2 - x_1)$ で与えられるので，2 式の両辺を足し合わせると $m\dfrac{\mathrm{d}^2}{\mathrm{d}t^2}(x_1 + x_2) = -k(x_1 + x_2)$．前の式から後の式を差し引くと $m\dfrac{\mathrm{d}^2}{\mathrm{d}t^2}(x_1 - x_2) = -(k + 2c)(x_1 - x_2)$ すなわち，2 つの振動子の変位の和 $x_1 + x_2$ はバネ定数 k の単振動，また差 $x_1 - x_2$ はバネ定数 $k + 2c$ の単振動に対応することがわかる．よって，$x_1 + x_2 = a\cos(\omega_1 t + \delta_1)$,　$x_1 - x_2 = b\cos(\omega_2 t + \delta_2)$.

ただし，a, b, δ_1, δ_2 は任意の定数．また，

$$\omega_1 = \sqrt{\frac{k}{m}} \qquad \omega_2 = \sqrt{\frac{k+2c}{m}}$$

これらを**基準振動**の角振動数という．よって，x_1, x_2 に対する一般解は

$$x_1 = A\cos(\omega_1 t + \delta_1) + B\cos(\omega_2 t + \delta_2)$$

$$x_2 = A\cos(\omega_1 t + \delta_1) - B\cos(\omega_2 t + \delta_2)$$

ここで A, B, δ_1 および δ_2 は 4 つの任意定数である．

10. 強制力が単位時間あたりする仕事 w は, 1 周期あたりの仕事 W を周期 $T = 2\pi/\Omega$ で割ったもので $w = W/T = \Omega/(2\pi)\int_0^{2\pi/\Omega} F\dot{x}\,\mathrm{d}t = \Omega/(2\pi)\int_0^{2\pi/\Omega}(mf_0\sin\Omega t)A\Omega$ $\cos(\Omega t - \varepsilon)\,\mathrm{d}t = \Omega/(2\pi)\int_0^{2\pi/\Omega}(mf_0\sin\Omega t)A\Omega(\cos\Omega t\cos\varepsilon + \sin\Omega t\sin\varepsilon)\,\mathrm{d}t.$
ここで $\Omega/(2\pi)\int_0^{2\pi/\Omega}\sin\Omega t\cos\Omega t\,\mathrm{d}t = 0, \Omega/(2\pi)\int_0^{2\pi/\Omega}\sin^2\Omega t\,\mathrm{d}t = \frac{1}{2}$．したがって $w = \frac{1}{2}mf_0A\Omega\sin\varepsilon.$
位相のずれ ε の sin は

$$\sin\varepsilon = \frac{2\beta\Omega}{\sqrt{({\omega_0}^2 - \Omega^2)^2 + 4\beta^2\Omega^2}}$$

また振幅 A は

$$A = \frac{f_0}{\sqrt{({\omega_0}^2 - \Omega^2)^2 + 4\beta^2\Omega^2}}$$

なので

$$w = \frac{m{f_0}^2}{4\beta}\frac{(2\beta\Omega)^2}{({\omega_0}^2 - \Omega^2)^2 + (2\beta\Omega)^2} = \frac{m{f_0}^2}{4\beta}\left[1 + \left(\frac{\Omega^2 - {\omega_0}^2}{2\beta\Omega}\right)^2\right]^{-1}$$

図のように，$\Omega = \omega_0$ で極大となる．

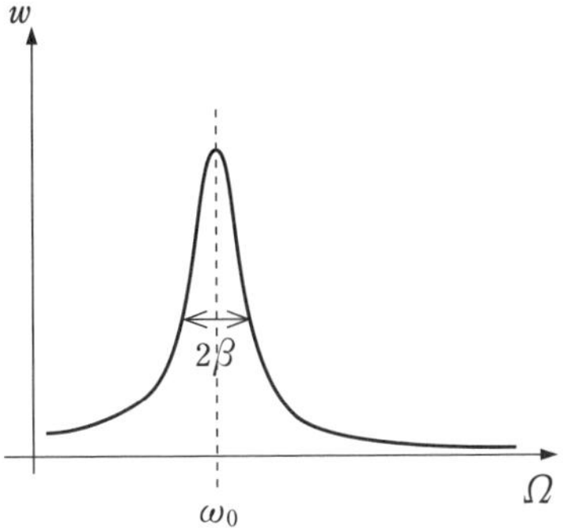

図 **B-8**　強制力の仕事率

第　6　章

1. 太陽の質量を M，地球の質量を m として軌道上の速度の大きさ v はエネルギー保存則から $v = \sqrt{\frac{2}{m}\left(E + \frac{GmM}{r}\right)}$．この式に，$E = \frac{G^2M^2m^3}{2h^2}(\varepsilon^2 - 1)$ を代入

して (ただし，h は角運動量の大きさ，ε は離心率)，

$$v = \sqrt{\frac{G^2M^2m^2}{h^2}(\varepsilon^2 - 1) + \frac{2GM}{r}}$$

ここで，$h^2/(GMm^2) = l$ と $r_{\min} = l/(1+\varepsilon)$，$r_{\max} = l/(1-\varepsilon)$ に注意して，次式にこれらを代入する．

$$v_{\max(\min)} = \sqrt{\frac{G^2M^2m^2}{h^2}(\varepsilon^2 - 1) + \frac{2GM}{r_{\min(\max)}}}$$

$$v_{\max} = \sqrt{\frac{GM}{l}}(1+\varepsilon), \quad v_{\min} = \sqrt{\frac{GM}{l}}(1-\varepsilon)$$

よって，$v_{\max}/v_{\min} = (1+\varepsilon)/(1-\varepsilon) = (1+(1/60))/(1-(1/60)) = 61/59 \simeq 1.03389$. この結果は，近日点と遠日点での角運動量の保存則：$mr_{\min}v_{\max} = mr_{\max}v_{\min}$ を用いても導ける．

2. 面積速度一定の法則を用いる．図 B-9 で半直弦より右の面積 S_r は

$$S_r = \int_{a\varepsilon}^{a} 2b\sqrt{1-\frac{x^2}{a^2}}\,\mathrm{d}x$$
$$= \frac{b}{a}\left[x\sqrt{a^2-x^2} + a^2\sin^{-1}\frac{x}{a}\right]_{a\varepsilon}^{a}$$
$$= \frac{\pi}{2}ab - ab\varepsilon\sqrt{1-\varepsilon^2} - ab\sin^{-1}\varepsilon$$
$$\approx \frac{\pi}{2}ab - 2ab\varepsilon \quad (\varepsilon \ll 1)$$

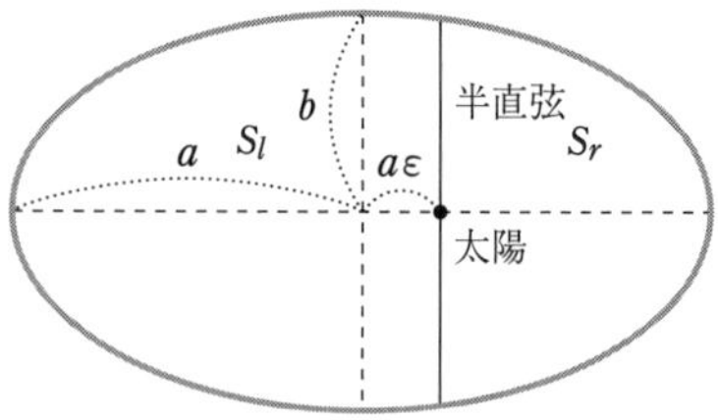

図 B-9　楕円軌道と面積速度
(半直弦の右半分と左半分の面積)

同様に左半分 S_l は

$$S_l = \frac{\pi}{2}ab + ab\varepsilon\sqrt{1-\varepsilon^2} + ab\sin^{-1}\varepsilon \approx \frac{\pi}{2}ab + 2ab\varepsilon \quad (\varepsilon \ll 1)$$

よって両者の比は，問題の日数の比に等しく

$$\frac{S_l}{S_r} = \frac{\frac{\pi}{2} + 2\varepsilon}{\frac{\pi}{2} - 2\varepsilon} \approx 1.0433$$

3. 図 B-10 で三角形 OSP の面積は $a\varepsilon \times b/2$ に等しいので P から遠日点を通って Q に達する日数は

$$365\,日 \times \frac{\frac{\pi}{2}ab + ab\varepsilon}{\pi ab}$$
$$= 365\,日 \times \left(\frac{1}{2} + \frac{\varepsilon}{\pi}\right)$$
$$\approx 365.25\,日 \times 0.505305$$

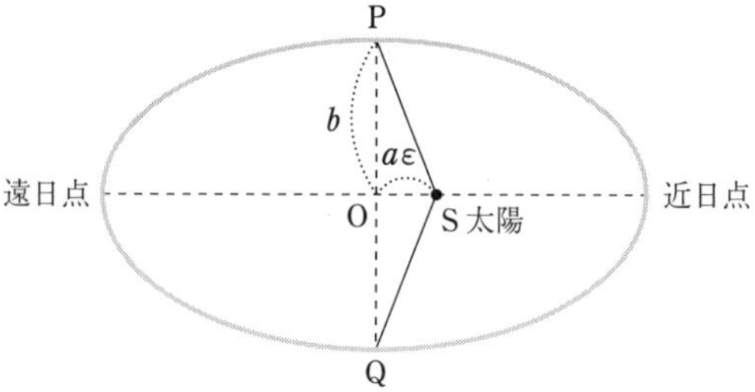

図 B-10　楕円軌道と面積速度
(長半径より短いあるいは長い日数)

≈ 184.6 日

半年 (182.6 日) より約 2 日長い.

4. 地球の中心から遠地点までの距離は $r_{\mathrm{max}} = 7200 + 6370 = 13570\,\mathrm{km}$, 近地点までの距離は $r_{\mathrm{min}} = 200 + 6370 = 6570\,\mathrm{km}$ である. よって, 長半径 a は $a = (r_{\mathrm{max}} + r_{\mathrm{min}})/2 = 10070\,\mathrm{km}$. $r_{\mathrm{max}} - r_{\mathrm{min}} = 2a\varepsilon = 7000\,\mathrm{km}$ なので, $\varepsilon = 7000/(2 \times 10070) \approx 0.348$. ケプラーの第 3 法則より, $T = T_0 \times (a/R)^{3/2} = \dfrac{2\pi R}{\sqrt{gR}} \times (10070/6370)^{3/2} \approx 84.4 \times 1.99 = 168$ 分 $= 2.80$ 時間.

5. 運動方程式を直接解く方法で考える.

$$\frac{\mathrm{d}^2 u}{\mathrm{d}\theta^2} + u = -\frac{mF(1/u)}{h^2 u^2}$$

へ $F(1/u) = -ku^3$ を代入して

$$\frac{\mathrm{d}^2 u}{\mathrm{d}\theta^2} + \left(1 - \frac{mk}{h^2}\right) u = 0$$

(1) $h^2 > mk$ のとき, $\sqrt{\left(1 - \dfrac{mk}{h^2}\right)} = \omega$ とおけば $\ddot{u} + \omega^2 u = 0$ となり, 単振動と同じ方程式なので $u = A\cos(\omega\theta + \delta)(A, \delta$: 定数) すなわち $r = 1/(A\cos(\omega\theta + \delta))$.

(2) $h^2 < mk$ のとき, $1 - \dfrac{mk}{h^2} = -\omega^2$ とおけば $\ddot{u} - \omega^2 u = 0$ となり, $u = A\mathrm{e}^{\omega\theta} + B\mathrm{e}^{-\omega\theta}(A, B$: 定数) すなわち $r = 1/(A\mathrm{e}^{\omega\theta} + B\mathrm{e}^{-\omega\theta})$.

(3) $h^2 = mk$ のとき, $\ddot{u} = 0$ となり, 解は $u = A\theta + B(A, B$: 定数). $A = 0$, $B \neq 0$ のとき円. $A \neq 0$, $B = 0$ のとき $r = 1/(A\theta)$ で次第に中心に近づく双曲らせんを表す.

6. 糸の張力を T とする. 水平板上の小球に対する運動方程式は穴の位置を極とする平面極座標 (r, θ) を用いて

$$m(\ddot{r} - r\dot{\theta}^2) = -T, \quad m\frac{1}{r}\frac{\mathrm{d}}{\mathrm{d}t}(r^2\dot{\theta}) = 0$$

質点 M の運動方程式は, 穴を原点として鉛直下方を z 軸にとると

$$M\ddot{z} = Mg - T, \quad \text{また} \quad r + z = \text{一定}$$

最後の式から, $\ddot{r} = -\ddot{z}$. $T, \ddot{z}$ を消去して

$$m(\ddot{r} - r\dot{\theta}^2) + M\ddot{r} + Mg = 0$$

$\dot{r}$ を掛けて積分するとエネルギー保存則

$$\frac{1}{2}m(\dot{r}^2 + r^2\dot{\theta}^2) + \frac{1}{2}M\dot{r}^2 + Mgr = \text{一定} = E$$

が得られる．また 2 番目の式より角運動量保存則 $mr^2\dot{\theta} = h$ が導かれる．初期条件より $h = mr_0v_0$，$E = (1/2)m{v_0}^2 + Mgr_0$．$\dot{\theta}$ を消去して

$$\frac{1}{2}(m+M)\dot{r}^2 = E - Mgr - \frac{h^2}{2mr^2} = (r_0 - r)\left[Mg - \frac{m{v_0}^2}{2r^2}(r + r_0)\right]$$

$2Mgr^2 - m{v_0}^2r - m{v_0}^2r_0 = 0$ の 2 解を r_+，$r_-(r_+ > 0 > r_-)$ とする．

$$r_\pm = \frac{m{v_0}^2}{4Mg} \pm \frac{1}{2}\sqrt{\left(\frac{m{v_0}^2}{2Mg}\right)^2 + 4\left(\frac{m{v_0}^2}{2Mg}\right)r_0}$$

$$\frac{1}{2}(m+M)\dot{r}^2 = Mg\frac{(r_0 - r)(r - r_+)(r - r_-)}{r^2} \geqq 0$$

そこで，r_0 と r_+ の大小関係で 3 つの場合：(1) $r_0 > r_+$，(2) $r_0 = r_+$，(3) $r_0 < r_+$ に分けて考える．これは次の 3 つの場合と等しくなる．

(a) $\dfrac{m{v_0}^2}{r_0} < Mg\ (r_0 > r_+)$ の場合
小球 m は $r_+ \leqq r \leqq r_0$ の範囲で往復運動 (振動) する．おもり M はそれに伴って上下運動する．

(b) $\dfrac{m{v_0}^2}{r_0} = Mg(r_0 = r_+)$ の場合
小球 m は半径 r_0 の円運動をする．糸の張力はこの遠心力とつりあいおもり M は静止する．

(c) $\dfrac{m{v_0}^2}{r_0} > Mg\ (r_0 < r_+)$ の場合
小球 m は $r_0 \leqq r \leqq r_+$ の範囲で往復運動 (振動) する．おもり M はそれに伴って上下運動する．

7. 遠地点でのもともとの速度の大きさを v とするとエネルギー保存則より

$$\frac{1}{2}mv^2 - \frac{GMm}{a(1+\varepsilon)} = -\frac{GMm}{2a} \equiv E$$

よって v について解くと

$$v = \left(\frac{GM}{a}\frac{1-\varepsilon}{1+\varepsilon}\right)^{1/2}$$

遠日点，太陽の位置はそのままで，遠日点での速度が突然 Δv だけ増すことに伴うエネルギーの増加量 ΔE は

$$\Delta E = \frac{1}{2}m(v + \Delta v)^2 - \frac{1}{2}mv^2 \simeq mv\,\Delta v = m\left(\frac{GM}{a}\frac{1-\varepsilon}{1+\varepsilon}\right)^{1/2}\Delta v$$

一方，エネルギーの増加に伴う長半径 a の増加を Δa とすると

$$\Delta E = \frac{GMm}{2a^2}\Delta a$$

2 つの ΔE の式を等しいとおいて，Δa について解くと

$$\Delta a = 2\,\Delta v\left(\frac{a^3}{GM}\frac{1-\varepsilon}{1+\varepsilon}\right)^{1/2}$$

遠地点と近地点の間の距離は $2\,\Delta a$ だけ増加するから与式が得られる．また，このときの離心率の変化は $0 = \Delta r_{\max} = \Delta a(1+\varepsilon) + a\,\Delta\varepsilon$ から $\Delta\varepsilon = -(\Delta a/a)(1+\varepsilon)$ で同時に $\Delta r_{\min} = 2\,\Delta a$ もわかる．

8. 固定点を原点とする直角座標系を用いて，運動方程式は

$$m\frac{\mathrm{d}^2x}{\mathrm{d}t^2} = kx, \quad m\frac{\mathrm{d}^2y}{\mathrm{d}t^2} = ky \quad (k > 0)$$

$k/m = \lambda^2$ とおくと，

$$\ddot{x} = \lambda^2 x, \quad \ddot{y} = \lambda^2 y$$

一般解は A, B, C, D を任意定数として

$$x = A\mathrm{e}^{\lambda t} + B\mathrm{e}^{-\lambda t}, \quad y = C\mathrm{e}^{\lambda t} + D\mathrm{e}^{-\lambda t}$$

$Cx - Ay = (BC - AD)\mathrm{e}^{-\lambda t}$, $Dx - By = (AD - BC)\mathrm{e}^{\lambda t}$ と書き直せるので，$(Cx - Ay)(Dx - By) =$ 一定．すなわち，$y = (C/A)x$, $y = (D/B)x$ を漸近線とする双曲線を表す．

9. 動径 r の時間平均を半周期 $T/2$ でとる．

$$< r >= \frac{2}{T}\int_0^{T/2} r\,\mathrm{d}t = \frac{2}{T}\int_0^{T/2} a(1-\varepsilon\cos\alpha)\sqrt{-\frac{m}{2E}}a(1-\varepsilon\cos\alpha)\,\mathrm{d}\alpha$$

ここで，(6.74) 式を用いた．また $T = 2\pi\sqrt{-\frac{m}{2E}}a$ に注意して

$$< r >= \frac{1}{\pi}\int_0^{\pi} a(1-\varepsilon\cos\alpha)^2\,\mathrm{d}\alpha = a\left(1 + \frac{1}{2}\varepsilon^2\right)$$

10. 第 6 章 3.3 の媒介変数 α を用いた軌道の式 $r = a(1-\varepsilon\cos\alpha)$ と軌道の方程式 $r = \dfrac{a(1-\varepsilon^2)}{1+\varepsilon\cos\theta}$ より $(1+\varepsilon\cos\theta)(1-\varepsilon\cos\alpha) = 1-\varepsilon^2$ すなわち

$$\cos\alpha = \frac{\varepsilon + \cos\theta}{1+\varepsilon\cos\theta}, \quad \sin\alpha = \sqrt{1-\cos^2\alpha} = \frac{\sqrt{1-\varepsilon^2}\sin\theta}{1+\varepsilon\cos\theta}$$

これらより

$$\tan\frac{\alpha}{2} = \frac{\sin\alpha}{1+\cos\alpha} = \sqrt{\frac{1-\varepsilon}{1+\varepsilon}}\tan\frac{\theta}{2}$$

第 7 章

1. 系の運動量の変化：$\mathrm{d}P = m\,\mathrm{d}v - \rho u\,\mathrm{d}t$, また系に働く外力を F として $\mathrm{d}P = F\,\mathrm{d}t$, $F = -mg$ より

$$m\frac{\mathrm{d}v}{\mathrm{d}t} = F + \rho u = -mg + \rho u$$

この式で ρu を**ロケットの推進力**という．$\mathrm{d}m/\mathrm{d}t = -\rho$ を積分して，$m = m_0 - \rho t$, これを上式に代入して t で積分すると

$$v = -gt - u\log\left(1 - \frac{\rho}{m_0}t\right)$$

ここで $t = 0$ で $v = 0$ を用いた．もう一度積分すると t 秒後の高さは

$$h = -\frac{1}{2}gt^2 + \frac{m_0 u}{\rho}\left\{\left(1 - \frac{\rho}{m_0}t\right)\log\left(1 - \frac{\rho}{m_0}t\right) + \frac{\rho}{m_0}t\right\}$$

例として ρ が単位時間あたり m_0 の 1/60 で u が 2000 m/s とすると，t =10, 30, 50 秒後にはそれぞれ h =1.27, 14.0, 51.9 km となる．

2. 時刻 t での雨滴の質量は $m(t) = m_0 + \rho t$．鉛直下方に x 軸をとって，運動方程式は

$$\frac{\mathrm{d}}{\mathrm{d}t}(m(t)v) = m(t)g$$

これを初期条件 $t = 0$ で $v = 0$ で積分する．

$$m(t)v = g\int_0^t m(t')\,\mathrm{d}t', \quad \text{すなわち} \quad \frac{\mathrm{d}x}{\mathrm{d}t} = \frac{g(m_0 t + \frac{1}{2}\rho t^2)}{m(t)}$$

さらに，上式を $t = 0$ で $x = 0$ という初期条件で積分して，

$$x = \int_0^x \mathrm{d}x = g\int_0^t \frac{m_0 t + \frac{1}{2}\rho t^2}{m_0 + \rho t}\,\mathrm{d}t = \frac{g}{4}t^2 + \frac{m_0 g}{2\rho}t - \frac{g{m_0}^2}{2\rho^2}\ln\left(1 + \frac{\rho}{m_0}t\right).$$

3. もとの物体の質量を M，1 つの破片の質量を m とすると $M = 3m$．また速さは，もとの物体が V，破片のうちもとの方向に行くものを v_1，60° の方向のものを v_2 とする．運動量保存から

$$MV = mv_1 + 2mv_2\cos 60^\circ = mv_1 + mv_2$$

エネルギー保存から $E + 2E = E_1 + 2E_2$ ··· (1)．運動エネルギーの式から $V = \sqrt{2E/M}$, $v_1 = \sqrt{2E_1/m}$, $v_2 = \sqrt{2E_2/m}$．よって，$\sqrt{3E} = \sqrt{E_1} + \sqrt{E_2}$ ··· (2). (1)，(2) から $E_1 = E/3$, $E_2 = 4E/3$.

4. ひもの線密度を ρ として，位置エネルギーの基準を机の面にとると，エネルギー保存より $\rho l_0(-l_0/2)g = (1/2)\rho l v^2 + \rho l(-l/2)g$．よって，$v = \sqrt{g(l^2 - {l_0}^2)/l}$．次に穴から垂れ下がっている部分の長さを $x(t)$ とすると，同様にエネルギー保存から

$$\frac{\mathrm{d}x}{\mathrm{d}t} = \sqrt{\frac{g}{l}}\sqrt{x^2 - {l_0}^2}. \quad \text{これを積分して} \quad \int_{l_0}^x \frac{\mathrm{d}x}{\sqrt{x^2 - {l_0}^2}} = \sqrt{\frac{g}{l}}\int_0^t \mathrm{d}t$$

すなわち，$x(t) = l_0\cosh(\sqrt{g/l}\,t)$.

5. 衝突の際になめらかな面から受ける衝撃力は，接触面において面に直角であるから，面に沿う方向の成分をもたない．したがって面に平行な運動量が保存されその方向の速さは不変．ニュートンの衝突の法則を，法線方向に適用する (図 B-11).

すなわち

$$\text{接線方向：}\quad v\sin\theta = v'\sin\varphi,$$

$$\text{法線方向：}\quad ev\cos\theta = v'\cos\varphi$$

したがって，$\tan\varphi = (1/e)\tan\theta$, i.e. $\varphi = \tan^{-1}(e^{-1}\tan\theta), (0 \leqq e \leqq 1)$.
また，$v' = v\sqrt{\sin^2\theta + e^2\cos^2\theta}$.

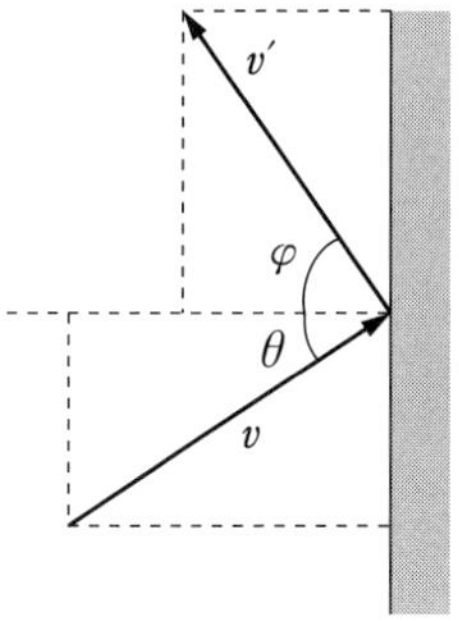

図 **B-11**　球と固定面の衝突

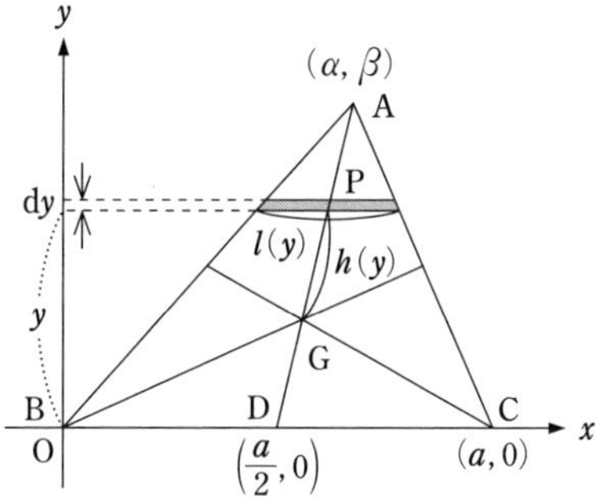

図 **B-12**　三角板の慣性モーメントの計算

6. 三角形の頂点 A, B, C の xy 座標をそれぞれ，(α,β), $(0,0)$, $(a,0)$ とする (図 B-12). このとき重心 G の座標は $\left(\dfrac{a+\alpha}{3}, \dfrac{\beta}{3}\right)$，また BC の中点 D の座標は $\left(\dfrac{a}{2}, 0\right)$．この三角形を x 軸に平行な微小な細長い帯に分割する．直線 AD 上の点 P(y 座標の値が y) でのこの帯状の部分の長さを $l(y)$ とし，GP の長さを $h(y)$ とすると，

$$l(y) = a\left(1 - \frac{y}{\beta}\right),\quad h(y) = \frac{\sqrt{\left(\alpha - \dfrac{a}{2}\right)^2 + \beta^2}}{\beta}\left(y - \frac{\beta}{3}\right)$$

となる．この帯状の部分の G に関する慣性モーメントへの寄与は質量 m，長さ l の棒の重心を通って棒に垂直な慣性モーメントが $ml^2/12$ であることと，平行軸の定理から

$$\mathrm{d}I = \frac{1}{12}\rho l(y)\,\mathrm{d}y\{l(y)\}^2 + \rho l(y)\,\mathrm{d}y\{h(y)\}^2$$

ただし，ρ は質量の面密度で $\rho \times (a\beta/2) = M$．よって

$$\begin{aligned} I &= \int_0^\beta \mathrm{d}I \\ &= \frac{1}{12}\rho\int_0^\beta a^3\left(1 - \frac{y}{\beta}\right)^3 \mathrm{d}y \\ &\quad + \frac{(\alpha - \frac{a}{2})^2 + \beta^2}{\beta^2}\rho a\int_0^\beta \left(1 - \frac{y}{\beta}\right)\left(y - \frac{\beta}{3}\right)^2 \mathrm{d}y \end{aligned}$$

$$= \frac{1}{48}\rho a^3\beta + \left\{\frac{1}{2}(b^2+c^2-a^2) + \frac{a^2}{4}\right\}\rho a\beta \times \frac{1}{36} = \frac{M}{36}(a^2+b^2+c^2) \cdots 答$$

ただし最後の式で，$b = \sqrt{(\alpha - a)^2 + \beta^2}$, $c = \sqrt{\alpha^2 + \beta^2}$ を用いた．

7. 回転軸に関する円板の慣性モーメントは平行軸の定理より $I = (1/2)Ma^2 + Mh^2 \equiv Mk^2$．運動方程式は

$$I\frac{\mathrm{d}^2\theta}{\mathrm{d}t^2} = -Mgh\sin\theta$$

これは，ひもの長さが $l = I/Mh = k^2/h = h + (1/2)a^2/h$ の単振り子と同じ運動を行うことになる．l を**相当単振り子の長さ**という．周期は $T = 2\pi\sqrt{l/g} = 2\pi\sqrt{(h + a^2/2h)/g}$ で，$h = a/\sqrt{2}$ のとき最小．

8. 円板の中心軸まわりの慣性モーメントは $I = Ma^2/2$．斜面に沿っての加速度は $\ddot{x} = (2/3)g\sin\alpha$．摩擦力は $F = (1/3)Mg\sin\alpha$．静止摩擦係数には，$F/N = (1/3)\tan\alpha \leqq \mu$ なる条件がつく．

9. 左 (右) のひもには質量 $M(m,\ M > m)$ のおもりが取り付けられ，またそれぞれの張力を $T(T')$ とする．滑車の運動方程式は $I\dot{\omega} = (T - T')r$，左右のひもにぶら下げられたおもりの方程式はそれぞれ $Ma = Mg - T$，$ma = T' - mg$．一方 $a = r\dot{\omega}$ だから $Ia/r = [(Mg - Ma) - (mg + ma)]r$ より，

$$a = \frac{(M-m)r^2}{(M+m)r^2 + I}g,\ T = \frac{2mr^2 + I}{(M+m)r^2 + I}Mg,\ T' = \frac{2Mr^2 + I}{(M+m)r^2 + I}mg.$$

10. 後輪に掛かるトルクを T として，前輪および後輪の回転運動の方程式は

$$前輪：\quad I\dot{\omega} = -F_1 r = 0 \tag{B.1}$$

$$後輪：\quad I\dot{\omega} = T - F_2 r = 0 \tag{B.2}$$

(B.1) より $F_1 = 0$，(B.2) より $F_2 = T/r$．これを (7.154) へ代入して，

$$a = \frac{T}{Mr} \tag{B.3}$$

を得る．また (7.154)，(7.155) より

$$N_1 + N_2 = Mg \tag{B.4}$$

$$-d_1N_1 + d_2N_2 = \frac{hT}{r} \tag{B.5}$$

連立方程式 (B.4)，(B.5) を解いて

$$N_1 = \frac{d_2}{d_1 + d_2}Mg - \frac{h}{d_1 + d_2}\frac{T}{r} \tag{B.6}$$

$$N_2 = \frac{d_1}{d_1 + d_2}Mg + \frac{h}{d_1 + d_2}\frac{T}{r} \tag{B.7}$$

すなわち，駆動力によって垂直抗力は前輪で減少し，後輪で増大する．静止摩擦係数を μ とすると，$F_2 = T/r \leqq \mu N_2$ の関係が成り立つので，

$$a = \frac{T}{Mr} \leqq \frac{d_1}{d_1 + d_2 - \mu h}\,\mu g \tag{B.8}$$

が導かれる．もし，$d_2 \ll d_1$，$\mu h \ll d_1$ なら加速度 a の最大値 $a_{\max}$ は

$$a_{\max} = \mu g \tag{B.9}$$

となる．ちなみに，μ は乾いた路面で，0.8 程度である．

第 8 章

1. 斜面前方の水平方向に加速度 a で動かすと，斜面に乗って一緒に動く非慣性系では斜面後方の水平方向に慣性力 ma が働く．これの斜面方向の成分と重力の斜面方向の成分がつりあう条件は，$ma\cos\theta = mg\sin\theta$．よって，$a = g\tan\theta$.

2. 遠心力が静止摩擦力を上回るとき，すなわち $mr\omega^2 \geqq \mu mg$．$\omega \geqq \omega_0$, $\omega_0 = \sqrt{\mu g/r}$.

3. 円の中心と質点を結ぶ線が鉛直線となす角を鉛直下方から測って θ とする (図 B-13).

円環と一緒に回転する座標系での遠心力ポテンシャルを考えると

$$U_{遠心力} = -\frac{m}{2}a^2\omega^2\sin^2\theta$$

重力のポテンシャルは, $U_{重力} = mga(1-\cos\theta)$. $U_{\mathrm{eff}} = U_{重力} + U_{遠心力}$ を $a\theta$ で微分して接線方向の重力と遠心力がつりあう停留点は

$$0 = F = -\frac{1}{a}\frac{\partial U}{\partial\theta} = -mg\sin\theta + ma\omega^2\sin\theta\cos\theta$$

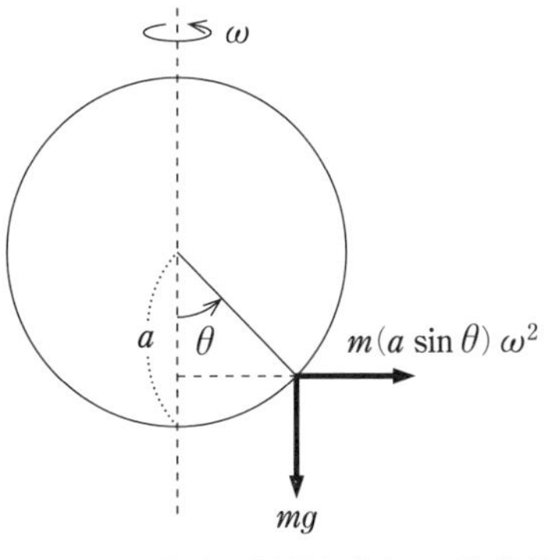

図 B-13　回転する円環と質点の平衡位置

すなわち，$\cos\theta = g/(a\omega^2)$．$\cos\theta < 1$ を満たすには $\omega > \sqrt{g/a}$ でなければならない．言い換えると，(1) $\omega > \sqrt{g/a}$ のとき $\theta = \cos^{-1}(g/(a\omega^2))$，$\theta = 0, \pi$ (不安定：$U'' < 0$) (2) $\omega = \sqrt{g/a}$ のとき，$\theta = 0$ (中立：$U'' = 0$)，$\theta = \pi$ (不安定：$U'' < 0$). (3) $\omega < \sqrt{g/a}$ のとき $\theta = 0$ (安定：$U'' > 0$)，$\theta = \pi$ (不安定：$U'' < 0$).

4. コリオリ力 $\boldsymbol{F}_{\mathrm{c}} = -2m\boldsymbol{\omega}\times\dot{\boldsymbol{r}}$ の成分は第 8 章 2.2 での議論より

$$F_{\mathrm{c}x} = 2m\omega\dot{y}\sin\lambda,\quad F_{\mathrm{c}y} = -2m\omega\dot{x}\sin\lambda - 2m\omega\dot{z}\cos\lambda,\quad F_{\mathrm{c}z} = 2m\omega\dot{y}\cos\lambda$$

$\dot{x} = \dot{z} = 0$, $\dot{y} = \pm v_0$ をいれると $F_x = \pm 2m\omega v_0\sin\lambda$, $F_y = 0$, $F_z = \pm 2m\omega v_0\cos\lambda$ F_x は南北方向の水平の力．F_z はレールに及ぼす圧力に効き，東に

向かうときは $2m\omega v_0\cos\lambda$ 軽くなり，逆に西に向かうときは $2m\omega v_0\cos\lambda$ だけ重くなるのでその差は $4m\omega v_0\cos\lambda$.

5. x, y, z 軸を第 8 章 2.2 における座標系のようにとる．運動方程式 (8.32)　$\ddot{x}=0$,　$\ddot{y}=-2\omega\dot{z}\cos\lambda$,　$\ddot{z}=-g$ に初期条件 $t=0$ で，$x=y=z=0$, $\dot{x}=\dot{y}=0$, $\dot{z}=v_0$ を入れて積分すると，

$$z=v_0t-\frac{1}{2}gt^2,\ y=-\omega v_0t^2\cos\lambda+\frac{1}{3}\omega gt^3\cos\lambda$$

地上に戻るのは $t=2v_0/g$ で，これを y の式に代入すると

$$y=-\frac{4}{3}\frac{\omega {v_0}^3}{g^2}\cos\lambda$$

すなわち，西に $(4\omega {v_0}^3\cos\lambda)/(3g^2)$ ずれる．

6. $\dot{x}=-V, \dot{y}=\dot{z}=0$ で，コリオリ力は $F_{\mathrm{c}x}=F_{\mathrm{c}z}=0$, $F_{\mathrm{c}y}=2m\omega V\sin\lambda$. 東海岸の潮位が西海岸より h だけ高く，そのときの海面の傾きを θ とすると，$\tan\theta=h/W$. 海面は重力とコリオリ力の合力に垂直なので $mg\sin\theta=2m\omega V\sin\lambda\cos\theta$. したがって，$\tan\theta=2\omega V\sin\lambda/g=h/W$. すなわち，$h=2\omega VW\sin\lambda/g$.

7. 振動面の角速度を Ω とすると，本文より北緯 λ では $\Omega=-\omega\sin\lambda$. $2\pi/\omega=1$ 日．赤道 $(\lambda=0)$ では $\Omega=0$ すなわちフーコーの振り子は回転しない．北極 $(\lambda=90^\circ)$ では，$\Omega=-\omega$ よって 1 日 1 回回転．南極 $(\lambda=-90^\circ)$ では $\Omega=\omega$ よって北極とは逆方向に，1 日 1 回回転．両極での周期は慣性系から見ればすぐ理解できる．なぜなら，慣性系では振り子は空間の一定面を振動し，その下で地球が回転しているだけであるから．

第 9 章

1. (9.69) に $\omega_z=$ 一定 $=\omega_0$ および (9.37) の答 $\omega_x=a\cos(\beta\omega_0t+\delta)$, $\omega_y=a\sin(\beta\omega_0t+\delta)$ を代入して，ただしここで $\beta=(C-A)/A$,

$$\dot{\theta}=\omega_x\sin\psi+\omega_y\cos\psi=a\sin(\psi+\beta\omega_0t+\delta)$$

$$\dot{\varphi}=\mathrm{cosec}\,\theta(-\omega_x\cos\psi+\omega_y\sin\psi)=-a\,\mathrm{cosec}\,\theta\cos(\psi+\beta\omega_0t+\delta)$$

$$\dot{\psi}=\omega_z-\cot\theta(-\omega_x\cos\psi+\omega_y\sin\psi)=\omega_0+a\cot\theta\cos(\psi+\beta\omega_0t+\delta)$$

歳差運動をするための条件として $\dot{\theta}=0$ から $\psi+\beta\omega_0t+\delta=0$. この式を上式へ代入して $\dot{\varphi}=-a\,\mathrm{cosec}\,\theta$, $\dot{\psi}=\omega_0+a\cot\theta$. $\psi+\beta\omega_0t+\delta=0$ より $\omega_0=-\dot{\psi}/\beta$. これらより ω_0, a を消去すれば与式を得る．

2. オイラーの方程式

$$A\dot{\omega}_x - (A - C)\omega_y\omega_z = -\gamma\omega_x$$

$$A\dot{\omega}_y - (C - A)\omega_z\omega_x = -\gamma\omega_y$$

$$C\dot{\omega}_z = -\gamma\omega_z$$

を解いて，$\omega_z = a\mathrm{e}^{-(\gamma/C)t}$．これを用いると ω_x, ω_y は

$$\omega_x = b\mathrm{e}^{-(\gamma/A)t}\cos\left[\left(\frac{C - A}{A}\right)at + \delta\right]$$

$$\omega_y = b\mathrm{e}^{-(\gamma/A)t}\sin\left[\left(\frac{C - A}{A}\right)at + \delta\right]$$

$C > A$ だから，これより $t \to \infty$ で $\omega_x/\omega \to 0$，$\omega_y/\omega \to 0$，$\omega_z/\omega \to 1$．したがって，角速度ベクトルは漸近的に対称軸に近づく．

3. こまの自転軸が鉛直線のまわりに行う歳差運動の角速度を Ω とすると角運動量の時間変化は $|\,\mathrm{d}\boldsymbol{L}/\,\mathrm{d}t| = \Omega I\omega\sin\theta$．これが重心 G のまわりの力のモーメント $N = Mgh\sin\theta$ に等しいから，

$$\Omega = \frac{Mgh}{I\omega}$$

こまの軸を細長い円柱とし，その半径を ε とすると転がり運動を行うためには，接触点の瞬間速度がゼロでなければならない．よって，

$$\omega\varepsilon = h\sin\theta\cdot\Omega$$

上の 2 つの式から Ω を消去すると

$$\omega = \sqrt{\frac{Mgh^2\sin\theta}{I\varepsilon}}.$$

4. 重心 G が半径 r の円運動を行うので，接触点においては，この遠心力とつりあうように，円の中心に向かう静止摩擦力 F が働く．$F = Mr\Omega^2 \leqq \mu Mg$．ここで，$\mu$ は静止摩擦係数．重心のまわりの力のモーメントは $N = Mgh\sin\theta - Fh\cos\theta$．これが $|\,\mathrm{d}\boldsymbol{L}/\,\mathrm{d}t| = \Omega I\omega\sin\theta$ に等しいから

$$\Omega = \frac{Mgh}{I\omega}[1 - (\Omega^2 r/g)\cot\theta]$$

また軸が滑らず転がる条件は

$$\omega\varepsilon = (r + h\sin\theta)\Omega$$

与えられた θ と ω に対し，上式から r と Ω が決まる．

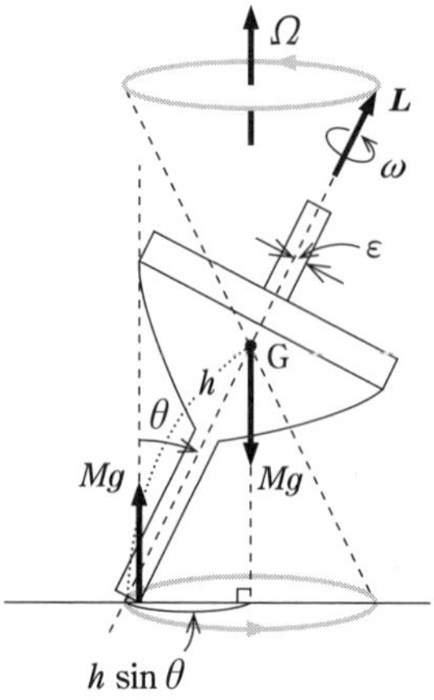

図 **B-14**

第 10 章

1. ω_x, ω_y, ω_z を (9.68) を用いて θ, φ, ψ およびその微分でラグランジアンを表すと

$$L = \frac{1}{2}A(\dot{\theta}^2 + \dot{\varphi}^2 \sin^2\theta) + \frac{1}{2}C(\dot{\varphi}\cos\theta + \dot{\psi})^2 - Mgh\cos\theta \tag{B.10}$$

となる．ψ, φ はラグランジアンの中に現れないので，これらに対応する正準運動量は運動の恒量となる．$p_\psi = \partial L/\partial\dot{\psi} = C(\dot{\varphi}\cos\theta + \dot{\psi}) = 一定 = C\omega_0$，$p_\varphi = \partial L/\partial\dot{\varphi} = A\dot{\varphi}\sin^2\theta + C(\dot{\varphi}\cos\theta + \dot{\psi})\cos\theta = 一定 = L_Z$．またエネルギーが保存するので，$K + U = \frac{1}{2}A\dot{\theta}^2 + \frac{1}{2}A\dot{\varphi}^2\sin^2\theta + \frac{1}{2}(\dot{\varphi}\cos\theta + \dot{\psi})^2 + Mgh\cos\theta = 一定 = E$ となる．これらの 3 つの恒量から (9.73)，(9.74)，(9.75) が示される．ラグランジアンの中に現れない座標に対応する正準運動量はラグランジュ方程式を用いると保存することが示される．このような座標を**循環座標**という．

参 考 書

さらに進んで勉強する人のために，参考書をあげておく．力学の教科書は数多く出版されており，逐一それらに言及することはまず不可能である．ここでは特徴的なものを著者の判断で挙げることにする．もちろん，ここで述べるもの以外にすぐれた教科書が存在することをあらかじめお断りしたい．

取り上げる項目，テーマを基本的なものにしぼってあるものとして

戸田盛和「物理入門コース 1　力学」(岩波書店)

がある．力学の初歩をじっくり勉強するのに適した良書である．ただし練習問題はそれほど多くない．

やや高級で昔から定評のある教科書としては

山内恭彦「一般力学」(岩波書店)

があり，内容は第 1 篇が質点および剛体の力学，第 2 篇が解析力学である．

解析力学については

H. Goldstein “Classical Mechanics”(Addison-Wesley)

(訳本が吉岡書店から出ている) や

ランダウ・リフシッツ「力学」広重・水戸訳 (東京図書)

がある．後者は世界的名著の誉れ高い理論物理学教程の第 1 巻．薄い本であるがラグランジアン，一般座標に基づく最小作用の原理から出発して力学の本質をすっきりと論じている．ただし，行間を埋めて読まないと難しい．

ランダウ・リフシッツの教科書よりさらに古く海外で書かれたものとして

A. ゾンマーフェルト著 ゾンマーフェルト理論物理学講座 1
「力学」高橋安太郎訳 (講談社)

が挙げられる．1940 年代に書かれた名著である理論物理学教程の第 1 巻で，簡潔な記述で初等力学から始めて解析力学まで含む一方，さまざまな力学現象を扱っている．

力学に必要な微積分法などの考え方や技術的方法に深く立ち入って，初等的

な話からかなり高度な内容まで丁寧に述べられている教科書として

江沢　洋「よくわかる力学」(東京図書)

がある.

アメリカの大学で作られた教科書としては

バークレー物理学コース **1**「力学」上, 下　今井　功監訳 (丸善)

A. P. フレンチ著 **MIT** 物理 「力学」 橘高知義監訳 (培風館)

が挙げられる.

さらに, カリフォルニア工科大学でファインマン教授が行った講義をもとに書かれたユニークな教科書として

R. P. ファインマン, **R. B.** レイトン, **M. L.**サンズ著
ファインマン物理 **I** 「力学」坪井忠二訳 (岩波書店)

が見逃せない.

スポーツや人工衛星などの面白いトピックスを扱った書としては

V. Barger & M. Olsson "Classical Mechanics — A Modern Perspective —"(McGraw-Hill), 戸田・田上訳 (培風館)

がある. 惑星探査衛星のスウィング・バイ, ブーメランやこまの運動についても詳しい.

力学に関係したおもちゃやこまの運動について述べた解説書として

戸田盛和「いまさら一般力学?」(丸善)
「コマの科学」(岩波新書)

がある.

おわりに, 物理の勉強を始める人にとっての一般的な啓蒙的入門書をまず 2 つ挙げる. まずはじめに

朝永振一郎「物理学とは何だろうか (上, 下)」(岩波新書)

を取り上げよう. 量子電気力学の研究で, ファインマン, シュウィンガーとともにノーベル賞を受賞した著者が晩年に行った講演をもとに書かれた物理学への入門書である. 主に, 力学と熱力学の発展について述べられている. 力学につ

いてはケプラー，ガリレオ，ニュートンなどの業績の意義が書かれている．特に，ケプラーが師ティコ・ブラーエの火星の運動についての膨大な観測データを忍耐づよく精密な解析を行うことによって，ケプラーの法則を発見するくだりは圧巻である．さらにもう１つ

湯川秀樹「物理講義」(講談社学術文庫)

ニュートン力学，マックスウェル電磁気学，統計力学，相対論，量子論へと至る物理の発展の歴史の中で，その創造に与った天才たちの物理の全体像が湯川流に再構成されている．力学との関連ではニュートンに対する著者の見方が興味深い．

ニュートンの「プリンキピア」の翻訳版としては

世界の名著 31「ニュートン」所収「自然哲学の数学的諸原理」河辺六男訳 (中央公論)

があり，訳者による解説も興味深い．

またニュートンの生い立ちや研究生活のエピソードなどをコミカルなイラストをまじえて描いた啓蒙書としては

William Rankin 著 “Introducing Newton” Totem Books (Icon Books Ltd.)

がある．

マッハの力学については，Mach 自身の著作

E. Mach “マッハ力学 — 力学の批判的発展史 —”(Verlag F. A. Brockhaus)，伏見訳 (講談社)

を参照されたい．

最後に，本書を書くにあたって，以下の教科書

多田政忠編「物理学概説」上，下 (学術図書出版社)
多田政忠著「力学概説」(学術図書出版社)
喜多秀次他「基礎物理コース　力学」(学術図書出版社)

を参考にしたことを付け加えたい．

索　引

● あ 行

● か 行

● さ　行

● た 行

● な 行

● は 行

● ま　行

● や　行

● ら　行

● わ　行

著者略歴

1947年京都市に生まれる.

1970年京都大学理学部物理学科卒業. 1975年同大学院理学研究科博士課程修了. 同年京都大学基礎物理学研究所助手. 1982年東京大学理学部助手. 1987年京都大学教養部助教授. 1993年京都大学総合人間学部教授を経て, 2003年京都大学理学研究科教授. 2012年定年退職. 2013～2018年京都大学国際高等教育院特定教授. 京都大学名誉教授. この間, 1980～1981年, ドイツ電子シンクロトロン研究所, 米国フェルミ国立加速器研究所に研究員として滞在. 理学博士. 専門は素粒子論.

力(りき)　学(がく)　増補版

2002年12月10日　第1版　第1刷　発行
2021年 2月20日　第1版　第15刷　発行
2021年10月20日　増補版　第1刷　印刷
2021年10月31日　増補版　第1刷　発行

著　者　植松恒夫(うえまつつねお)
発行者　発田和子
発行所　株式会社　学術図書出版社
〒113−0033　東京都文京区本郷5丁目4の6
TEL 03−3811−0889　振替　00110−4−28454
印刷　三美印刷(株)

定価はカバーに表示してあります.

ISBN978−4−7806−0945−5　C3042

10 の整数べき乗の接頭語 (SI)

大きさ	記号	名 称	大きさ	記号	名 称
10	da	デカ (deca)	10^{-1}	d	デシ (deci)
10^2	h	ヘクト (hecto)	10^{-2}	c	センチ (centi)
10^3	k	キロ (kilo)	10^{-3}	m	ミリ (milli)
10^6	M	メガ (mega)	10^{-6}	μ	マイクロ (micro)
10^9	G	ギガ (giga)	10^{-9}	n	ナノ (nano)
10^{12}	T	テラ (tera)	10^{-12}	p	ピコ (pico)
10^{15}	P	ペタ (peta)	10^{-15}	f	フェムト (femto)
10^{18}	E	エクサ (exa)	10^{-18}	a	アト (atto)
10^{21}	Z	ゼタ (zetta)	10^{-21}	z	ゼプト (zepto)
10^{24}	Y	ヨタ (yotta)	10^{-24}	y	ヨクト (yocto)

ギリシア文字

大文字	小文字	読 み 方	大文字	小文字	読 み 方
A	α	アルファ	N	ν	ニュー
B	β	ベータ	$\varXi$	ξ	グザイ，クシー
$\varGamma$	γ	ガンマ	O	o	オミクロン
$\varDelta$	δ	デルタ	$\varPi$	π	パイ
E	ε, ϵ	イプシロン	P	ρ	ロー
Z	ζ	ゼータ，ツェータ	$\varSigma$	σ	シグマ
H	η	イータ，エータ	T	τ	タウ
$\varTheta$	θ	シータ，テータ	$\varUpsilon$	υ	ウプシロン
I	ι	イオタ	$\varPhi$	ϕ, φ	ファイ
K	κ	カッパ	X	χ	カイ
$\varLambda$	λ	ラムダ	$\varPsi$	ψ	プサイ，プシー
M	μ	ミュー	$\varOmega$	ω	オメガ

単位系

国際単位系 (SI) は，あらゆる分野において広く世界的に使用される単位系として，1960 年の国際度量衡総会で採択されたもので，**MKS 単位系**に電流の単位アンペア (A) を加えた **MKSA 単位系**を拡張した単位系である．**SI** は長さ，質量，時間，電流，温度，物質量および光度に対して，それぞれメートル (m)，キログラム (kg)，秒 (s)，アンペア (A)，ケルビン (K)，モル (mol)，カンデラ (cd) の 7 個を**基本単位**として構成されている．**SI** では，物理量の単位はこれらの基本単位および基本単位のかけ算やわり算で表せる**組立単位**によって与えられる．また組立単位の一部には固有の名称がある．